高等院校化学与化工类创新型应用人才培养规划教材

分析化学

主　　编	翁德会	操燕明	
主　　审	许腊英		
副 主 编	周国华	程弘夏	祝媛媛
编　　委	赵军丽	付　敏	刘玉华
	杜松云	杨艾玲	朱忠华
	王　敬		

北京大学出版社
PEKING UNIVERSITY PRESS

内 容 简 介

本书的编写内容科学、先进、循序渐进和深入浅出，使全书形成一个有机的整体，尽量减少了与无机化学的重复。根据授课对象，对四大平衡反应的基本原理做了相应的补充调整，便于学生更清楚地掌握四大滴定的基本理论。同时在整体上把握内容的深度，既适用于普通工科的教学，也适用于准备继续深造学生的学习，在编写过程中考虑到了讲授内容的基础部分和拔高部分。对于必修内容，在每章前面的教学要求中给予明确。为了便于学生学习和复习，从整体上掌握每章内容，在每章结尾对知识内容进行了小结，全面概述了基本知识点，总结相关的原理与公式，并结合工科的特色，联系实际，编写了适量的习题以巩固所学的内容。

本书适用于应用型本科院校化学工程与工艺、制药工程、环境工程等专业的本科教学，以及专科教学，也可作为从事相关专业研究人员的参考书。

图书在版编目(CIP)数据

分析化学/翁德会，操燕明主编. —北京：北京大学出版社，2013.3
（高等院校化学与化工类创新型应用人才培养规划教材）
ISBN 978-7-301-22165-5

Ⅰ.①分… Ⅱ.①翁…②操… Ⅲ.①分析化学—高等学校—教材 Ⅳ.①O65

中国版本图书馆 CIP 数据核字(2013)第 028382 号

书　　　名：	分析化学
著作责任者：	翁德会　操燕明　主编
策 划 编 辑：	曹江平
责 任 编 辑：	王显超
标 准 书 号：	ISBN 978-7-301-22165-5/TQ・0011
出 版 发 行：	北京大学出版社
地　　　址：	北京市海淀区成府路 205 号　100871
网　　　址：	http://www.pup.cn　新浪官方微博：@北京大学出版社
电 子 信 箱：	pup_6@163.com
电　　　话：	邮购部 010-62752015　发行部 010-62750672　编辑部 010-62750667
印 刷 者：	北京虎彩文化传播有限公司
经 销 者：	新华书店
	787 毫米×1092 毫米　16 开本　13 印张　301 千字
	2013 年 3 月第 1 版　2021 年 8 月第 5 次印刷
定　　　价：	49.00 元

未经许可，不得以任何方式复制或抄袭本书之部分或全部内容。

版权所有，侵权必究

举报电话：010-62752024　　电子信箱：fd@pup.pku.edu.cn

前　言

分析化学作为工科院校化学化工、制药工程、环境工程等相关专业的一门专业基础课，传统的课程体系和教学内容已经不能满足课程发展和教学改革的需要，特别是不能满足应用型本科教学的要求。如何在保持传统的基本课程教学内容的基础上对相关知识点进行取舍，使之既能体现分析化学的优势学科，又适用于应用型专业教学的需要；既能体现工科的特点，又理论联系实际，注重实际应用；既不能太难，也不过于简单，是本书编写中的特色。

本书由武汉理工大学华夏学院的程弘夏、翁德会、操燕明、付敏，武汉科技大学城市学院的赵军丽，湖北工业大学的周国华，湖北大学知行学院的祝媛媛编写，由许腊英教授主审，武汉理工大学华夏学院的王敬、杨艾玲、刘玉华、朱忠华、杜松云参与编写和校稿。

由于编者水平有限，书中不足之处在所难免，恳请读者批评、指正。

编　者
2013 年 1 月

目 录

第1章 绪论 ………………………………… 1
  1.1 分析化学的任务与作用 ……… 1
  1.2 分析化学方法的分类 ………… 2
    1.2.1 化学分析法和仪器
          分析法 ……………… 2
    1.2.2 无机分析和有机分析 …… 3
    1.2.3 定性分析、定量分析和
          结构分析 …………… 4
    1.2.4 常量分析、半微量分析和
          微量分析 …………… 4
    1.2.5 例行分析和仲裁分析 …… 4
  1.3 试样分析的基本程序 ………… 4
  1.4 分析化学的发展与趋势 ……… 5
  本章小结 …………………………… 6

第2章 误差和分析数据的处理 ……… 7
  2.1 定量分析中的误差 …………… 7
    2.1.1 误差的分类 ……………… 7
    2.1.2 准确度和精密度 ………… 9
    2.1.3 提高分析结果准确度的
          方法 ………………… 12
    2.1.4 误差的传递 ……………… 13
  2.2 有效数字及其运算法则 ……… 14
    2.2.1 有效数字 ………………… 14
    2.2.2 有效数字修约规则 ……… 15
    2.2.3 有效数字运算规则 ……… 16
    2.2.4 在分析化学中的
          应用 ………………… 16
  2.3 分析数据的统计处理与分析
     结果的表示方法 ……………… 17
    2.3.1 偶然误差的正态分布和
          t 分布 ……………… 17
    2.3.2 平均值的精密度与平均值的
          置信区间 …………… 20

    2.3.3 分析化学中常用的显著性
          检验 ………………… 21
    2.3.4 可疑数据的取舍 ………… 24
    2.3.5 相关和回归 ……………… 26
  本章小结 …………………………… 27
  习题 ………………………………… 28

第3章 滴定分析法概论 ……………… 30
  3.1 滴定反应类型与条件 ………… 30
    3.1.1 滴定反应类型 …………… 30
    3.1.2 滴定反应条件 …………… 31
  3.2 滴定方式 ……………………… 32
  3.3 基准物质与标准溶液 ………… 33
    3.3.1 基准物质 ………………… 33
    3.3.2 标准溶液的配制与
          标定 ………………… 33
    3.3.3 标准溶液浓度的
          表示方法 …………… 34
  3.4 滴定分析的计算 ……………… 35
    3.4.1 滴定分析的计算依据 …… 35
    3.4.2 滴定分析的计算实例 …… 35
  本章小结 …………………………… 38
  习题 ………………………………… 38

第4章 酸碱滴定法 …………………… 40
  4.1 水溶液中的酸碱平衡 ………… 41
    4.1.1 酸碱质子理论 …………… 41
    4.1.2 溶液中酸碱组分的
          分布 ………………… 43
    4.1.3 酸碱溶液 pH 的
          计算 ………………… 47
  4.2 酸碱指示剂和酸碱滴定法的
     基本原理 ……………………… 51
    4.2.1 酸碱指示剂 ……………… 51

4.2.2 酸碱滴定法的基本原理 ⋯ 54
4.3 滴定终点误差 ⋯⋯⋯⋯⋯⋯⋯ 61
　　4.3.1 强酸(碱)的滴定终点
　　　　 误差 ⋯⋯⋯⋯⋯⋯⋯⋯ 61
　　4.3.2 弱酸(碱)的滴定终点
　　　　 误差 ⋯⋯⋯⋯⋯⋯⋯⋯ 62
4.4 应用与示例 ⋯⋯⋯⋯⋯⋯⋯ 63
　　4.4.1 标准溶液的配制和
　　　　 标定 ⋯⋯⋯⋯⋯⋯⋯⋯ 63
　　4.4.2 示例 ⋯⋯⋯⋯⋯⋯⋯⋯ 64
4.5 非水溶液中的酸碱滴定 ⋯⋯⋯ 67
　　4.5.1 非水滴定中的溶剂 ⋯⋯ 67
　　4.5.2 非水溶液中碱的滴定 ⋯ 71
　　4.5.3 非水溶液中酸的滴定 ⋯ 74
本章小结 ⋯⋯⋯⋯⋯⋯⋯⋯⋯⋯ 75
习题 ⋯⋯⋯⋯⋯⋯⋯⋯⋯⋯⋯⋯ 77

第5章 配位滴定法 ⋯⋯⋯⋯⋯⋯ 79

5.1 配位平衡 ⋯⋯⋯⋯⋯⋯⋯⋯ 81
　　5.1.1 配合物的稳定常数和
　　　　 累积稳定常数 ⋯⋯⋯⋯ 81
　　5.1.2 配位反应的副反应及
　　　　 副反应系数 ⋯⋯⋯⋯⋯ 82
　　5.1.3 配合物的条件稳定
　　　　 常数 ⋯⋯⋯⋯⋯⋯⋯⋯ 86
5.2 基本原理 ⋯⋯⋯⋯⋯⋯⋯⋯ 87
　　5.2.1 滴定曲线 ⋯⋯⋯⋯⋯⋯ 87
　　5.2.2 金属指示剂 ⋯⋯⋯⋯⋯ 90
5.3 滴定条件的选择 ⋯⋯⋯⋯⋯ 93
　　5.3.1 滴定终点误差 ⋯⋯⋯⋯ 93
　　5.3.2 酸度的选择 ⋯⋯⋯⋯⋯ 94
　　5.3.3 掩蔽剂的选择 ⋯⋯⋯⋯ 96
5.4 应用与示例 ⋯⋯⋯⋯⋯⋯⋯ 98
　　5.4.1 标准溶液的配制与标定 ⋯ 98
　　5.4.2 滴定方式 ⋯⋯⋯⋯⋯⋯ 99
　　5.4.3 示例 ⋯⋯⋯⋯⋯⋯⋯ 100
本章小结 ⋯⋯⋯⋯⋯⋯⋯⋯⋯ 101
习题 ⋯⋯⋯⋯⋯⋯⋯⋯⋯⋯⋯ 104

第6章 氧化还原滴定法 ⋯⋯⋯⋯ 106

6.1 氧化还原反应 ⋯⋯⋯⋯⋯⋯ 107
　　6.1.1 电极电位与 Nernst
　　　　 方程式 ⋯⋯⋯⋯⋯⋯ 107
　　6.1.2 条件电极电位 ⋯⋯⋯ 108
　　6.1.3 影响条件电极电位的
　　　　 因素 ⋯⋯⋯⋯⋯⋯⋯ 109
　　6.1.4 氧化还原反应进行的
　　　　 程度 ⋯⋯⋯⋯⋯⋯⋯ 110
　　6.1.5 氧化还原反应速率及其
　　　　 影响因素 ⋯⋯⋯⋯⋯ 111
　　6.1.6 化学计量点电位 ⋯⋯ 112
6.2 基本原理 ⋯⋯⋯⋯⋯⋯⋯ 113
　　6.2.1 滴定曲线 ⋯⋯⋯⋯⋯ 113
　　6.2.2 指示剂(自身指示剂、
　　　　 特殊指示剂、氧化还原
　　　　 指示剂) ⋯⋯⋯⋯⋯ 115
6.3 碘量法 ⋯⋯⋯⋯⋯⋯⋯⋯ 116
　　6.3.1 基本原理 ⋯⋯⋯⋯⋯ 116
　　6.3.2 误差来源及措施 ⋯⋯ 118
　　6.3.3 指示剂 ⋯⋯⋯⋯⋯⋯ 118
　　6.3.4 标准溶液的配制与标定 ⋯ 119
　　6.3.5 应用与示例 ⋯⋯⋯⋯ 120
6.4 高锰酸钾法 ⋯⋯⋯⋯⋯⋯ 121
　　6.4.1 基本原理 ⋯⋯⋯⋯⋯ 121
　　6.4.2 指示剂 ⋯⋯⋯⋯⋯⋯ 122
　　6.4.3 标准溶液的配制与标定 ⋯ 123
　　6.4.4 示例 ⋯⋯⋯⋯⋯⋯⋯ 123
6.5 其他氧化还原滴定法 ⋯⋯⋯ 124
　　6.5.1 重铬酸钾法 ⋯⋯⋯⋯ 124
　　6.5.2 亚硝酸钠法 ⋯⋯⋯⋯ 124
　　6.5.3 溴酸钾法及溴量法 ⋯ 125
　　6.5.4 铈量法 ⋯⋯⋯⋯⋯⋯ 126
　　6.5.5 高碘酸钾法 ⋯⋯⋯⋯ 126
本章小结 ⋯⋯⋯⋯⋯⋯⋯⋯⋯ 127
习题 ⋯⋯⋯⋯⋯⋯⋯⋯⋯⋯⋯ 128

第7章 重量分析法与
沉淀滴定法 ⋯⋯⋯⋯⋯⋯ 131

7.1 重量分析法 ⋯⋯⋯⋯⋯⋯⋯ 131
　　7.1.1 沉淀重量法 ⋯⋯⋯⋯ 132
　　7.1.2 挥发法 ⋯⋯⋯⋯⋯⋯ 138
7.2 沉淀滴定法 ⋯⋯⋯⋯⋯⋯⋯ 138

7.2.1　滴定曲线 …………… 139
　　　7.2.2　指示终点的方法 ……… 140
　　　7.2.3　应用与示例 …………… 144
　本章小结 …………………………… 146
　习题 ………………………………… 146

第8章　电位法和永停滴定法 ……… 148

8.1　基本原理 ……………………… 149
　　　8.1.1　电化学池 ……………… 149
　　　8.1.2　指示电极、参比电极和盐桥 …………………… 151
　　　8.1.3　原电池电动势的测量 …… 154
8.2　直接电位法 …………………… 155
　　　8.2.1　溶液的pH测定 ………… 155
　　　8.2.2　其他离子活(浓)度的测定 …………………… 159

　　　8.2.3　定量分析的方法 ……… 164
　　　8.2.4　测量误差 ……………… 166
8.3　电位滴定法 …………………… 166
　　　8.3.1　原理及装置 …………… 166
　　　8.3.2　终点确定方法 ………… 167
　　　8.3.3　应用示例 ……………… 169
8.4　永停滴定法 …………………… 170
　　　8.4.1　原理及装置 …………… 171
　　　8.4.2　终点确定方法 ………… 171
　　　8.4.3　应用示例 ……………… 173
　本章小结 …………………………… 173
　习题 ………………………………… 175

附表 ………………………………… 177

参考文献 …………………………… 199

第1章 绪 论

本章教学要求

- 掌握：分析化学中试样分析的基本程序。
- 熟悉：分析化学的任务和作用，以及分析化学方法的分类。
- 了解：分析化学的发展历程和发展趋势。

1.1 分析化学的任务与作用

分析化学（analytical chemistry）是研究物质化学组成、含量、结构和形态等信息的分析方法及有关理论的科学，是化学学科的一个重要分支学科。分析化学以化学基本理论和实验技术为基础，并吸收物理、生物、统计、计算机、自动化等方面的知识，并应用于实际生产中，解决科学与技术所提出的各种分析问题，是一门实验性、应用性很强的学科。

分析化学的任务是采用各种方法与手段，应用各种仪器设备，测试得到图像、数据等相关信息来确定物质的化学组成（或成分）、各组分的含量及物质的化学结构，解决关于物质体系构成及其性质的问题。根据所解决问题的不同，分别隶属于定性分析、定量分析和结构分析研究的范畴。

分析化学不仅对化学学科发展起着重大推进作用，而且对国民经济建设、自然资源的开发利用、科学技术的进步、医药卫生事业的发展及学校教育等各方面都起着重要的作用。

分析化学在本身发展的同时，还大大推动了化学学科的发展。元素周期律的建立、相对原子量的测定、化学基本定律（质量守恒定律、定比定律、倍比定律）的发现和证实等各种化学规律的揭示，都与分析化学的卓越贡献密不可分。例如，化学家为了研究化学反应的机制，就要对反应物或产物进行定量或定性测定；又如，研究叶绿素的化学结构，用元素和光谱分析法进行分析，从而知道镁元素存在于叶绿素中，而铁也以同样形式存在于血红素中。实际上植物化学家和生物化学家进行科学研究时，往往花费很大一部分时间去获得所研究物质的定性、定量和结构信息。

分析化学在科学技术方面的作用已远远超出化学领域。当今热门的科学研究领域（生命科学、材料科学、环境科学和能源科学等）都需要了解物质的组成、含量和结构等信息。例如，环境科学家在治理环境污染时首先要鉴定污染物的成分，分析查找污染源，再来治理污染，这每一步都离不开分析化学的技术。因此，凡是涉及化学现象的任何一种科学研究领域，分析化学都是不可缺少的研究工具与手段，实际上分析化学已成为"从事科学研究的科学"。

分析化学非常广泛地应用于国民经济建设的各个方面。在工业生产中，资源的勘探，天然气、油田、矿藏的储量确定，煤矿、钢铁基地的选址，生产中原材料的选择，中间体、成品和有关物质的检验，都要用到分析化学。在农业生产中，土壤成分性质检定、作物营养诊断、农产品质量检验，也要用到分析化学。在建筑业中，各类建筑与装饰材料的品质、机械强度和建筑物质量评判，还要用到分析化学。在商业流通领域中，一切商品质量监控都需要分析化学提供的信息。因此，可以认为分析化学在国民经济建设中起着"眼睛"的作用。

分析化学在医药卫生事业领域的作用也是举足轻重的。包括在临床检验、疾病诊断、新药研发、药品质量控制、药物构效关系研究、药物代谢动力学研究等各方面。药物的发现、研究、开发、生产和使用的全过程都离不开分析化学的技术和检测手段。如中药材生产质量管理规范(GAP)中质量管理规定每批药材检验项目应至少包括药材性状与鉴别、杂质、水分、灰分与酸不溶性灰分、浸出物、指标性成分或有效成分含量，农药残留量、重金属及微生物限度等，这每一项检验无一不依赖于分析化学。

分析化学同时是化学工程与工艺、环境工程、制药等专业教育中的一门重要的专业基础课。主要目的使学生较全面、系统地掌握分析化学的基础理论、各类必需的分析方法和技术，以及分析化学的基本实验技能，学习科学的研究思路与方法，同时也使学生了解分析化学学科发展的前沿领域，其理论知识和实验技能还会在后续各门专业课中普遍应用。

由上述介绍可知，分析化学与许多学科息息相关，其作用范围涉及经济、科学技术和医药卫生事业发展的方方面面。

1.2 分析化学方法的分类

根据不同的分类方法，可将分析化学方法归属于不同的类别。本书介绍几种常用的方法，根据分析方法的测定原理、分析对象、分析任务(或目的)、具体操作、试样用量和作用的不同进行分类。

1.2.1 化学分析法和仪器分析法

根据分析方法测定原理分类，分析化学方法可分为化学分析和仪器分析。

1. 化学分析

化学分析(chemical analysis)是以物质的化学反应及计量关系为基础确定被测物质的组成和含量的分析方法。化学分析法由于历史悠久，是最早用于定性和定量分析的方法，是分析化学的基础，常被称为经典分析法。在分析中，被分析的物质称为试样(sample)(或样品)，与试样起反应的物质称为试剂(reagent)。试剂与试样所发生的化学变化称为分析化学反应。根据分析化学反应的现象和特征鉴定物质的化学组成，称为化学定性分析。根据分析化学反应中试样和试剂的用量，来测定物质中各组分的相对含量，称为化学定量分析。化学定量分析主要有重量分析(gravimetric analysis)和滴定分析(titrimetric analysis)或容量分析(volumetric analysis)等。

例如，某定量分析化学反应为

$$mC + nR \rightarrow C_m R_n$$
$$\quad X \quad\ V \quad\ \ W$$

C 为被测组分，R 为试剂。可根据生成物 $C_m R_n$ 的量 W，或与组分 C 反应所需的试剂 R 的量 V，求出被测组分 C 的量 X。如果用称量方法求得生成物 $C_m R_n$ 的质量，这种方法称为重量分析。如果根据试剂 R 的浓度和体积求得组分 C 的含量，这种方法称为滴定分析或容量分析。

重量分析法是将试样经过适当处理后，使被测组分与试样中其他组分分离，通过称量物质的质量，来计算待测组分的量。滴定分析法是将标准溶液滴加到试样溶液中，使之发生化学反应，根据达到化学计量点时所消耗的溶液的体积和浓度，计算待测组分的量。

化学分析法的特点是所用仪器设备简单，结果准确，应用范围广，但有一定的局限性。例如对于物质中痕量或微量杂质的定性或定量分析往往不够灵敏，操作比较烦琐，常常不能满足快速分析的要求，因此分析范围以常量分析为主。

2. 仪器分析法

仪器分析(instrumental analysis)是使用特殊的仪器设备，以物质的物理和物理化学性质为基础的分析方法。根据物质的某种物理性质(例如熔点、沸点、折射率、旋光度及光谱特征等)，不经化学反应，直接进行定性、定量和结构分析的方法，称为物理分析法(physical analysis)，如光谱分析法等。根据物质在化学变化中的某些物理性质，进行定性、定量分析的方法称为物理化学分析法(physic-chemical analysis)，如电位分析法等。仪器分析法具有灵敏、快速、准确、发展迅速和应用范围广等特点，主要包括电化学分析法(electrochemical analysis)、光学分析法(optical analysis)、质谱分析法(mass spectrography)、色谱分析法(chromatographic analysis)等。

3. 化学分析和仪器分析的关系

化学分析是分析化学的基础，是经典分析化学的重要标志，仪器分析代表了分析化学的发展方向，是现代分析化学的重要标志。在今后相当长的时期内，两者将相辅相成共同发展。

1.2.2 无机分析和有机分析

根据分析对象不同，分析化学方法可以分为无机分析和有机分析。

无机分析(inorganic analysis)的研究对象是无机物，由于组成无机物的元素种类较多，通常要求鉴定物质的组成元素、离子、原子团或化合物以及测定各成分的相对含量。无机分析又可分为无机定性分析和无机定量分析。

有机分析(organic analysis)的研究对象是有机物。由于组成有机物的元素种类不多，主要是碳、氢、氧、氮、硫和卤素等，但自然界中有机物的种类很多而且结构相当复杂，分析的重点是官能团的分析和结构分析，此外，也要进行化合物的定量测定。有机分析也可分为有机定性分析和有机定量分析。

1.2.3 定性分析、定量分析和结构分析

根据分析任务(或目的)的不同,分析化学方法可分为定性分析、定量分析与结构分析。

定性分析(qualitative analysis)的任务是鉴定物质是由哪些元素、离子、基团或化合物组成。

定量分析(quantitative analysis)的任务是测定物质中某种或某些组分的含量(各自含量或合量),甚至是测定所有组分的含量,即全分析(total analysis)。

结构分析(structural analysis)的任务是研究物质的分子结构(包括构型与构象)或晶体结构。

1.2.4 常量分析、半微量分析和微量分析

根据试样的用量多少,可分为常量分析、半微量分析、微量分析和超微量分析。各种方法的试样用量为:常量分析法>0.1g 或>10ml,半微量分析法 0.01~0.1g 或 1~10ml,微量分析法 0.1~10mg 或 0.01~1ml,超微量分析法<0.1mg 或<0.01ml。

通常无机定性分析多采用半微量分析,化学定量分析多采用常量分析、微量分析及超微量分析时多采用仪器分析方法。

此外,根据试样中待测组分含量高低,又可粗略分为常量组分(质量分数>1%)、微量组分(质量分数为 0.01%~1%)和痕量组分(质量分数<0.01%)的测定。

1.2.5 例行分析和仲裁分析

根据分析的具体作用不同进行分类,可分为例行分析和仲裁分析。例行分析(routine analysis)是指一般化验室在日常生产或工作中的分析,又称为常规分析。仲裁分析(arbitral analysis)是指不同单位对某分析结果有争议时,要求仲裁单位(法定检验单位)按照法定的方法进行分析。

1.3 试样分析的基本程序

根据分析任务不同采用不同的分析程序。定量分析的任务是测定物质中某种或某些组分的含量。要完成定量分析工作,通常包括以下几个步骤:取样、分析试液的制备、分析测定、分析结果的计算与评价等。关于含量测定的方法及分析数据的处理等问题将在后面各章中介绍。

1. 取样

根据分析对象是气体、液体或固体,应采用不同的取样方法。在取样过程中,最重要的一点是要使分析试样具有代表性,否则分析工作将毫无意义,甚至可能导致错误的

结论。因此，必须采用科学取样法，从分析的总试样中或送到实验室的总试样中取出有代表性的试样进行分析。例如对于固体样品的取样常采用四分法，即将试样混合均匀，堆为锥形后压为圆饼状，通过中心将其分为四等份，弃去对角的两份，如此反复进行直到取样量符合分析工作的要求为止。近年来还有人采用格槽缩样器来缩分试样。格槽缩样器能自动地把相间的格槽中的试样收集起来，与另一半试样分开，而达到缩分的目的。

2. 分析试液的制备

试样制备的目的是使试样适合于所选择的分析方法，消除可能带来的干扰。定量化学分析一般采用湿法分析，根据试样性质的不同，试样制备可能包括干燥、粉碎、研磨、溶解、过滤、提取、分离和富集（浓缩）等步骤，最终制成待测试液。

3. 分析测定

根据待测组分的性质、含量和对分析结果准确度的要求，选择合适的分析方法。例如：测定标准钢样中硫的含量时，一般采用准确度较高的重量分析法，而对于炼钢炉前控制硫含量的分析，常采用 1~2min 即可完成的燃烧容量法。因为每个试样的分析结果都是由"测定"来完成的，所以，必须熟悉各种分析方法的特点，根据它们在灵敏度、选择性及适用范围等方面的差别来正确选择适合不同试样的分析方法，同时还要考虑共存的其他成分对其测定的影响。另外，还应根据试样制备方法的不同进行空白试验或回收试验等来估计试样制备过程可能给测定结果带来的误差。

4. 分析结果的计算与评价

根据分析过程中有关反应的计量关系及分析测量所得到的数据，计算试样中待测组分的含量。对测定结果及其误差分布情况，应用统计学方法进行评价分析，例如平均值、标准差（或相对标准差）、测量次数和置信度，以及可疑数据的取舍等。

1.4 分析化学的发展与趋势

分析化学有着悠久的历史，在科学史上，分析化学曾经是研究化学的开路先锋。进入 20 世纪，由于现代科学技术的飞速发展，学科间的相互渗透融合，分析化学学科的发展大致经历了 3 次巨大的变革。

20 世纪初，物理化学溶液理论的发展，为分析化学提供了理论基础，建立了溶液中四大平衡理论（酸碱平衡、氧化还原平衡、配位平衡及溶解平衡），从而为以溶液化学反应为基础的经典分析化学奠定了理论基础，使分析化学由一种单纯的技术发展成为了一门具有系统理论的科学。这是分析化学发展的第一次变革。

在第二次世界大战前后，随着物理学和电子学的发展，许多新技术（如 X 射线、原子光谱、红外光谱、放射线等）得到了广泛应用，促进了分析化学中物理和物理化学分析方法的发展，出现了以光谱分析、极谱分析为代表的简便、快速的仪器分析方法，同时丰富了这些分析方法的理论体系，改变了经典分析化学以化学分析为主的局面，发展成为以仪器分析为主的现代分析化学。这是分析化学发展的第二次变革。

自 20 世纪 70 年代以来，以计算机应用为主要标志的信息时代的到来，促使分析化学进入了第三次变革时期。由于生命科学、环境科学、材料和能源科学等学科的发展，人们生产活动的扩大和社会的进步，尤其基因组学、蛋白质学、代谢组学和糖组学等组学研究的出现，使现代分析化学突破了纯化学领域，它将化学与数学、物理学、计算机学及生物学紧密地结合起来，发展成为一门多学科性的综合性科学。对分析化学的要求也不再局限于定性分析和定量分析的范围，而是逐渐突破原有的框架，要求提供物质的更多的、更全面的多维信息：从常量到微量分析；从物质的组成到物质的形态分析；从总体到微区分析；从宏观组分到微观结构分析；从整体到表面及逐层分析；从静态到快速反应追踪分析；从破坏试样到无损分析；从离线到在线分析等。同时要求能提供灵敏度、准确度、选择性、自动化及智能化更高的新方法与新技术。

分析化学是近年来发展较为迅速的学科之一，这是同现代科学技术总的发展形势密切相关的。现代科学技术的飞速发展给分析化学提出了越来越高的要求，各门学科的相互渗透，给分析化学提供了新的理论、方法和手段，使分析化学得以不断丰富和提高，并且广泛应用于生产、科研以及生活等各个领域。分析化学的发展水平成为衡量国家科学技术水平的一个重要标志。例如：在美国，分析化学不仅作为独立的研究体系存在，而且渗透到生产过程的各个主要环节中。美国拥有一支人数众多的分析化学工作者队伍。在美国化学学会（ACS）注册登记的分析化学家占全美化学家总数的 20% 以上，居各化学专业之首。在 1979 年至 1988 年的 10 年中，美国获得化学博士学位人数的平均增长率约为 4%，而同一时期在美国化学学会注册登记的分析化学家人数的平均增长率是它的 2 倍。分析化学正吸取当代各学科的最新成就，建立测量的新方法、新技术，开拓着新领域。分析化学正处在蓬勃发展的新时期。

本 章 小 结

分析化学方法的分类：根据分析方法的测定原理分为化学分析和仪器分析，均可用于定性和定量；根据分析对象不同，分析化学可分为无机分析和有机分析；根据分析任务（或目的）的不同分为定性分析、定量分析与结构分析；根据试样的用量多少分为常量分析、半微量分析、微量分析和超微量分析；根据具体作用的不同分为例行分析和仲裁分析。

分析试样的基本程序：取样、分析试液的制备、分析测定、分析结果的计算与评价。

第2章 误差和分析数据的处理

本章教学要求

● 掌握：系统误差、偶然误差、过失误差概念及产生的原因。误差和偏差的表示方法及有关计算。误差与准确度、偏差与精密度、准确度与精密度的关系。有效数字的修约和运算规则。

● 熟悉：提高分析结果准确度的方法。偶然误差的正态分布和 t 分布的区别。置信水平和置信区间的含义，偶然误差区间概率与平均值置信区间的表示及计算方法。数据统计处理的基本步骤，可疑数据判断与取舍、F 检验、t 检验应用范围。

● 了解：误差传递的规则，常用 F 检验、t 检验、G 检验、Q 检验的数据统计学处理方法、回归分析和相关系数 r 的概念及计算。

定量分析的目的是通过一系列实验对化学体系的某个性质（如质量、体积、光学性质、电学性质、酸碱度等）进行测量。无论做何种性质的测量都受到分析人员、仪器设备、分析方法等多方面因素的影响，这些因素都会使测量的结果与真实值不一致。即使采用最精密的仪器，由技术很熟练的分析人员采取相同方法对同一样品进行测定，也不可能得到完全一致的结果，这表明误差是一定存在的。例如，目前国际上公认的氢原子量测得的精确数值为 1.00794 ± 0.00007，而锌的原子量为 65.37 ± 0.05。可以看出，氢原子量测量值比锌原子量测量值更接近真实值，测得值误差较小，但同时也说明误差是不能消除的。因此，人们在进行定量分析时，必须科学合理安排实验，对分析结果的准确度、精密度进行评估，对误差产生的原因、误差出现的规律进行合理判断，对测量数据进行正确统计处理和表达，并采用相应的措施把误差降到最小。本章就上述内容进行详细介绍。

2.1 定量分析中的误差

分析过程中产生误差（error）的原因很多，在定量分析中的误差就其来源和性质的不同，可分为系统误差、偶然误差和过失误差。

2.1.1 误差的分类

1. 系统误差

系统误差（systematic error）又称可定误差（determinate error）或可测误差，它是由某些确定的、经常性的原因造成的。定量分析实验数据的精密度和准确度都与系统误差有关系。

系统误差的特点是：①单向性：对分析结果的影响比较固定，即误差的正、负通常是固定的；②重现性：误差大小都有一定的规律，平行测定时可重复出现；③可测性：在一定条件下可以检测出来，若能找出原因，并设法加以校正，就可以消除。根据系统误差的性质和产生原因将其分为以下几类。

(1) 方法误差：指分析方法本身所造成的误差，如分析方法或实验设计不当。例如重量分析中沉淀的溶解，共沉淀现象；滴定分析中反应进行不完全，发生副反应，指示剂引起的终点与化学计量点不符合等；色谱分析中色谱条件不当，待测组分与相邻峰不能很好分离。这些都会使测定结果偏高或偏低，通过方法的正确选择或校正可消除方法误差。

(2) 仪器误差：来源于仪器本身不够精确，如容量仪器刻度不准又未经校正；天平两臂不等长，砝码长期使用后质量有所改变；仪器信号漂移，真空系统泄漏等。可对仪器进行校准，来消除仪器误差。

(3) 试剂误差：来源于试剂不纯或蒸馏水含有微量杂质。通过空白试验、使用高纯度的试剂或水等方法，可以消除试剂误差。

(4) 操作误差：来源于操作人员实验操作不当而造成的误差，如称量前预处理不当、沉淀洗涤次数过多或过少等。

(5) 主观误差：来源于操作者主观原因而造成的误差，如对滴定终点颜色敏感性不同，有人偏深，有人偏浅等。

2. 偶然误差

偶然误差(accidental error)又称不可定误差或随机误差(random error)，是由一些无法控制和觉察的、变化无规律且不可避免的偶然因素造成的。例如试验环境湿度、温度、压力、仪器的工作状态的微小变动；平行试样处理条件的微小差异；滴定管或天平的读数不确定性等，都可能使测定结果产生波动。偶然误差的大小决定分析结果的精密度。

偶然误差的特点是：①误差大小和正负都不固定：偶然误差无法控制，或大或小，或正或负；②偶然误差不能测定：是不可避免的也不能加以校正；③偶然误差出现服从统计学规律：大误差出现的概率小，小误差出现的概率大。绝对值相同的正、负误差出现的概率大体相等，因此它们之间常能相互完全或部分抵消。偶然误差可以通过增加平行测定次数予以减小。

应该指出，系统误差和偶然误差完全可能同时存在，且它们之间的划分并不是绝对的。例如在观察滴定终点颜色改变时，有人总是偏深，属于系统误差中的操作误差。但在多次测定中，观察滴定终点颜色的深浅程度不可能完全一致，时浅时深，又属于偶然误差。

3. 过失误差

过失误差(mistake error)是指由于操作人员疏忽、差错等引起的误差。其表现是出现离群值或异常值。例如，称量时读错了刻度、加错了试剂、认错了砝码，沉淀溅出以及计算和记录错误等。过失误差一旦发生只能重新做实验，结果不能纳入平均值计算及统计学分析中。

2.1.2 准确度和精密度

1. 准确度和误差

准确度(accuracy)是指测量值与真实值的接近程度，系统误差影响分析结果的准确度。测定值与真值越接近，误差绝对值越小，测量的准确度越高。因此，误差是衡量准确度高低的尺度。误差的表示方法分为绝对误差和相对误差。

(1) 绝对误差(absolute error)：若以 x 代表测量值，μ 代表真值，绝对误差 δ 为：

$$\delta = x - \mu \tag{2-1}$$

绝对误差的单位与测量值的单位相同，当测量值大于真值时，误差为正值，反之为负值。

例1 称得某一物体的重量为 1.6480g，而该物体的真实重量为 1.6481g，则其绝对误差为：

$$\delta = 1.6480 - 1.6481 = -0.0001(\text{g})$$

若有另一物体的真实重量为 0.1648g，测得结果为 0.1647g，则称量的绝对误差为：

$$\delta = 0.1647 - 0.1648 = -0.0001(\text{g})$$

从例1看出，两个物体的质量相差 10 倍，但测量的绝对误差都为 −0.0001g，误差在结果中所占的比例未能反映出来，故引入相对误差的概念。

(2) 相对误差(relative error)：是指绝对误差在真实值中所占的百分比。

$$\text{相对误差} = \frac{\delta}{\mu} \times 100\% = \frac{x-\mu}{\mu} \times 100\% \tag{2-2}$$

例1中，相对误差分别等于

$$\frac{-0.0001}{1.6481} \times 100\% = -0.006\%$$

$$\frac{-0.0001}{0.1648} \times 100\% = -0.06\%$$

由此可见，两物体称量的绝对误差相等，但它们的相对误差并不相同。当被测定的量较大时，相对误差就比较小，测定的准确度也就比较高。在定量分析中，用相对误差衡量分析结果比绝对误差常用。

若不知道真值，但知道测量的绝对误差，则也可用测量值 x 代替真实值 μ 来计算相对误差，即

$$\text{相对误差} = \frac{\delta}{\mu} \times 100\% = \frac{x-\mu}{\mu} \times 100\% = \frac{x-\mu}{x} \times 100\% \tag{2-3}$$

由于任何测量都存在误差，而实际测量不可能得到真值，因此在定量分析中常用以下 3 类值作为可知真值。

① 理论真值：如三角形的内角和为 180°等。

② 约定真值：由国际计量大会定义的单位(国际单位)及我国的法定计量单位是约定真值。国际单位制中的基本单位有：长度、时间、质量、电流强度、发光强度、热力学温度及物质的量，其中物质的量的单位(摩尔)与分析化学工作最密切。各元素的原子量及物质的理论含量等都是约定真值。

③ 相对真值：在分析工作中，由于没有绝对纯的化学试剂，也常用标准参考物质证书上所给出的含量作为相对真值。

这里指的标准参考物质必须经公认的权威机构鉴定、给予证书的物质，同时还必须具有良好的均匀性和稳定性，其含量测定的准确度至少要高于实际测量的 3 倍。我国把标准参考物质称为标准试样或标样。上述 3 种可知真值中，约定真值与相对真值在分析工作中最常用。

如果上述 3 种真值都不知道，也可让最有经验的人，用最可靠的方法，对标准试样进行多次平行测定所得结果的平均值作为真值的替代值。若已知测量的绝对误差，也可用式(2-1)求得真值。

2. 精密度和偏差

精密度(precision)是平行测量的各测量值之间互相接近的程度，偶然误差影响分析结果的精密度。偏差是衡量精密度好坏的尺度，其值越小，说明测定结果的精密度越高。偏差的表示方法有平均偏差、相对平均偏差、标准偏差和相对标准偏差。

1) 偏差与相对平均偏差

(1) 偏差(deviation, d)：单个测量值与测量平均值之差，其值可正可负。令 $\bar{x}$ 代表一组平行测量值的平均值，则单个测量值 x_i 的偏差为

$$d = x_i - \bar{x} \tag{2-4}$$

(2) 平均偏差(average deviation, $\bar{d}$)：各个偏差绝对值的平均值。平均偏差没有正负号，能表示一组数据间的重复性。

$$\bar{d} = \frac{\sum_{i=1}^{n} |x_i - \bar{x}|}{n} \tag{2-5}$$

(3) 相对平均偏差(relative average deviation)：平均偏差 $\bar{d}$ 与测量平均值 $\bar{x}$ 的比值。

$$相对偏差(\%) = \frac{\bar{d}}{\bar{x}} \times 100\% = \frac{\sum_{i=1}^{n} |x_i - \bar{x}|/n}{\bar{x}} \times 100\% \tag{2-6}$$

使用平均偏差和相对平均偏差表示结果的精密度比较简单，但有不足之处。由于在一系列的测定值中，偏差小的总是占多数，偏差大的总是占少数，当按总的测定次数去求平均偏差时，大的偏差得不到反映，所得结果偏小。因此在数据统计中，广泛采用标准偏差衡量数据的精密度。

2) 标准偏差和相对标准偏差

(1) 标准偏差(standard deviation, S)：样本(有限次测定数据的集合)标准偏差 S 的数学表达式为：

$$S = \sqrt{\frac{\sum_{i=1}^{n}(x_i - \bar{x})^2}{n-1}} \tag{2-7}$$

式(2-7)中：($n-1$)为自由度，以 f 表示。自由度表示计算一组数据分散度的独立偏差数。标准偏差把误差值平方后，可以突出较大偏差的影响，故标准偏差 S 能更好地说明测量值的分散程度。标准偏差的单位与测量数据的单位相同。

(2) 相对标准偏差(relative standard deviation，RSD)：又称变异系数，其定义式如下：

$$RSD = \frac{S}{\bar{x}} \times 100\% \tag{2-8}$$

例2 某一试样做甲、乙两组平行测定，甲组测定结果为：10.3、10.4、9.8、10.0、9.6、9.7、10.2、10.2、10.1、9.7；乙组测定结果为：10.0、9.8、10.1、10.5、9.3、9.8、10.2、10.3、9.9、10.1，计算两组的平均值、平均偏差和标准偏差。

解： $\overline{x_1} = \dfrac{10.3+10.4+9.8+10.0+9.6+9.7+10.2+10.2+10.1+9.7}{10} = 10.0$

$\overline{x_2} = \dfrac{10.0+9.8+10.1+10.5+9.3+9.8+10.2+10.3+9.9+10.1}{10} = 10.0$

$\overline{d_1} = \dfrac{0.3+0.4+0.2+0+0.4+0.3+0.2+0.2+0.1+0.3}{10} = 0.24$

$\overline{d_2} = \dfrac{0+0.2+0.1+0.5+0.7+0.2+0.2+0.3+0.1+0.1}{10} = 0.24$

$S_1 = 0.28 \qquad S_2 = 0.33$

计算结果可以明显地看出，乙组数据较为分散，有两个较大的误差即 0.5 和 0.7，通过平均偏差未能辨出两组精密度的差异，而标准偏差则可反映出甲组的精密度高于乙组。

例3 标定某溶液的浓度，4 次结果分别为 0.2041mol·L^{-1}，0.2049mol·L^{-1}，0.2039mol·L^{-1} 和 0.2043mol·L^{-1}。试计算标定结果的平均值、平均偏差、相对平均偏差、标准偏差、相对标准偏差。

解： 平均值 $\bar{x} = \dfrac{0.2041+0.2049+0.2039+0.2043}{4} = 0.2043 \text{mol·L}^{-1}$

平均偏差 $\bar{d} = \dfrac{0.0002+0.0006+0.0004+0.0000}{4} = 0.0003 \text{mol·L}^{-1}$

相对平均偏差 $\dfrac{\bar{d}}{\bar{x}} \times 100\% = \dfrac{0.0003}{0.2043} \times 100\% = 0.15\%$

标准偏差 $S = \sqrt{\dfrac{(0.0002)^2+(0.0006)^2+(0.0004)^2+(0.0000)^2}{4-1}} = 0.0004 \text{mol·L}^{-1}$

相对标准偏差 $RSD = \dfrac{0.0004}{0.2043} \times 100\% = 0.2\%$

3. 准确度与精密度的关系

准确度和精密度的概念不同，测定结果与真值比较时，可从精密度和准确度两个方面衡量。准确度表示测量结果的正确性，而精密度表示测量结果的重复性。例如甲、乙、丙、丁 4 人分析同一试样，每人平行测定 4 次，所得结果如图 2-1 所示。甲所得结果准确度与精密度均好，结果可靠；乙的精密度虽很高，但准确度较低，可能测量中存在系统误差；丙的准确度与精密度均很差；丁的几个数值彼此相差甚远，仅因为正负误差相互抵消才使平均值接近真值，结果同样是不可靠的。

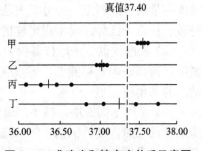

图 2-1 准确度和精密度关系示意图

综上所述，可以得出以下结论：①要想准确度高，精密度一定要好，精密度是保障准确度的前提；②精密度好，不一定准确度高；③准确度反映测定结果的正确性，精密度反映测定结果的重复性。只有在消除了系统误差的前提下，精密度好，准确度才会高。

2.1.3 提高分析结果准确度的方法

要想得到准确的分析结果，必须减少分析过程中的误差。提高准确度必须消除系统误差，减小偶然误差。可用下列方法来提高分析结果准确度。

1. 系统误差的判断与评估

(1) 对照试验：采用已知含量的标准试样与被测试样用同一分析方法在相同条件下进行测定，或用公认的可靠的分析方法与选定方法对同一试样进行测定，称为对照试验。

根据标准试样的分析结果与已知含量的比值，或根据公认的可靠的分析方法与选定方法对同一试样测定的比值，经显著性检验，即可判断方法有无系统误差，或可用此比值对测定结果进行校正，对照试验是检查分析过程中有无系统误差的有效方法。

$$试样中某组分含量 = 试样中某组分测定含量 \times \frac{标准试样中某组分已知含量}{标准试样中某组分测定含量}$$

(2) 回收试验：如果试样组成不清楚时，对照试验难以检查出系统误差的存在，则可采用回收试验。这种方法是向试样或标准试样中加入已知含量的被测组分的纯品，然后用同一方法进行测定，计算回收率。

$$回收率(100\%) = \frac{加入纯品后测得的总量 - 加入前原有的测定量}{纯品加入量} \times 100\%$$

回收试验一般允许范围为 $95\% \sim 105\%$，对于微量组分回收率可要求在 $90\% \sim 110\%$。回收率越接近 100%，说明系统误差越小，方法准确度越高。回收试验的结果只能用于系统误差的评估，不能用于结果的校正，回收率试验常用于微量组分的分析中。

2. 消除系统误差的方法

(1) 选择合理的分析方法，消除方法误差。被测组分的含量不同时，对分析结果准确度的要求不一样。常量组分的分析一般要求相对误差在千分之几以内，微量组分分析一般为 $1\% \sim 5\%$，甚至 10% 以内。不同的分析方法的准确度和灵敏度也不一样，应根据具体情况和要求，选择合理的分析方法。对于常量组分的分析，化学分析与仪器分析相比较，准确度高而灵敏度低；仪器分析相对于化学分析，灵敏度高但相对误差略大，一般用于微量或痕量组分的测定。如分析方法不够完善，应尽可能找出原因，加以改进或进行必要的补救、校正，此外还要考虑试样的共存组分的干扰。

(2) 校准仪器，消除仪器误差。仪器不准确造成的系统误差，可以通过校准仪器加以消除。例如砝码、移液管、容量瓶、滴定管等，在定量分析中，必须进行校准，并在计算结果时采用校正值。

(3) 采用不同方法，减小测量的误差。为了保证分析结果的准确度，必须尽量减小各步测量的相对误差。例如，50ml 滴定管每次读数误差为 ± 0.01ml，在一次滴定中需读数两次。可采用增加滴定液的体积的方法减少相对误差。要使相对误差 $\leq 0.1\%$，滴定液的

体积至少为

$$\frac{2\times 0.01}{0.1\%}=20(\text{ml})$$

万分之一的分析天平每次称量的误差为±0.0001g，递减法称量两次。可采用增加称量物重量的方法减小称量的相对误差。要使相对误差≤0.1%。应称取的试样最小量为

$$\frac{0.0001\times 2}{0.1\%}=0.2(\text{g})$$

（4）空白试验，消除试剂误差。在不加试样的情况下，按照与测定试样完全相同的分析步骤和条件进行测定的一种试验，称为空白试验，所得结果称为空白值。从试样中扣除空白值可以消除或减少由于试剂、溶剂及器皿等引入杂质所造成的系统误差。

（5）遵守操作规章，消除操作误差。

3. 减小偶然误差的方法

根据偶然误差的分布规律，在消除系统误差的前提下，平行测定次数越多，平均值越接近于真值。因此增加平行测定次数可以减小偶然误差对分析结果的影响。

2.1.4 误差的传递

定量分析的结果是通过一系列测量及计算后得到的，其中每一步测量都可能引入误差，这些误差都会影响分析结果，这便是误差的传递(propagation of error)。误差的传递分为系统误差的传递和偶然误差的传递，它们的传递规律有所不同。

1. 系统误差的传递

如果定量分析中各步测量误差是可定的，则系统误差传递的规律可概括为以下两点。
（1）和、差的绝对误差等于各测量值绝对误差的和、差。
（2）积、商的相对误差等于各测量值相对误差的和、差。
测量误差对计算结果的影响见表2-1。

表2-1 测量误差对计算结果的影响

运算式	系统误差	偶然误差
$R=x+y-z$	$\delta_R=\delta_x+\delta_y-\delta_z$	$S_R^2=S_x^2+S_y^2+S_z^2$
$R=xy/z$	$\dfrac{\delta_R}{R}=\dfrac{\delta_x}{x}+\dfrac{\delta_y}{y}-\dfrac{\delta_z}{z}$	$\left(\dfrac{S_R}{R}\right)^2=\left(\dfrac{S_x}{x}\right)^2+\left(\dfrac{S_y}{y}\right)^2+\left(\dfrac{S_z}{z}\right)^2$

2. 偶然误差的传递

偶然误差传递的规律可概括为以下两点：
（1）和、差结果的标准偏差的平方，等于各测量值的标准偏差的平方和。
（2）积、商结果的相对标准偏差的平方，等于各测量值的相对标准偏差的平方和。

3. 测量值的极值误差

在分析化学中，当不需要严格地定量计算，只需通过简单的方法估计一下整个过程可

能出现的最大误差时，可用极值误差来表示，见式(2-9)或式(2-10)。极值误差是假设在最不利的情况下，各种误差都是最大的且是相互累积的，计算出结果的误差也是最大的。这种估计累积误差的方法称为极值误差法。

$$\Delta R = |\Delta x| + |\Delta y| + |\Delta z| \tag{2-9}$$

$$\frac{\Delta R}{R} = \left|\frac{\Delta x}{x}\right| + \left|\frac{\Delta y}{y}\right| + \left|\frac{\Delta z}{z}\right| \tag{2-10}$$

虽然出现这种最不利测量结果的情况并不很多，但各测量值的最大误差常是已知的，故作为粗略估计是比较可行，且保险性最大的。例如，用分析天平对样品进行称量，无论是间接称量还是直接称量，都要读包括零点在内的两次平衡点，因此测量的最大误差是 ± 0.0002 g。又如，用容量分析法测定药物有效成分的含量，其百分含量($P\%$)的计算公式为

$$P\% = \frac{T \times V \times F}{W} \times 100\%$$

式中：T 是标准溶液对样品中被测成分的滴定度，V 是所消耗标准溶液的体积(ml)，F 是标准溶液浓度的校正因子，W 是样品的重量。上式中的滴定度 T 可以认为没有误差，如果 V、F 和 W 的最大误差分别是 ΔV、ΔF 和 ΔW，则 P 的极值相对误差是

$$\frac{\Delta P}{P} = \left|\frac{\Delta V}{V}\right| + \left|\frac{\Delta F}{F}\right| + \left|\frac{\Delta W}{W}\right|$$

若测量 V、F 和 W 的最大相对误差都是 0.1%，则此有效成分的含量的极值相对误差应是 0.3%。

2.2 有效数字及其运算法则

在分析实验中，为了得到可靠的测量结果，不仅要准确测定每一个数据，而且还要正确地进行记录和计算。由于测定值不仅表示试样中被测成分含量的多少，而且还反映了测定的准确程度，所以记录实验数据和计算结果应保留几位数字不是任意的，要根据测量仪器、分析方法等来确定。例如，用重量法测定硅酸盐中的 SiO_2 时，若称取试样重为 0.4538 g，经过一系列处理后，灼烧得到 SiO_2 沉淀重 0.1374 g，则其百分含量为

$$SiO_2\% = \frac{0.1374}{0.4538} \times 100\% = 30.277655354\%$$

上述分析结果共记录了 11 位数字，从运算来讲，并无错误，但它没有反映客观事实，是没有意义的数字。那么在分析实验中记录和计算时，究竟应保留几位数字才符合客观事实呢？这就必须要了解"有效数字"的意义与作用。

2.2.1 有效数字

有效数字(significant figure)是指在分析工作中实际能测量到的数字。有效数字既能表示数值的大小，又能反映测量的准确度。确定有效数字位数，遵循以下几个原则。

(1) 在有效数字中，只有末位数字欠准(是估计值，也称可疑数字)，其余各位数字都是准确的。如：

坩埚重 17.6534g	6 位有效数字(前 5 位数字是准确数字)
标准溶液体积 23.32ml	4 位有效数字(前 3 位数字是准确数字)

坩埚的重量在数值上是 17.6534g，显然使用的测量仪器是万分之一的分析天平，不是台秤。标准溶液的体积在数值上是 23.32ml，则表明滴定管的一次读数误差是 ±0.01ml。因为获得一个称量质量或滴定体积均需两次读取，故上述坩埚重应是 17.6534±0.0002g，标准溶液的体积应是 23.32±0.02ml。

有效数字的位数，直接与测定的相对误差有关。例如，称得某物重为 1.0010g，它表示该物实际重量是 1.0010±0.0002g，其相对误差为

$$\pm \frac{0.0002}{1.0010} \times 100\% = \pm 0.02\%$$

如果少取一位有效数字，则表示该物实际重量是 1.001±0.002g，其相对误差为

$$\pm \frac{0.002}{1.001} \times 100\% = \pm 0.2\%$$

从结果可以看出，后者的准确度比前者低 10 倍。所以在测量准确度的范围内，有效数字位数越多，测量准确度也越高。但超过测量准确度的范围，过多的位数是毫无意义的，而且是错误的。

(2) 在确定有效数字时，1～9 均为有效数字，但数字 0 则可能不是有效数字，应视具体情况而定。当 0 位于其他数字之前，作为定小数点位置时不是有效数字；当 0 位于其他数字之间是有效数字；当 0 位于其他数字之后不仅是有效数字，还表示该数量的准确程度。

1.0006g	5 位有效数字
0.7000g；31.03%；6.022×10^2	4 位有效数字
0.0480g；1.73×10^{-5}	3 位有效数字
0.0048g；0.50%	2 位有效数字
0.2g；0.001%	1 位有效数字

(3) 分析化学中还经常遇到 pH、pC、lgk 等对数和负对数值，其有效数字的位数仅取决于小数部分数字的位数，因为整数部分只说明该数的方次。例如，pH=12.68，即 $[H^+]=2.1 \times 10^{-13} mol \cdot L^{-1}$，其有效数字为两位，而不是 4 位。

(4) 不能因为变换单位而改变有效数字位数。

0.0345g	3 位有效数字
34.5mg	3 位有效数字
$3.45 \times 10^4 \mu g$	3 位有效数字(不能写成 $34500\mu g$)

2.2.2 有效数字修约规则

在数据处理过程中，各测量值的有效数字的位数可能不同，在运算前，应按运算法则确定有效数字的位数后，舍去多余的尾数，称为数字修约(rounding date)。其基本原则如下：

(1) 采用"四舍六入五成双"的规则进行修约。该规则规定：测量值中被修约的那个数等于或小于 4 时，舍弃；测量值中被修约的那个数等于或大于 6 时，进位；测量值中被

修约的那个数等于5时,若"5"的后面尾数不全是"0",进位,如18.06501→18.07;若"5"的后面尾数全部是"0",当"5"的前面一位是奇(单)数,进位,把单数变成双数(偶数),如12.21500→12.22,当"5"的前面一位是偶数,舍弃,如27.1850→27.18。

(2) 禁止分次修约。只允许对原测量值一次修约至所需位数,不能分次修约。如2.2349修约为3位数。不能先修约成2.235,再修约为2.24,只能一次修约成2.23。

(3) 可多保留一位有效数字进行运算。在大量数据运算时,为防止误差累积,对参与运算的所有数据的有效数字修约到比绝对误差最大的数据多保留一位有效数字,运算后,再将结果修约成与最大误差数据相当的位数。

(4) 修约标准偏差。对标准偏差的修约,结果应使准确度降低。如计算结果的标准偏差为0.213,取两位有效数字,修约为0.22。修约标准偏差和RSD时,在大多数情况下,取1~2位有效数字。

(5) 与标准限度值比较时不应修约。如某样品含量≤0.03%为合格,若试样测定值为0.033%,不能将测定值修约为0.03%来判断该试样为合格。

2.2.3 有效数字运算规则

在处理数据时,常遇到一些准确度不相同的数据,对于这些数据,必须按一定法则进行计算,一方面可以节省时间,另一方面也可以避免因计算过繁而引起的错误。常用的基本法则如下。

(1) 加减法:当几个数据相加或相减时,它们的和或差的有效数字的保留,应根据加减运算误差传递规律,以小数点后位数最少(即绝对误差最大的)的数据为依据,其他数据均修约到这一位。例如0.0121、25.64及1.05782三数相加,因25.64的绝对误差最大±0.01,所以有效数字位数应以它为准。即

$$0.012+25.64+1.058=26.71$$

(2) 乘除法:几个数据相乘除时,积或商的有效数字的保留,应以其中有效数字位数最少(即相对误差最大的)的那个数为依据。

如求0.0121、25.64和1.05782三数相乘之积。第一个数是3位有效数字,其相对误差最大,应以此数据为依据,修约其他数据的有效数字,然后相乘。即

$$0.0121 \times 25.6 \times 1.06 = 0.328$$

(3) 在计算式中,如遇到π、e、$\sqrt{2}$这样数值,其有效数字位数可认为无限制,在计算过程中根据需要确定位数。

2.2.4 在分析化学中的应用

(1) 正确地记录测量数据。如在万分之一分析天平上称得某物体重0.2300g,只能记录为0.2300g,不能记成0.230g或0.23g。又如从滴定管上读取溶液的体积为20ml时,应该记为20.00ml,不能记为20ml或20.0ml。

(2) 正确地选取用量和选用适当的仪器。若称取的样品重为2g时,就不需要用万分之一的分析天平。

(3) 正确地表示分析结果。如分析煤中含硫量时,称样量为3.5g。两次测定结果

(S%)：甲为 0.042% 和 0.041%；乙为 0.04201% 和 0.04199%。显然甲正确，而乙不正确。

2.3 分析数据的统计处理与分析结果的表示方法

2.3.1 偶然误差的正态分布和 t 分布

1. 偶然误差的正态分布

现假定对一个分析测试对象进行了多次平行测量，以测定数据出现的概率为纵坐标，以测量值为横坐标可得直方图。当测定次数足够多时，相对频率分布的直方图趋于左右对称的钟形曲线，如图 2-2 所示，这条曲线为高斯分布（Gauss 分布）曲线。表示这条曲线的方程为高斯方程，又称为正态分布概率密度函数，见式（2-11）。式中，y 为测量值出现的概率，正态分布曲线与横坐标所夹的总面积代表所有测量值出现的概率总和，其值为 1。

$$y = \frac{1}{\sigma\sqrt{2\pi}} e^{\frac{-x^2}{2\sigma^2}} \tag{2-11}$$

不仅测量值符合正态分布，当测定数值连续变化时，测量值的波动情况（偶然误差）也符合正态分布，如图 2-3 所示。即大小相等，方向相反的测量误差出现的概率相等，大误差出现的概率小，小误差出现的概率大。其正态分布的概率密度函数见式（2-12）。

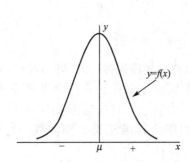
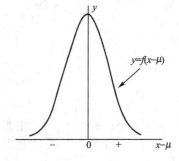

图 2-2　测量值的正态分布曲线　　图 2-3　误差的非标准正态分布曲线

$$y = \frac{1}{\sigma\sqrt{2\pi}} e^{\frac{-(x-\mu)^2}{2\sigma^2}} \tag{2-12}$$

式中：y 为测量误差出现的概率；σ 为总体（同一分析对象的无限次测定数据的集合）标准差；μ 为总体均值，也叫位置参数。σ 表示数据的离散程度。μ 表示总体测量值向某一数值集中趋势，在没有系统误差情况下，μ 就是真值。正态分布性状由 σ 和 μ 两个参数决定。不同的 μ，不同的 σ 对应不同的正态分布，通常用 $N(\mu, \sigma^2)$ 表示均数为 μ、方差为 σ^2 的正态分布。

当 μ 不变时，σ 越大，曲线越平坦（面积不变），如图 2-4 所示，表明测量数据越分散，精密度越差。正态曲线在 $x=\mu\pm\sigma$ 处各有一个拐点，曲线通过拐点时改变陡峭度，所以σ叫曲线的形状参数(变异度参数)。当σ不变时,μ值不同,曲线沿横坐标移动,如图2-5所示。

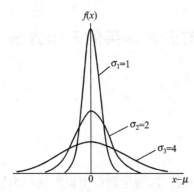

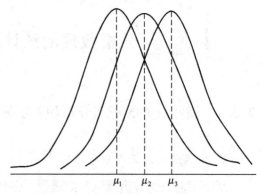

图2-4 真值相同,精密度不同($\sigma_1=1$, $\sigma_2=2$, $\sigma_3=4$)的同一总体的正态分布曲线

图2-5 精密度相同,真值不同(μ_1, μ_2, μ_3)的3个总体的正态分布曲线

由于不同的μ值和σ值就会有不同的正态分布,为计算方便在数学上经过一个变量转换,令

$$u=\frac{x-\mu}{\sigma} \tag{2-13}$$

则

$$y=f(x)=\frac{1}{\sigma\sqrt{2\pi}}e^{-\frac{u^2}{2}}$$

又 $dx=\sigma \cdot du$,则 $f(x)dx=\frac{1}{\sqrt{2\pi}}e^{-\frac{u^2}{2}}du=\phi(u)du$

$$y=\phi(u)=\frac{1}{\sqrt{2\pi}}e^{-\frac{u^2}{2}} \tag{2-14}$$

u是以总体标准偏差σ为单位的$(x-\mu)$值,此概率密度函数实质上就是正态分布的概率密度函数中$\mu=0$,$\sigma=1$的情形,曲线的形状与σ大小无关,该正态分布曲线为标准正态分布曲线,也称u分布,如图2-6所示。

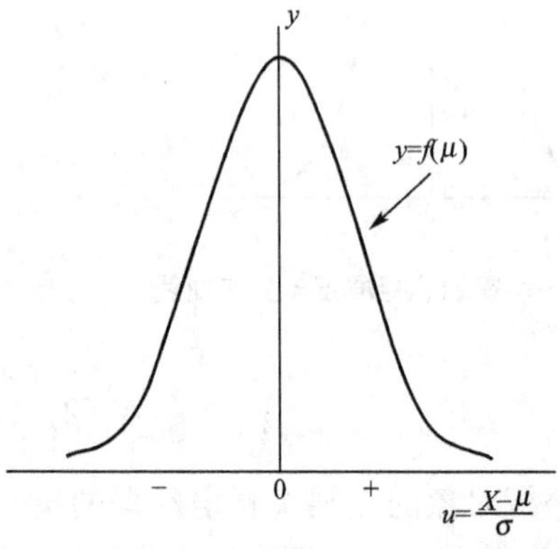

2. 偶然误差的区间概率

由于曲线与横坐标所夹面积代表各种大小误差出现概率的总和,因此误差在某一区间范围内出现的概率,即对区间$[u_1,u_2]$积分求面积,见式(2-15)。按此方程求出不同u值时的积分值,制成相应的概率积分表见表2-2。

图2-6 误差的标准正态分布曲线

$$\int_{u_1}^{u_2}ydu=\frac{1}{\sqrt{2\pi}}\int_{u_1}^{u_2}e^{-\frac{u^2}{2}}du \tag{2-15}$$

例4 经过无数次的测定并在消除了系统误差的情况下,测得某钢样中磷的质量分数为0.099%。已知$\sigma=0.002\%$,问真值落在区间0.095%~0.103%的概率是多少?

表 2-2　标准正态分布概率积分表

$|u|$	面积	$|u|$	面积	$|u|$	面积
0.0	0.0000	1.0	0.3413	2.0	0.4773
0.1	0.0398	1.1	0.3643	2.1	0.4821
0.2	0.0793	1.2	0.3849	2.2	0.4861
0.3	0.1179	1.3	0.4032	2.3	0.4893
0.4	0.1554	1.4	0.4192	2.4	0.4918
0.5	0.1915	1.5	0.4332	2.5	0.4938
0.6	0.2258	1.6	0.4452	2.6	0.4953
0.7	0.2580	1.7	0.4554	2.7	0.4965
0.8	0.2881	1.8	0.4641	2.8	0.4974
0.9	0.3159	1.9	0.4713	3.0	0.4987

解：根据 $u=\dfrac{x-\mu}{\sigma}$ 得：$u_1=\dfrac{0.103-0.099}{0.002}=2$　$u_2=\dfrac{0.095-0.099}{0.002}=-2$

$|u|=2$，由表 2-2，查得相应的概率为 0.4773，则

$$P(0.095\%\leqslant x\leqslant 0.103\%)=0.4773\times 2=0.955$$

计算表明，真值落在区间 0.095%～0.103% 的概率为 95.5%。

在实际分析中不可能对一个分析测试对象测定无限多次，因此，无法得到 σ 值，也就无法知道真值所在的区间。有限次测量值的偶然误差的分布服从 t 分布。

3. t 分布

无限多次的测量值的偶然误差分布服从正态分布，而通常分析工作中平行测定的次数较少（小样本），无法得到 μ 和 σ，需要根据测得的样本计算出统计量，即样本均值 $\bar{x}$ 和样本标准偏差 S 来估计测量数据的分散程度。但这种估算会引入误差，为了补偿这种误差可采用 t 分布。

t 分布曲线（图 2-7）与正态分布曲线相似，由于测量次数少，分布曲线变得平坦，引起误差。t 分布曲线的纵坐标是概率密度，横坐标是统计量 t。由于通过测定的数据只能得到标准偏差 S，故以 S 代替式（2-13）中 σ，用 t 替代 u，于是

$$t=\dfrac{x-\mu}{S} \qquad (2-16)$$

t 是以样本标准偏差 S 为单位的 $(x-\mu)$ 值，t 分布曲线随自由度 $f(f=n-1$，表示独立偏差的个数）而改变，当 $f<10$ 时，与标准正态分布曲线差别较大；当 $f>20$ 时，与正态分布曲线相似；当 $f\to\infty$ 时，t 分布就趋近正态分布。对于正态分布，当 u 值一定时，相应的概率就一定。对于 t 分布，当 t 值相同时，由于 f 值不同，其曲线下所包括的面积也就不同。即 t 分布的区间概率不仅随 t 值改变，还与 f 值有关。

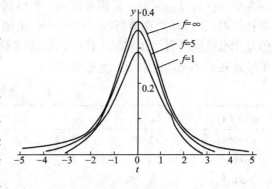

图 2-7　t 分布

2.3.2 平均值的精密度与平均值的置信区间

1. 平均值的精密度

平均值的精密度也称平均值的标准偏差(precision of mean)可用平均值的标准偏差 $S_{\bar{x}}$ 表示。数理统计可以证明，用 m 个样本，每个样本作 n 次测量的平均值的标准偏差 $S_{\bar{x}}$ 与单个样本内做 n 次测量所得结果的标准偏差 S 的关系为：

$$S_{\bar{x}} = S/\sqrt{n} \qquad (2-17)$$

由此可以看出平均值的标准偏差与测定次数的平方根成反比，当测量次数增加时，平均值的标准偏差会减少，这说明平均值的精密度会随测定次数的增加而提高。但测量次数的增加与可靠性的增加不成正比，过多增加测量次数并不能使精密度显著提高。

2. 平均值的置信区间

根据式(2-13)，可得

$$\mu = x \pm u\sigma \qquad (2-18)$$

式(2-18)表示，由于偶然误差的影响，单次测量值相对于真值的误差为 $\pm u\sigma$，或者说由单次测定结果估计真值 μ 落在 $x \pm u\sigma$ 范围之内。式中，$x \pm u\sigma$ 为置信区间，$\pm u\sigma$ 为置信界限。可见，置信区间是指在一定的置信水平(confidence level，P)或置信度，μ 落在 $x \pm ts$ 范围之外的概率为 $(1-P)$，称为显著水平(significant level)，用 x 表示，以测定结果 x 为中心，包括总体均值 μ 在内的可信范围，其中 u 是置信水平 P 的函数。

表2-3 总体标准偏差与置信水平

范围	$\mu \pm 1\sigma$	$\mu \pm 1.64\sigma$	$\mu \pm 1.96\sigma$	$\mu \pm 2\sigma$	$\mu \pm 2.58\sigma$	$\mu \pm 3\sigma$
置信水平/%	68.3	90.0	95.0	95.5	99.0	99.7

对于少量样本的测定结果必须根据 t 分布进行统计处理，按 t 的定义式可得出

$$\mu = \bar{x} \pm \frac{t_{p,f} S}{\sqrt{n}} \qquad (2-19)$$

式(2-19)表示在某一置信度下，以测量平均值 $\bar{x}$ 为中心，包括真值 μ 在内的可靠性范围为平均值的置信区间。置信度越大，置信区间越宽，包括真值在内的可能性越大，但准确性越差。比如，"真值落在 $-\infty \sim +\infty$ 范围内"，其置信概率为 100%，可靠性非常强，但毫无准确性可言。在实际工作中，置信度不能定得过高或过低，分析化学中，一般将置信度定在 95% 或 90%。$t_{p,f}$ 值见表2-4。

表2-4 $t_{p,f}$ 值表(双侧 t 检验)

$f(n-1)$	1	2	3	4	5	6	7	8	9	10	20	∞
$P=90\%$	6.31	2.92	2.35	2.13	2.02	1.94	1.9	1.86	1.83	1.81	1.72	1.64
$P=95\%$	12.71	4.3	3.18	2.78	2.57	2.45	2.36	2.31	2.26	2.23	2.09	1.96
$P=99\%$	63.66	9.92	5.84	4.6	4.03	3.71	3.5	3.35	3.25	3.17	2.84	2.58

例5 用气相色谱法测定伤湿止痛膏中挥发性成分含量，9次测定标准偏差为0.042，平均值为10.79%，求在95%与99%置信度下真值所在的置信区间。

解：(1) 已知置信度为95%，$f=9-1=8$，查表2-4得：$t=2.31$

$$\mu = \bar{x} \pm \frac{tS}{\sqrt{n}} = 10.79 \pm 2.31 \times \frac{0.042}{\sqrt{9}} = (10.79 \pm 0.03)\%$$

(2) 已知置信度为99%，$f=9-1=8$，查表2-4得：$t=3.35$

$$\mu = \bar{x} \pm \frac{tS}{\sqrt{n}} = 10.79 \pm 3.35 \times \frac{0.042}{\sqrt{9}} = (10.79 \pm 0.05)\%$$

对以上结果应理解为，在10.76%~10.82%的区间内，包含真值μ在内的置信概率为95%；在10.74%~10.84%的区间内，包含真值μ值在内的置信概率为99%。因为μ是客观存在，无随机性，因此不能理解为总体平均值μ落在上述范围内。

例6 用配位滴定法测定某矿石中CaO的含量，测得百分含量分别为20.31%、20.35%、20.33%、20.38%。在置信度为90%和95%情况下，试计算平均值的置信区间。

解：$n=4$　$\bar{x}=20.34\%$　$S=0.03\%$

查表$P=95\%$时，$t=3.18$，则

$$\mu = 20.34 \pm \frac{3.18 \times 0.03}{\sqrt{4}} = (20.34 \pm 0.05)\%$$

$P=90\%$时，$t=2.35$，则

$$\mu = 20.34 \pm \frac{2.35 \times 0.03}{\sqrt{4}} = (20.34 \pm 0.04)\%$$

2.3.3 分析化学中常用的显著性检验

在定量分析中，常常遇到两种情况：其一是样本的测量平均值与真值不一致，其二是两组测量的平均值不一致。因此需要对两组分析结果的精密度和准确度是否存在显著性差异做出判断，称为显著性检验，进而确定两组分析结果是否存在系统误差或偶然误差。在定量分析中最常用的显著性检验有t检验和F检验。

1. t检验

t检验主要用于：样本均值与标准值的比较；判断某一分析方法或操作过程中两组有限测量数据的样本均值间是否存在着显著性差别。

1) 样本平均值与标准值的t检验（准确度的显著性检验）

当检验一种新的分析方法时用已知含量的标准试样或标准物质做数次平行测定，再将得到的样本平均值$\bar{x}$与标准值进行比较。由式(2-19)可知，若以样本平均值$\bar{x}$为中心的置信区间$(\bar{x} \pm tS/\sqrt{n})$能将标准值包括在内，即使$\mu$与$\bar{x}$不完全一致，也能得出$\bar{x}$与$\mu$之间不存在显著性差异的结论。将式(2-19)改写成

$$t = \frac{|\bar{x} - \mu|}{S}\sqrt{n} \tag{2-20}$$

在作t检验时，先将所得数据$\bar{x}$、μ、S及n代入上式，求出t值，与查表2-4（$f=$

$n-1$)得的相应 $t_{p,f}$ 值比较。

(1) 若算出的 $t \geq t_{p,f}$，说明 $\bar{x}$ 与 μ 间存在显著性差异。即 $\bar{x}$ 与 μ 之差($\pm tS/\sqrt{n}$)已超出偶然误差的界限，不是偶然误差引起的，这种差别来源于新分析方法的方法误差。

(2) 若 $t < t_{p,f}$，说明两者的差异是由偶然误差引起的正常差异，并非显著性差异。

由此可得出新方法有无系统误差，新分析方法是否准确可靠的结论。

例7 有一标样，其标准值为 0.123%。今用一新方法测定，4 次测定数据(%)分别为：0.119，0.118，0.115，0.112，试判断新方法是否存在系统误差(置信度选 95%)。

解：
$$\bar{x} = 0.116\%$$

标准偏差为
$$S = \sqrt{\frac{\sum_{i=1}^{n}(x_i - \bar{x})^2}{n-1}} = 3.16 \times 10^{-5}$$

代入式(2-20)得
$$t = \frac{|\bar{x} - \mu|}{S}\sqrt{n} = \frac{|0.116\% - 0.123\%|}{3.16 \times 10^{-5}}\sqrt{4} = 4.43$$

查表2-4得 $\quad t_{0.95,3} = 3.18 \quad t > t_{0.95,3}$

说明 $\bar{x}$ 与标准值间存在显著性差异，故新方法存在系统误差。

2) 两个样本均值的 t 检验(系统误差的显著性检验)

两个样本均值 t 检验用于：①一个样品由不同分析人员、同一分析人员采用不同方法、不同分析时间或不同仪器进行测定，需要对得到的两组数据均值之间是否存在显著性差异进行检验；②两个样品含有同一成分，用相同分析方法所测得两组数据，对其均值是否存在显著性差异进行检验。

要比较两个样本平均值 $\overline{x_1}$ 和 $\overline{x_2}$ 之间是否有显著差异，必须首先要确定两组数据的方差 S_1^2 和 S_2^2 有无显著性差异。在方差间没有显著性差异的前提下，即可认为 $S_1 \approx S_2$，可用下式计算 t 值：

$$t = \frac{|\overline{x_1} - \overline{x_2}|}{S_R}\sqrt{\frac{n_1 \times n_2}{n_1 + n_2}} \tag{2-21}$$

式中 S_R 为合并标准偏差(pooled standard deviation)，n_1、n_2 分别为两组数据的测定次数，n_1 与 n_2 可以不等，但不能相差悬殊；总自由度 $f = n_1 + n_2 - 2$。由下式计算出 S_R：

$$S_R = \sqrt{\frac{(n_1-1)S_1^2 + (n_2-1)S_2^2}{n_1 + n_2 - 2}} \tag{2-22a}$$

或

$$S_R = \sqrt{\frac{\sum_{i=1}^{n_1}(x_1 - \bar{x})^2 + \sum_{i=1}^{n_2}(x_2 - \overline{x_2})^2}{(n_1 - 1) + (n_2 - 1)}} \tag{2-22b}$$

将通过上式得到的 S_R 代入式(2-21)计算得到统计量 t，再将 t 与由表2-4查得的 $t_{p,f}$ 比较。

(1) 若 $t \geq t_{p,f}$，说明两个样本数据均值间存在显著性差异，两组数据可能存在系统误差。

(2) 若 $t < t_{p,f}$，说明两个样本均值间不存在显著性差异，可认为两个均值来自同一总体，即 $\mu_1 = \mu_2$，两个样本均值之间的差别是偶然误差造成的。

2. F 检验

标准偏差或方差(S^2)反映测定结果的精密度。如前所述，只有确定两组数据的方差 S_1^2 和 S_2^2 无显著性差异的情况下，才能进行 t 检验。F 检验即是通过比较两组数据的方差，判断两组数据间存在的偶然误差是否显著，因此 F 检验为精密度显著性检验。

F 检验法的步骤很简单，首先计算出两个样本的方差，然后计算方差比，用 F 表示：

$$F = \frac{S_{大}^2}{S_{小}^2} \tag{2-23}$$

计算时，规定大的方差为分子，小的为分母，将两组实验数据的标准偏差 S_1 与 S_2 的平方代入式(2-23)，求出 F 值。F 检验的基本假设是两组测量值来自同一总体，则两组方差差异很小。因此根据两组数据的自由度查表 2-5 得到相应的 F_{p,f_1,f_2} 与求得的 F 值比较。

(1) 若 $F \geqslant F_{p,f_1,f_2}$ 说明两组数据的精密度存在着显著性差别。
(2) 若 $F < F_{p,f_1,f_2}$ 说明两组数据的精密度不存在显著性差别。

表 2-5 95% 置信度时的 F 值(单边)

$f_{小}$ \ $f_{大}$	2	3	4	5	6	7	8	9	10	∞
2	19.00	19.16	19.25	19.30	19.33	19.36	19.37	19.38	19.39	19.50
3	9.55	9.28	9.12	9.01	8.94	8.88	8.84	8.81	8.87	8.53
4	6.94	6.59	6.39	6.26	6.16	6.09	6.04	6.00	5.96	5.63
5	5.79	5.41	5.19	5.05	4.95	4.88	4.82	4.78	4.74	4.36
6	5.14	4.76	4.53	4.39	4.28	4.21	4.15	4.10	4.06	3.67
7	4.74	4.35	4.12	3.97	3.87	3.79	3.37	3.68	3.63	3.23
8	4.46	4.07	3.84	3.69	3.58	3.50	3.44	3.39	3.34	2.93
9	4.26	3.86	3.63	3.48	3.37	3.29	3.23	3.18	3.13	2.71
10	4.10	3.71	3.48	3.33	3.22	3.14	3.07	3.02	2.97	2.54
∞	3.00	2.60	2.37	2.21	2.10	2.01	1.94	1.88	1.83	1.00

例 8 在吸光光度法分析中，用一台旧仪器测定溶液的吸光度 6 次，得标准偏差 $S_1 = 0.055$；再用一台性能稍好的新仪器测定 4 次，得标准偏差 $S_2 = 0.022$。试问新仪器的精密度是否显著地优于旧仪器的精密度？

解：在本例中，已知新仪器的性能较好，它的精密度不会比旧仪器的差，因此这属于单边检验问题。

已知　　$n_1 = 6$　　$S_1 = 0.055$
　　　　$n_2 = 4$　　$S_2 = 0.022$
　　　　$S_{大}^2 = 0.055^2 = 0.0030$　　$S_{小}^2 = 0.022^2 = 0.00048$

$$F = \frac{S_{大}^2}{S_{小}^2} = \frac{0.0030}{0.00048} = 6.25$$

查表 2-5，$f_{大} = 6-1 = 5$，$f_{小} = 4-1 = 3$，$F_{表} = 9.01$，$F < F_{表}$，故有 95% 的把握认为两种仪器的精密度之间不存在统计学上的显著性差异，即不能得出新仪器显著地优于旧仪器的结论。

3. 使用显著性检验的几点注意事项

(1) 两组数据的显著性检验顺序是先进行 F 检验再进行 t 检验。只有经 F 检验确认两组数据的精密度(或偶然误差)无显著性差别后,才能合并标准差进行 t 检验。因为只有当两组数据的精密度或偶然误差接近时,准确度或系统误差的检验才有意义,否则会得出错误的判断。

(2) 单侧与双侧检验。当检验两个分析结果是否存在着显著性差异时,用双侧检验。若检验某分析结果是否明显高于(或低于)某值,则用单侧检验。

(3) 置信水平 P 或显著性水平的选择。t 与 F 等的临界值随 P 的不同而不同,因此 P 的选择必须适当。

例 9 用硼砂和碳酸钠两种基准物质标定盐酸的浓度,所得结果如下。

用硼砂标定$/(\text{mol}\cdot\text{L}^{-1})$ 0.09896   0.09891   0.09901   0.09896

用碳酸钠标定$/(\text{mol}\cdot\text{L}^{-1})$ 0.09911   0.09896   0.09886   0.09901   0.09906

当置信度为 95%,用这两种基准物质标定盐酸是否存在显著性差异?

解: 首先用 F 检验判断两组测量结果之间精密度是否有显著性差异,在通过 F 检验确定两组数据之间精密度没有显著性差异的基础上,再进行 t 检验对两组数据的总体平均值之间是否存在显著性差异做出判断。

$$\bar{x}_1 = 0.09896 \quad \bar{x}_2 = 0.09900$$

$$S_1^2 = \frac{\sum_{i=1}^{n_1} d_{i1}^2}{n_1 - 1} = 1.67 \times 10^{-9} \quad S_2^2 = \frac{\sum_{i=1}^{n_2} d_{i2}^2}{n_2 - 1} = 9.25 \times 10^{-9}$$

$$F = \frac{S_2^2}{S_1^2} = \frac{9.25 \times 10^{-9}}{1.67 \times 10^{-9}} = 5.54$$

查表得
$$f_1 = 3 \quad f_2 = 4 \quad F_{0.95,4,3} = 9.12$$
$$F = 5.54 < F_{0.95,4,3} = 9.12$$

故两组数据之间精密度无显著性差异。

当两组数据之间精密度无显著性差异时,合并两组数据的标准偏差。

$$S_R = 7.75 \times 10^{-5}$$

代入式(2-21)得
$$t = 0.769$$
$$f = 4 + 5 - 2 = 7$$

查表
$$t_{0.95,7} = 2.36, \quad t < t_{0.95,7}$$

所以两组测量结果无显著性差异。

2.3.4 可疑数据的取舍

在化学分析中获得一系列平行数据后,有时会发现有个别偏离较大的数据,这种数据称为可疑数据,也称异常值或离群值(outlier)。在不知情的情况下,这个离群值可能是偶然误差引起的,也可能是由于操作者过失引起误差引起的。前者在统计学上是允许的,但后者应当舍弃。因此必须借用统计学的方法进行科学地判断。离群值的取舍问题实质上就是区别两种性质不同的偶然误差和过失误差。

例如，某地采集的磁石样品中铁的百分含量(Fe%)所得的 6 次分析数据为：13.92、14.20、13.99、13.18、14.30、14.28。从以上数据可见，13.18 和 14.30 是离群值，如果找到了原因，就可以判断是否舍弃该数据。由于一般实验次数较少，不能对整体标准偏差正确估计，因此统计学采用舍弃商法(Q 检验法)和 G 检验法判断有无过失误差。

1. 舍弃商法(Q 检验法)

当测量次数 $n=3\sim10$，根据所要求的置信水平，按下列检验步骤确定可疑数据的取舍。
(1) 将所有测定数据按递增排序，离群值列在序列的开头或末尾。
(2) 算出离群值与其邻近值之差的绝对值，即 $|x_{离群}-x_{邻近}|$。
(3) 算出序列中最大值与最小值之差(极差)。
(4) 按下式计算舍弃商 Q(rejection quotient)：

$$Q=\frac{|x_{离群}-x_{相邻}|}{x_{max}-x_{min}} \tag{2-24}$$

(5) 根据测定次数和要求的置信度，查表 2-6 得 Q 的临界值 $Q_{p,n}$，$Q>Q_{表}$，则可疑值应舍弃，否则应被保留。

表 2-6　不同置信度下的 Q 值表

测定次数 n	3	4	5	6	7	8	9	10
$Q(90\%)$	0.94	0.76	0.64	0.56	0.51	0.47	0.44	0.41
$Q(95\%)$	0.97	0.84	0.73	0.64	0.59	0.54	0.51	0.49
$Q(99\%)$	0.99	0.93	0.82	0.74	0.68	0.63	0.60	0.57

上例数据按递增顺序排列得到：13.18、13.92、13.99、14.20、14.28、14.30。
两个舍弃商 Q 分别为：

$$Q_1=\frac{13.92-13.18}{14.30-13.18}=\frac{0.74}{1.12}=0.66$$

$$Q_2=\frac{14.30-14.28}{14.30-13.18}=\frac{0.02}{1.12}=0.018$$

如置信水平为 95%，由表 2-6 得 6 次的 $Q_{0.95,6}=0.64$，可知 13.18 为过失误差造成的，应该舍弃；而 14.30 是由偶然误差引起的，应该保留。

Q 检验法是确定离群值最为常用的一种方法，$t_{0.95,7}$ 检验法的优点是直观性强和计算简便。

2. G 检验法

G 检验法(格鲁布斯法，Grubbs test)适用的范围较 Q 检验法更广，本法的优点在于判断离群值的过程中，引入了一组测量数据的平均值 $\bar{x}$ 及标准偏差 S，因此该法准确度高。
根据所要的置信水平，按下列检验步骤确定可疑数据的取舍。
(1) 计算包括离群值在内的测定平均值 $\bar{x}$。
(2) 计算离群值与平均值 $\bar{x}$ 之差的绝对值。
(3) 计算包括离群值在内的标准偏差 S。
(4) 按下式计算 G 值：

$$G=\frac{|x_{离群}-\bar{x}|}{S} \tag{2-25}$$

(5) 查表2-7,得到G的临界值$G_{P,n}$。当$G>G_{P,n}$,则该离群值是由过失误差造成的,应当舍弃,反之则应保留。

表2-7 $G_{P,n}$临界值表

测定次数 n	3	4	5	6	7	8	9	10	11	12	13	14	15	20
$P=90\%$	1.15	1.46	1.67	1.82	1.94	2.03	2.11	2.18	2.23	2.29	2.33	2.37	2.41	2.56
$P=95\%$	1.15	1.48	1.71	1.89	2.02	2.13	2.21	2.29	2.36	2.41	2.46	2.51	2.55	2.71
$P=99\%$	1.15	1.49	1.75	1.94	2.10	2.22	2.32	2.41	2.48	2.55	2.61	2.66	2.71	2.88

综合上述讨论,进行数据统计处理的基本步骤:首先进行可疑数据的取舍(Q检验或G检验),然后进行精密度显著性检验(F检验),最后进行准确度显著性或系统误差的检验(t检验)。

2.3.5 相关和回归

相关与回归(correlation and regression)是研究变量间相关关系的统计学方法,包括相关分析与回归分析。

1. 相关系数

在定量分析中,由于各种误差的存在,使得两个变量间一般不呈现确定的函数关系,仅为相关关系。为了定量地描述两个变量的相关性,设两个变量x和y的n次测量值为$(x_1, y_1), (x_2, y_2), (x_3, y_3), \cdots, (x_n, y_n)$,然后可按下式计算相关系数(correlation coefficient)r值。

$$r = \frac{\sum_{i=1}^{n}(x_i - \bar{x})(y_i - \bar{y})}{\sqrt{\sum_{i=1}^{n}(x_i - \bar{x})^2 \cdot \sum_{i=1}^{n}(y_i - \bar{y})^2}} \qquad (2-26)$$

相关系数r是一个介于0和±1之间的数值,即$0 \leqslant |r| \leqslant 1$。当$|r|=1$时为绝对相关,表示所有$(x_1, y_1), (x_2, y_2), \cdots$等处于一条直线上,此时$x$与$y$完全线性相关;当$r=0$时为绝对无关,表示$(x_1, y_1), (x_2, y_2), \cdots$呈杂乱无章或在一条曲线上,$x$与$y$无任何关系;$r>0$时,称为正相关;$r<0$为负相关。相关系数的大小反映$x$与$y$两个变量间线性相关的密切程度。

2. 回归分析

回归分析是研究随机现象中变量之间关系的一种数理统计学分析方法。设x为自变量,y为因变量。对于某一x值,y的多次测量值可能有波动,但服从一定的分布规律。回归分析就是要找出y的平均值$\bar{y}$与x之间的关系。

通过相关系数的计算,如果知道$\bar{y}$与x之间呈线性相关关系,就可以进行线性回归。用最小二乘法解出回归系数a(截距)与b(斜率),见式(2-27)。

$$a = \frac{\sum_{i=1}^{n} y_i - b \sum_{i=1}^{n} x_i}{n} \text{ 及 } b = \frac{n \sum_{i=1}^{n} x_i y_i - \frac{1}{n} \sum_{i=1}^{n} x_i \cdot \sum_{i=1}^{n} y_i}{n \sum_{i=1}^{n} x_i^2 - \frac{1}{n}\left(\sum_{i=1}^{n} x_i\right)^2} \qquad (2-27)$$

将测定数据代入式(2-27),求出回归系数a与b,以确定回归方程式(式(2-28)),

根据方程得到一条最接近所有实验点的直线。

$$\bar{y}=a+bx \tag{2-28}$$

例 10 标准曲线法测定水中微量铁。

(1) 标准溶液的制备。称取一定量的 $NH_4Fe(SO_4)_2 \cdot 12H_2O$，制成每 1ml 含 Fe^{3+} 为 $10.0\mu g$ 的水溶液。

(2) 标准曲线的绘制。用刻度吸管分别精密吸取标准溶液 2.0，4.0，6.0，8.0，10.0ml 于 50ml 量瓶中，加入各种试剂和显色剂后，用水稀释至刻度，摇匀。在 510nm 波长下，测定各溶液的吸光度，测定数据如下。

Fe^{3+} 的浓度($\mu g \cdot ml^{-1}$)：	0.4	0.8	1.2	1.6	2.0
吸光度 A：	0.120	0.242	0.356	0.488	0.608

(3) 水样测定。以自来水为样品，准确吸取澄清水样 5.00ml，置 50ml 容量瓶中。按上述制备标准曲线项下的方法，制备供试品溶液，并测定吸光度，根据测得的吸光度求出水中的含铁量。测得供试品溶液的吸光度 $A=0.286$。

解：(1) 按式(2-26)和式(2-27)计算回归系数 a，b 及相关系数 r 值。

$$b = \frac{n\sum_{i=1}^{n}x_iy_i - \frac{1}{n}\sum_{i=1}^{n}x_i \cdot \sum_{i=1}^{n}y_i}{n\sum_{i=1}^{n}x_i^2 - \frac{1}{n}(\sum_{i=1}^{n}x_i)^2} = 0.3055 \quad a = \frac{\sum_{i=1}^{n}y_i - b\sum_{i=1}^{n}x_i}{n} = -0.0038$$

$$r = \frac{\sum_{i=1}^{n}(x_i-\bar{x})(y_i-\bar{y})}{\sqrt{\sum_{i=1}^{n}(x_i-\bar{x})^2 \cdot \sum_{i=1}^{n}(y_i-\bar{y})^2}} = 0.9998$$

回归方程为 $\bar{y}=0.3055x-0.0038$ 相关系数 $r=0.9998$

(2) 将测得水样的吸光度 $A=0.286$ 代入回归方程 $y=0.3055x-0.0038$，即得

$$x = \frac{0.286+0.0038}{0.3055} = 0.949\mu g \cdot ml^{-1}$$

(3) 则水样中 Fe^{3+} 的含量 $Fe^{3+}(\mu g \cdot ml^{-1})=0.949\times 50/5=9.49$

本 章 小 结

根据误差的来源可分为系统误差、偶然误差、过失误差。误差是衡量准确度的尺度，误差绝对值越小，测量的准确度越高。绝对误差和相对误差是误差的表示方法。偏差是衡量精密度的尺度，偏差的表示方法有平均偏差、相对平均偏差、标准偏差和相对标准偏差，在分析化学中常用标准偏差和相对标准偏差表示分析结果的精密度。

绝对误差 $\delta = x-\mu$；相对误差 $= \frac{\delta}{\mu}\times 100\% = \frac{x-\mu}{\mu}\times 100\% = \frac{x-\mu}{x}\times 100\%$

标准偏差 $S = \sqrt{\dfrac{\sum_{i=1}^{n}(x_i - \bar{x})^2}{n-1}}$；相对标准偏差 $RSD = \dfrac{S}{\bar{x}} \times 100\%$

有效数字既反映了测量的数值的大小，其位数也反映了测量的准确度。有效数字的修约采用"四舍六入五成双"的规则，在加减运算中有效数字的保留以小数点后位数最少（即绝对误差最大的）的数据为依据，在乘除运算中以有效数字位数最少（即绝对误差最大的）数据为依据。

在定量分析中最常用的显著性检验为 t 检验和 F 检验。t 检验主要用于样本均值与标准值的比较 $t = \dfrac{|\bar{x} - \mu|}{S}\sqrt{n}$ 和两组有限测量数据的样本均值间的比较 $t = \dfrac{|\bar{x}_1 - \bar{x}_2|}{S_R}\sqrt{\dfrac{n_1 \times n_2}{n_1 + n_2}}$。$F$ 检验用于两组测量数据精密度的比较 $F = \dfrac{S_{大}^2}{S_{小}^2}$。过失误差引起的离群值应不纳入数据统计学处理，离群值的判断可用 Q 检验法和 G 检验法。

习　　题

一、名称解释

系统误差　偶然误差　精密度　准确度　有效数字

二、简答题

1. 说明下列各种误差的类型（系统误差、偶然误差、过失误差）。

①砝码未经校正；②滴定时不慎从锥形瓶溅出一滴溶液；③试样未充分混合均匀；④蒸馏水中含微量被测定离子；⑤在称量时吸收了少量水分；⑥天平零点突然变化；⑦读滴定管刻度时，最后一位估计不准；⑧在被测定物质沉淀时，某种离子被共沉淀；⑨在分光光度法中，波长指示器所示波长与实际波长不符；⑩移液管的相对体积未进行校正。

2. 说明误差与偏差、准确度与精密度的区别。

3. 下列数据各包括了几位有效数字？

(1) 0.0330　(2) 10.030　(3) 0.01020　(4) 6.00×10^{-5}　(5) $pKa = 4.74$　(6) $pH = 10.00$

4. 为什么统计检验的正确顺序是先进行离群数据的取舍，再进行 F 检验，在 F 检验通过后，才能进行 t 检验？

5. 某人以分光光度法测定药物主成分含量，称取此药物 0.0350g，计算药物含量为 97.26%，此结果是否合理？为什么？

6. 将下列数据修约到小数点后 3 位。

(1) 3.14159　(2) 2.71729　(3) 4.505150　(4) 3.1550　(5) 5.6235　(6) 6.378501
(7) 7.691499

三、计算题

1. 测定铁矿石中铁的质量分数（以 $W_{Fe_2O_3}$ 表示），5 次结果分别为：67.48%，

67.37%，67.47%，67.43%和67.40%。计算：①平均偏差；②相对平均偏差；③标准偏差；④相对标准偏差；⑤极差。

(0.04%，0.06%，0.05%，0.07%，0.11%)

2. 根据有效数字的运算规则进行计算。
   (1) $19.469+1.537-0.0386+2.54=$ (23.51)
   (2) $0.0325\times5.103\times60.06\div139.8=$ (0.0712)
   (3) $(1.276\times4.17)+1.7\times10^{-4}-(0.0021764\times0.0121)=$ (5.34)
   (4) $pH=0.06$，$[H^+]=$ ($0.87 mol\cdot L^{-1}$)

3. 现有一组平行测定值，符合正态分布（$\mu=20.40$，$\sigma^2=0.04^2$）。计算：①$x=20.30$和$x=20.46$时的u值；②测定值在20.30～20.46区间出现的概率。

(−2.5，1.5，92.70%)

4. 对某标样中铜的质量分数(%)进行了150次测定，已知测定结果符合正态分布$N(43.15，0.23^2)$。求测定结果大于43.59%可能出现的次数。

(4)

5. 6次测定某钛矿中TiO_2的质量分数，平均值为58.60%，$S=0.70\%$，计算：①平均值的置信区间；②若上述数据均为3次测定的结果，平均值的置信区间又为多少？比较两次计算结果可得出什么结论(P均为0.95)？

(58.60%±0.73%，58.60%±1.74%)

6. 用化学法和高效液相色谱法(HPLC)测定同一复方乙酰水杨酸片中的乙酰水杨酸含量，测得的标示量如下。HPLC(%)：97.2、98.1、99.9、99.3、97.2、98.1；化学法(%)：97.8、97.7、98.1、96.7、97.3。①两种分析方法结果的精密度与平均值是否有显著性差异？②在该分析中HPLC是否可以代替化学法？

(①$F=4.15$，$t=1.48$，皆小于$P=0.95$时临界值，说明两种方法的精密度和平均值均不存在显著性差异；②HPLC可以代替化学法。)

7. 下面数据从大到小排列为：−1.40，−0.44，−0.24，−0.22，−0.05，0.18，0.20，0.48，0.63，1.01。试用Grubbs法确定有无可疑数据舍去。(置信度为95%)

(−1.40不舍去，1.01不舍去)

8. 某药厂生产铁剂，要求每克药剂中含铁48.00mg，对一批药品测定5次，结果为($mg\cdot g^{-1}$) 47.44，48.15，47.90，47.93和48.03。问这批产品含铁量是否合格($P=0.95$)？

(合格)

9. 分别用硼砂和碳酸钠两种基准物标定某HCl溶液的浓度($mol\cdot L^{-1}$)，结果如下。
用硼砂标定$\bar{x}_1=0.1017$，$S_1=3.9\times10^{-4}$，$n_1=4$
用碳酸钠标定$\bar{x}_2=0.1020$，$S_2=2.4\times10^{-4}$，$n_2=5$
当置信度为0.90时，这两种物质标定的HCl溶液浓度是否存在显著性差异？

(无显著性差异)

第3章
滴定分析法概论

> **本章教学要求**
>
> ● 掌握：滴定反应必须具备的条件；标准溶液及其浓度表示方法；滴定分析法中的有关计算，包括标准溶液浓度的计算、物质的量浓度和滴定度的换算、试样或基准物质称取量的计算、待测物质质量和质量分数的计算。
>
> ● 熟悉：滴定分析的特点及其分类方法；滴定分析的化学反应必须具备的条件及常用的名词术语，滴定剂、标准溶液、化学计量点、滴定终点、终点误差、基准物质、滴定度。
>
> ● 了解：滴定分析法的有关基本概念及常用的滴定方式。

将一种已知准确浓度的试剂溶液滴加到待测物质的溶液中（或将待测物质的溶液滴加到已知准确浓度的溶液中去），直到两者按化学计量关系恰好反应完全，根据加入试剂的浓度、体积计算出被测物质含量的分析方法称为滴定分析法(titrimetric analysis)。在上述定义中，已知准确浓度的试剂溶液称为标准溶液，也称为滴定剂(titrimetric agent)。将滴定剂由滴定管加到待测溶液中的操作过程称为滴定(titration)。当加入的滴定剂与被测物质按反应式的化学计量关系恰好反应完全时，反应即到达了化学计量点(stoichiometric point)，用 sp 表示。一般通过指示剂颜色的变化来判断化学计量点的到达，指示剂颜色变化而停止滴定的这一点称为滴定终点(end point of the titration)，用 ep 表示。在实际分析中滴定终点与理论上的化学计量点不一定恰好吻合，由此造成的分析误差称为终点误差(end point error)或滴定误差(titration error)。

滴定分析法又称为容量分析法，主要用于常量组分的测定，有时采用微量滴定管也能进行微量分析。该法的特点是准确度高，操作简便、快速，仪器简单、价廉，方法成熟。因此，滴定分析法在生产和科研中具有重要的实用价值，是分析化学中很重要的一类方法。

3.1 滴定反应类型与条件

3.1.1 滴定反应类型

根据标准溶液和被测物质发生反应类型的不同，可将滴定分析法分为下列 4 类。

1. 酸碱滴定法

酸碱滴定法是以酸碱反应为基础的滴定分析方法。可用来测定酸、碱以及能直接或间接与酸、碱发生反应的物质的含量。滴定反应的实质可表示为：

$$\underset{\text{被测酸}}{HA} + \underset{\text{滴定剂}}{OH^-} \rightleftharpoons A^- + H_2O$$

$$\underset{\text{被测碱}}{B} + \underset{\text{滴定剂}}{H^+} \rightleftharpoons BH^+$$

2. 沉淀滴定法

沉淀滴定法是以沉淀反应为基础的滴定分析方法。此类方法中，银量法应用最广泛。本法可用来测定含 Cl^-、Br^-、I^-、SCN^- 等离子的化合物。银量法的反应实质为：

$$Ag^+ + X^- = AgX\downarrow$$

3. 配位滴定法（络合滴定法）

配位滴定法是以配位反应为基础的滴定分析方法，用于测定金属离子或配位剂含量。配位反应的实质为：

$$M + Y \rightleftharpoons MY$$

式中，M 为金属离子（略去电荷）；Y 为配位剂分子或离子（略去电荷）。目前应用最多的是 EDTA 等氨羧配位剂，可以测定多种金属离子的含量。

4. 氧化还原滴定法

氧化还原滴定法是以氧化还原反应为基础的一种滴定分析方法。可用于直接测定具有氧化性或还原性的物质，也可间接测定某些不具有氧化性或还原性的物质。氧化还原滴定的实质为：

$$Ox_1 + ne \rightleftharpoons Red_1$$

$$Red_2 - ne \rightleftharpoons Ox_2$$

$$Ox_1 + Red_2 \rightleftharpoons Red_1 + Ox_2$$

式中，Ox_1、Red_1 分别表示滴定剂的氧化形和还原形；Ox_2、Red_2 分别表示被测物的氧化形和还原形；n 表示反应中转移的电子数。根据所用滴定剂的不同，氧化还原滴定法又分为碘量法、溴量法、高锰酸钾法、重铬酸钾法、铈量法等。

3.1.2　滴定反应条件

滴定分析是以化学反应为基础的分析方法，并不是所有的化学反应都能用于滴定分析，适用于滴定分析的化学反应，必须具备以下条件：

（1）滴定反应要按一定的化学反应方程式进行，无副反应发生，反应定量且进行的完全程度要达到 99.9% 以上，这是定量计算的基础。

（2）化学反应的速率要快。对于速度较慢的反应，需通过加热或加入催化剂等方法提高反应速率。

(3) 反应选择性要高，标准溶液只能与被测物质反应，如有干扰组分，必须用适当的方法分离或掩蔽，消除干扰。

(4) 有简便合适的、可靠的方法确定滴定终点，如有适宜的指示剂可选择。

3.2 滴定方式

1. 直接滴定法

凡是能够满足滴定条件的反应，都可以用滴定剂直接滴定待测物质，这类滴定方式称为直接滴定法。例如，以氢氧化钠标准溶液滴定盐酸试样溶液等。直接滴定法是滴定分析中最常用的滴定方法。该法简便、快速，引入误差的因素少。当滴定反应不能完全满足上述要求时，可采用下述方法进行滴定。

2. 返滴定法

返滴定法也称剩余滴定法。当滴定剂与待测物之间的反应速率较慢或待测物是固体物质时，加入化学计算量的标准溶液后，反应不能立即完成，可采用返滴定法。返滴定法是在待测物中先加入定量且过量的标准溶液，待反应完全后，再用另外一种标准溶液作为滴定剂滴定剩余标准溶液的方法。如白矾中 Al^{3+} 的测定，由于 Al^{3+} 与 EDTA 配位反应速度较慢，不能采用直接滴定法测定 Al^{3+}，可在 Al^{3+} 溶液中先加入定量的且过量的 EDTA 标准溶液，并加热促使反应加速完成，冷至室温后再用 $ZnSO_4$ 标准溶液滴定剩余的 EDTA 标准溶液。又如，固体 $CaCO_3$ 测定，可于 $CaCO_3$ 试样中先加入定量且过量的 HCl 标准溶液，待反应完成后，再用 NaOH 标准溶液返滴定剩余的 HCl 标准溶液。

3. 置换滴定法

对于伴有副反应的化学反应，不能直接滴定被测物质，可以采用置换滴定法。即先用适当的试剂与被测物质反应，使之定量地置换生成另一种可直接滴定的物质，再用标准溶液滴定此类生成物的滴定方法。例如，还原剂 $Na_2S_2O_3$ 与氧化剂 $K_2Cr_2O_7$ 之间发生反应时，$Na_2S_2O_3$ 一部分被氧化生成 SO_4^{2-}，另一部分被氧化生成 $S_4O_6^{2-}$，反应无法确定计算关系。但是 $K_2Cr_2O_7$ 在酸性条件下氧化 KI，可以定量地生成 I_2，再用 $Na_2S_2O_3$ 标准溶液滴定生成的 I_2，这一反应便符合滴定分析的要求。

4. 间接滴定法

当被测物质不能与标准溶液直接反应时，可将试样转换成另一种能和标准溶液作用的物质，反应后，再用适当的标准溶液滴定反应产物，这种滴定方式称为间接滴定法。例如，硼酸的离解常数 K_a 太小，不能用碱标准溶液直接滴定，但硼酸与多元醇反应生成的配合酸的离解常数为 10^{-6}，可以用 NaOH 标准溶液滴定生成的配合酸，求出硼酸的含量。

在滴定分析中由于采用了返滴定、置换滴定、间接滴定等滴定方法，大大扩展了滴定分析的应用范围。

3.3 基准物质与标准溶液

3.3.1 基准物质

能用于直接配制标准溶液的化学试剂称为基准物质(基准试剂)。基准试剂必须符合以下要求：
(1) 纯度要高，通常纯度在99.9%以上。
(2) 组成与化学式完全相符。若含结晶水，其含量应与化学式相符。
(3) 性质稳定，干燥时不分解，称量时不吸水，不吸收CO_2，不被空气氧化等。
(4) 具有较大摩尔质量，以减少称量误差。
常用的基准物质见表3-1。

表3-1 常用的基准物质及其干燥温度和应用范围

基准物	干燥条件和温度/℃	干燥后的组成	标定对象
$Na_2B_4O_7 \cdot 10H_2O$	放在装有NaCl和蔗糖饱和溶液的密闭器皿中	$Na_2B_4O_7 \cdot 10H_2O$	酸
Na_2CO_3	270~300	Na_2CO_3	酸
邻苯二甲酸氢钾	110~120	$C_6H_4(COOH)COOK$	碱
$H_2C_2O_4 \cdot 2H_2O$	室温空气干燥	$H_2C_2O_4 \cdot 2H_2O$	碱或$KMnO_4$
$Na_2C_2O_4$	130	$Na_2C_2O_4$	氧化剂
$K_2Cr_2O_7$	140~150	$K_2Cr_2O_7$	还原剂
As_2O_3	室温(干燥器中保存)	As_2O_3	氧化剂
KIO_3	130	KIO_3	还原剂
$KBrO_3$	130	$KBrO_3$	还原剂
ZnO	900~1000	ZnO	EDTA
$CaCO_3$	110	$CaCO_3$	EDTA
Zn	室温(干燥器中保存)	Zn	EDTA
NaCl	500~600	NaCl	$AgNO_3$
$AgNO_3$	220~250	$AgNO_3$	氯化物

3.3.2 标准溶液的配制与标定

1. 直接配制法

准确称取一定量的基准物质，用适量溶剂溶解，转入容量瓶中，稀释，定容。根据称取基准物质的质量和容量瓶的容积，计算出该溶液的准确浓度。例如欲配制 $0.1000 \text{mol} \cdot \text{L}^{-1}$ 的 $K_2Cr_2O_7$ 标准溶液 100ml，首先准确称取 $K_2Cr_2O_7$ 2.9418g 置于烧杯中，加适量水溶解后定量转移到 100ml 容量瓶中，再用水稀释至刻度即得。

2. 间接配制法(标定法)

由于许多物质纯度达不到基准物质的要求，如 NaOH 易吸潮、HCl 易挥发、$Na_2S_2O_3$ 易风化等，其标准溶液不能采用直接法配制。这类物质标准溶液只能采用间接法配制，即取一定量物质，配成一定浓度的溶液(称为待标定溶液)，用另一种基准物质或另一种标准溶液来标定该溶液的浓度。利用基准物质或已知准确浓度的标准溶液来测定待标定溶液的操作过程称为标定。标定有两种方法。

(1) 用基准物质标定：准确称取一定量的基准物质，溶解后用待标定溶液滴定，根据基准物质的质量和待标定溶液的体积，即可计算出待标定溶液的准确浓度。大多数标准溶液用基准物质来标定其准确浓度。例如，NaOH 标准溶液常用邻苯二甲酸氢钾、草酸等基准物质来标定其准确浓度。

(2) 与已知浓度的标准溶液比较标定：准确吸取一定量的待标液，用已知浓度的标准溶液滴定，或准确吸取一定量标准溶液，用待标液滴定，根据两种溶液的体积和标准溶液的浓度来计算待标液浓度。例如，用已知浓度 HCl 标准溶液标定未知 NaOH 溶液浓度。

3.3.3 标准溶液浓度的表示方法

1. 物质的量与质量的关系

物质的量 n 与质量 m 是两个概念不同的物理量，他们之间有一定的关系：

$$n = \frac{m}{M} \tag{3-1}$$

式中，M 为物质的摩尔质量，单位为 $g \cdot mol^{-1}$。

2. 物质的量浓度

物质的量浓度是指单位体积溶液中所含溶质的物质的量。即

$$C = \frac{n}{V} \tag{3-2}$$

式中，V 为溶液的体积(L 或 ml)；n 为溶液中溶质的物质的量(mol 或 mmol)；C 为溶质物质的量浓度($mol \cdot L^{-1}$ 或 $mmol \cdot L^{-1}$)，简称浓度。

3. 滴定度

滴定度是指每毫升标准溶液相当于待测物质的克数，用 $T_{T/A}$ 表示，下标 T 是滴定剂，A 是待测物。例如，$T_{K_2Cr_2O_7/Fe} = 0.005000 g \cdot ml^{-1}$ 表示每 1ml $K_2Cr_2O_7$ 滴定剂相当于 0.005000gFe。使用滴定度表示，在生产单位的例行分析中比较方便，可直接用滴定度计算待测物质的质量和百分含量。例如，用上述滴定度的 $K_2Cr_2O_7$ 滴定剂测定试样中铁的含量，如果消耗滴定剂 20.00ml，则待测溶液中铁的质量为 $0.005000 \times 20.00 = 0.1000g$，若该测定中称取的固体试样重量为 0.4000g，则待测物中铁的百分含量为 $\frac{0.1000}{0.4000} \times 100\% = 25.00\%$。

3.4 滴定分析的计算

3.4.1 滴定分析的计算依据

滴定分析计算的依据为：当到达化学计量点时，滴定剂和待测组分物质的量之间关系恰好符合其化学方程式所表示的化学计量关系。

滴定剂物质的量 n_T 与待测物物质的量 n_A 之间的关系式，可依据两者的化学反应关系式得到。当用滴定剂 T 直接滴定待测物 A 的溶液时，二者之间的滴定反应可表示为

$$\underset{\text{滴定剂}}{tT} + \underset{\text{待测物}}{aA} \rightleftharpoons bB + cC$$

当上述反应达到化学计量点时，t mol T 恰好与 a mol A 反应完全，即

$$n_T : n_A = t : a$$

故

$$n_T = \frac{t}{a} n_A \tag{3-3}$$

例如，用 $Na_2C_2O_4$ 基准物质标定 $KMnO_4$ 溶液浓度，其化学反应式为

$$2MnO_4^- + 5C_2O_4^{2-} + 16H^+ = 2Mn^{2+} + 10CO_2\uparrow + 8H_2O$$

$$n_{C_2O_4^{2-}} : n_{MnO_4^-} = 5 : 2$$

根据式(3-2)及式(3-3)，得到滴定剂浓度与被测溶液浓度间的关系：

$$C_T \cdot V_T = \frac{t}{a} C_A \cdot V_A \tag{3-4}$$

根据式(3-1)、式(3-2)及式(3-3)，得到滴定剂浓度与被测物质的质量关系：

$$C_T \cdot V_T = \frac{t}{a} \cdot \frac{m_A}{M_A} \tag{3-5a}$$

式(3-5a)中，m_A 的单位为 g；M_A 的单位为 $g \cdot mol^{-1}$；V 的单位为 L；C 的单位为 $mol \cdot L^{-1}$。由于在滴定分析中，体积常以毫升计量，当体积为毫升时，式(3-5a)可写为：

$$C_T \cdot V_T = \frac{t}{a} \cdot \frac{m_A}{M_A} \times 1000 \tag{3-5b}$$

式(3-5a)和式(3-5b)是滴定分析计算的基础。

3.4.2 滴定分析的计算实例

1. 试样或基准物质称量范围的计算

在化学分析中，误差要求在 0.3% 之内，试样或基准物称量范围的计算量应以消耗标准溶液 20~40ml 为基准。在标定或测定纯度较高物质的含量时，可以根据标准溶液的浓度和试样的准确重量，计算出消耗标准溶液的大致体积。

例 1 若在滴定时消耗 $0.2 mol \cdot L^{-1}$ HCl 液 20~30ml，应称取基准物 Na_2CO_3 多少克？

解： $Na_2CO_3 + 2HCl = 2NaCl + CO_2\uparrow + H_2O$

根据式(3-5b)得 $C_{HCl} \cdot V_{HCl} = \frac{2}{1} \cdot \frac{m_{Na_2CO_3}}{M_{Na_2CO_3}} \times 1000$

当消耗 HCl 体积为 20ml 时 $m_{Na_2CO_3} = \frac{0.2 \times 20 \times 105.99}{2 \times 1000} = 0.21(g)$

当消耗 HCl 体积为 30ml 时 $m_{Na_2CO_3} = \frac{0.2 \times 30 \times 105.99}{2 \times 1000} = 0.32(g)$

例 2 标定 NaOH 溶液的浓度，称取 $H_2C_2O_4 \cdot 2H_2O$ 基准物 0.2048g，用 $0.1mol \cdot L^{-1}$ NaOH 滴定至终点时，试计算大约消耗 NaOH 溶液的体积。

解： $H_2C_2O_4 + 2NaOH \rightleftharpoons Na_2C_2O_4 + 2H_2O$

根据式(3-5b)得 $C_{NaOH} \cdot V_{NaOH} = \frac{2}{1} \cdot \frac{m_{H_2C_2O_4 \cdot 2H_2O}}{M_{H_2C_2O_4 \cdot 2H_2O}} \times 1000$

$$V_{NaOH} = \frac{2 \times 0.2048 \times 1000}{126.07 \times 0.1} = 32.49(ml)$$

答：大约消耗 NaOH 溶液的体积为 32.49ml。

2. 标准溶液的配制与标定的计算

例 3 用容量瓶配制 $0.1000mol \cdot L^{-1}$ 的 $K_2Cr_2O_7$ 标准溶液 500ml，问应称取基准物质 $K_2Cr_2O_7$ 多少克？

解：

$$m_{K_2Cr_2O_7} = \frac{C_{K_2Cr_2O_7} V_{K_2Cr_2O_7} M_{K_2Cr_2O_7}}{1000} = \frac{0.1000 \times 500.00 \times 294.18}{1000} = 14.71(g)$$

答：应称取基准物质 $K_2Cr_2O_7$ 14.71g。

例 4 配制 $0.10mol \cdot L^{-1}$ 的盐酸溶液 200ml，需取浓盐酸(密度为 $1.19g \cdot ml^{-1}$，质量分数为37%)溶液多少毫升？

解： 已知 $M_{HCl} = 36.46g \cdot mol^{-1}$

$$C_{浓} = \frac{1000\rho}{M_{HCl}} = \frac{1000 \times 1.19 \times 37\%}{36.46} = 12.08mol \cdot L^{-1}$$

$$C_{浓} V_{浓} = C_{稀} V_{稀}$$

$$V_{浓} = \frac{C_{稀} V_{稀}}{C_{浓}} = \frac{0.10 \times 200}{12} = 1.67ml$$

答：需取浓盐酸溶液 1.67ml。

3. 被测组分质量分数的计算

设样品质量为 m_S，被测组分的质量为 m_A，则被测组分的质量分数为 ω_A 则

$$\omega_A = \frac{m_A}{m_S} \times 100\%$$

对于反应 $aA + bB = cC + dD$

有 $\frac{n_A}{n_B} = \frac{a}{b}$

根据式(3-1)得 $n_A = \frac{m_A}{M_A}$

可求得被测组分 m_A $m_A = \frac{a}{b} C_B V_B M_A$

于是
$$\omega_A = \frac{\frac{a}{b}C_B V_B M_A}{m_S} \times 100\% \qquad (3-6)$$

注意：实际计算时需要把体积的单位毫升换算成升。

例 5 称取工业草酸试样 0.3340g，用 0.1605mol·L^{-1} 的氢氧化钠溶液滴定到终点，消耗 28.35ml 标准溶液。求试样中草酸（$H_2C_2O_4 \cdot 2H_2O$）的质量分数。

解：已知 $M_{H_2C_2O_4 \cdot 2H_2O} = 126.07$ g·mol^{-1}，氢氧化钠与草酸的滴定反应为
$$2NaOH + H_2C_2O_4 = Na_2C_2O_4 + 2H_2O$$

得出 $n_{NaOH} : n_{H_2C_2O_4} = 2 : 1$

根据式(3-6)可得：
$$\omega_{H_2C_2O_4 \cdot 2H_2O} = \frac{\frac{1}{2} \times 0.1605 \times 28.35 \times 126.07}{0.3340 \times 1000} \times 100\% = 85.87\%$$

例 6 0.2500g 不纯的 $CaCO_3$ 试样（不含干扰物质）溶解于 25.00ml 0.2600mol·L^{-1} HCl 溶液中，过量的酸用 6.50ml 0.2450mol·L^{-1} 的 NaOH 溶液进行返滴，求试样中 $CaCO_3$ 的百分含量。

解：
$$2HCl + CaCO_3 = CaCl_2 + H_2O + CO_2 \uparrow$$
$$n_{HCl} : n_{CaCO_3} = 2 : 1$$
$$HCl + NaOH = NaCl + H_2O$$
$$n_{HCl} : n_{NaOH} = 1 : 1$$

根据式(3-6)可得
$$CaCO_3\% = \frac{\left[(0.2600 \times 25.00) - \frac{1}{1} \cdot (0.2450 \times 6.50)\right] \times \frac{1}{2} \times 100.09}{0.2500 \times 1000} \times 100\% = 98.24\%$$

4. 物质的量浓度与滴定度之间的换算

$T_{T/A}$ 是 1ml 滴定剂（T）相当于待测物（A）的克数，故 $T_{T/A}$ 等于当 $V_T = 1$ml 时待测物质的质量 m_A。如用浓度为 C_T 的滴定剂滴定待测物达到化学计量点时，其关系式为式(3-5b)，将 $V_T = 1$ml，$T_{T/A} = m_A$ 带入式(3-5b)得

$$C_T \times 1 = \frac{t}{a} \cdot \frac{T_{T/A}}{M_A} \times 1000$$

$$T_{T/A} = \frac{a}{t} \cdot \frac{C_T M_A}{1000} \qquad (3-7)$$

式(3-7)为以待测物表示滴定剂的滴定度与滴定剂的量浓度之间的关系式。

例 7 试计算 0.1043mol·L^{-1} HCl 滴定剂对 $CaCO_3$ 的滴定度。

解：
$$2HCl + CaCO_3 = CaCl_2 + H_2O + CO_2 \uparrow$$
$$n_{HCl} : n_{CaCO_3} = 2 : 1$$

根据式(3-7)得
$$T_{HCl/CaCO_3} = \frac{1}{2} \times \frac{0.1043 \times 100.09}{1000} = 5.220 \times 10^{-3} (g \cdot ml^{-1})$$

本 章 小 结

滴定分析的基本概念：化学计量点、滴定终点、滴定误差、标准溶液、基准物质、滴定度。

滴定反应类型：酸碱滴定、沉淀滴定、配位滴定、氧化还原滴定。①酸碱滴定法用来测定酸、碱以及能直接或间接与酸、碱发生反应的物质的含量；②沉淀滴定法用来测定含Cl^-、Br^-、I^-、SCN^-等离子的化合物；③配位滴定法用于测定金属离子或配位剂；④氧化还原滴定法用于直接测定具有氧化性或还原性的物质，或间接测定某些不具有氧化性或还原性的物质。

滴定方式：直接滴定法、返滴定法、置换滴定法、间接滴定法。

滴定分析计算（本章的重点）：

①物质的量与质量的关系：$n=\dfrac{m}{M}$；②物质的量浓度：$C=\dfrac{n}{V}$；③滴定剂浓度与被测溶液浓度间的关系：$C_T \cdot V_T = \dfrac{t}{a} C_A \cdot V_A$；④滴定剂浓度与被测物质的质量关系：$C_T \cdot V_T = \dfrac{t}{a} \cdot \dfrac{m_A}{M_A}$；⑤被测组分质量分数的计算：$\omega_A = \dfrac{m}{m_{试}} \times 100\%$ 或 $\omega_A = \dfrac{\dfrac{a}{b} C_B V_B M_A}{m_{试}} \times 100\%$；⑥物质的量浓度与滴定度之间的换算：$T_{T/A} = \dfrac{a}{t} \cdot \dfrac{C_T M_A}{1000}$。

习 题

一、问答题

1. 滴定分析对滴定反应的要求是什么？
2. 化学计量点与滴定终点有何不同？在滴定分析中，一般用什么方法确定计量点的到达？
3. 作为基准物质应具备哪些条件？
4. 标准溶液的配制和标定有哪些方法？分别在何种情况下使用？
5. 下列物质的标准溶液哪些可以用直接法配制？哪些只能用间接法配制？
$K_2Cr_2O_7$　NaOH　$Na_2S_2O_3$　I_2　$AgNO_3$　HCl　NaCl　$KMnO_4$

二、计算题

1. 计算下列溶液的物质的量浓度。

(1) 用 3.800g 的 $Na_2H_2Y \cdot 2H_2O$ 配制成 200.0ml 溶液。　　　　　($0.05104 mol \cdot L^{-1}$)

(2) 用 0.630g 的 $H_2C_2O_4 \cdot 2H_2O$ 配制成 100.0ml 溶液。　　　　　($0.0500 mol \cdot L^{-1}$)

(3) 用相对密度为 1.84g·ml^{-1}，含量为 98% 的 H_2SO_4 10ml 配制成 100.0ml 的稀硫酸溶液。

(1.84mol·L^{-1})

2. 用 37% HCl 溶液(相对密度为 1.19g·ml^{-1})配制下列溶液，需此 HCl 溶液各多少毫升？

(1) 2mol·L^{-1} 的 HCl 溶液 500ml。 (82.90ml)

(2) 15% 的稀 HCl(相对密度为 1.07g·ml^{-1})溶液 500ml。 (182.00ml)

3. 有一 NaOH 溶液，其浓度为 0.5450mol·L^{-1}，问取这 NaOH 溶液 100ml，须加水多少毫升方能配成 0.5000mol·L^{-1} 的溶液？

(9.00ml)

4. 在 500.0ml 的 0.1715mol·L^{-1} HCl 里，加入 20.00ml 的 0.7500mol·L^{-1} HCl，所得溶液的浓度为多少？

(0.1938mol·L^{-1})

5. 要使滴定时用去 $T_{HCl/CaO}$ = 0.007292g·ml^{-1} 的 HCl 25.00ml，应该称取含 92.00% CaO 和其他中性物质的石灰多少克？ (0.1982g)

6. 滴定 0.2532g 不纯的 Na_2CO_3，用去 0.1856mol·L^{-1} HCl 溶液 23.95ml，计算 Na_2CO_3 的百分含量。 (93.04%)

7. 测定 $NaHCO_3$ 样品的含量，称取样品重 0.2079g，终点时消耗 0.0505mol·L^{-1} H_2SO_4 液 23.32ml，求样品中 $NaHCO_3$ 的百分含量。 (95.16%)

8. 要加多少毫升水到 1000ml 的 0.2000mol·L^{-1} HCl 溶液里，才能使稀释后的 HCl 溶液对 CaO 的滴定度等于 0.005000g·ml^{-1}(M_{CaO} = 56.08g·mol^{-1})？

(121.70ml)

9. 将 0.2287g 的 ZnO 试样溶解在 50.00ml 0.4925mol·L^{-1} H_2SO_4 中，过量酸用 31.95ml 的 1.372mol·L^{-1} NaOH 中和，试求试样中 ZnO 的百分含量。 (94.70%)

第4章 酸碱滴定法

本章教学要求

● 掌握：水溶液中弱酸(碱)的分布和分布系数；酸碱指示剂的变色原理、变色范围及影响因素；各种类型酸碱滴定过程中化学计量点pH的计算，滴定突跃范围及指示剂的选择；各种类型酸、碱能准确滴定的条件，多元酸、碱分步滴定的判断条件；酸碱滴定分析结果的有关计算和滴定误差的计算；溶剂的酸碱性对溶质酸碱强度的影响，溶剂的均化效应和区分效应，非水酸碱滴定中溶剂的选择，非水溶液中碱的滴定。

● 熟悉：影响各类型滴定曲线的因素；几种常用指示剂的变色范围及终点变化情况。非水溶剂的离解性和极性(介电常数)及其对溶质的影响，非水酸碱滴定常用的标准溶液、基准物质和指示剂。

● 了解：酸碱标准溶液的配制与标定；非水滴定法的特点，非水溶剂的分类，非水溶液中酸的滴定。

苯甲酸钠(图4-1)是常用的防腐剂，加入汽水、酱料食品中可以防止发霉。据英国媒体2007年5月27日报道，英国谢菲尔德大学分子生物与生物工程系教授派珀研究苯甲酸钠多年，他在实验中测试苯甲酸钠对酵母细胞的影响，结果发现细胞线粒体的脱氧核糖核酸(DNA)严重受损。线粒体是细胞的"能量站"，负责将氧气转化成身体的能量，苯甲酸钠能导致线粒体的DNA完全停止动作，细胞便会严重不正常运作，出现一些通常由酗酒和衰老引发的疾病，如肝硬化和帕金森病，甚至提早衰老。但英国食物标准局(FSA)及欧盟均批准使用苯甲酸钠，世界卫生组织在2000年经评估后宣布苯甲酸钠为安全，不过补充一点，称能证明其安全的科学证据"有限"。英国负责生产Pepsi Max的厂商Britvic与可口可乐公司都表示，饮料所用的添加剂均获英国和欧盟的食物监管机构批准。

图4-1 苯甲酸钠

苯甲酸钠是目前我国使用的主要防腐剂之一。它属于酸型防腐剂，在酸性条件下防腐效果较好，特别适用于偏酸性食品(pH为4.5~5)。我国《食品添加剂使用卫生标准》(GB 2760—1996)规定：苯甲酸及苯甲酸钠在碳酸饮料中的最大使用量为0.2g/kg，低盐酱菜、酱菜、蜜饯、食醋、果酱(不包括罐头)、果汁饮料、塑料装浓缩果蔬汁中最大使用量为2g/kg(以苯甲酸计)。

苯甲酸钠含量的测定可用酸碱滴定法，方法为：于试样中加入饱和氯化钠溶液，在碱性条件下进行萃取，分离出蛋白质、脂肪等，然后酸化，用乙醚提取试样中的苯甲酸，再将乙醚蒸去，溶于中性醚醇混合液中，最后以标准碱液滴定。

酸碱滴定法(acid-base titration)是以质子转移反应为基础的滴定分析方法。一般的酸、碱以及能与酸、碱直接或间接发生质子转移的物质都可用酸碱滴定法测定。酸碱滴定反应具有反应过程简单、反应速率快、滴定终点指示剂的选择范围广等特点，是滴定分析中重要的方法之一。

4.1 水溶液中的酸碱平衡

4.1.1 酸碱质子理论

1. 酸碱质子理论的基本概念

酸碱质子理论是布朗斯台德(Brønsted)于1923年提出的。它是处理酸碱平衡的基础。根据质子理论：凡是能给出质子(H^+)的物质是酸，凡是能接受质子的物质是碱。酸(HA)失去质子后变成碱(A^-)，同样，碱(A^-)得到一个质子后变成酸(HA)。

它们之间的关系可用下式表示：

$$HA \rightleftharpoons H^+ + A^-$$
$$\text{酸} \quad \text{质子} \quad \text{碱}$$

上述反应称为酸碱半反应。反应中的 HA 是酸，它给出质子后，转化生成的 A^- 对于质子具有一定的亲和力，能够接受质子，因而 A^- 是一种碱。这种因一个质子的得失而互相转变的每一对酸碱，称为共轭酸碱对。上述反应中，HA 和 A^- 称为共轭酸碱对。

例如

$$\text{酸} \qquad \qquad \text{碱}$$
$$HAc \rightleftharpoons H^+ + Ac^-$$
$$NH_4^+ \rightleftharpoons H^+ + NH_3$$
$$H_2PO_4^- \rightleftharpoons H^+ + HPO_4^{2-}$$

在以上各酸碱半反应中，HAc、NH_4^+、$H_2PO_4^-$ 是酸，Ac^-、NH_3、HPO_4^{2-} 是碱。根据酸碱质子理论，酸和碱可以是中性分子，也可以是阳离子或阴离子。另外，对于某具体物质到底是酸还是碱，要在具体环境下进行分析。例如，NH_4^+、HAc 是酸，NH_3、Ac^- 是碱，但 $H_2PO_4^-$ 既可以给出质子，又可以接受质子，这类物质称为两性物质。

由于质子的半径极小，电荷密度极高，因此它不可能在水溶液中独立存在(或者说只能瞬间存在)。因此上述的各种酸碱半反应在溶液中不能单独进行，而是当一种酸给出质子时，溶液中必定有一种碱接受质子。酸碱反应实质上是发生在两对共轭酸碱对之间的质子转移，它是由两个酸碱半反应组成。

例如，盐酸与氨在水溶液中的反应：

$$HCl + NH_3 \rightleftharpoons NH_4^+ + Cl^-$$
$$\text{酸1} \quad \text{碱2} \quad \text{酸2} \quad \text{碱1}$$

上述反应实际上包含了两个反应：

$$HCl + H_2O \rightleftharpoons H_3O^+ + Cl^-$$
$$NH_3 + H_3O^+ \rightleftharpoons NH_4^+ + H_2O$$

该反应中质子的转移是通过水分子完成的。水分子既可接受质子、又可给出质子，即在水分子自身之间存在质子的转移。因此水是两性物质。

人们通常所说的盐的水解过程，实质上也是质子转移的过程，例如：

$$Ac^- + H_2O \rightleftharpoons HAc + OH^-$$
$$NH_4^+ + H_2O \rightleftharpoons NH_3 + H_3O^+$$

发生在溶剂水分子之间的质子转移作用称为水的质子自递作用，这种作用的平衡常数称为水的质子自递常数，用 K_w 表示。

$$H_2O + H_2O \rightleftharpoons H_3O^+ + OH^-$$
$$\text{酸1} \quad \text{碱2} \quad \text{酸2} \quad \text{碱1}$$

简写为

$$H_2O \rightleftharpoons [H^+] + [OH^-]$$
$$K_w = [H^+][OH^-]$$

2. 水溶液中的酸碱离解平衡

在水溶液中存在的酸碱离解平衡，为了比较不同类型酸或碱的强弱，通过酸或碱离解常数的大小来表征酸或碱的强弱。例如弱酸 HA、弱碱 A^- 在水溶液中的离解反应，即它们与溶剂水之间的酸碱反应式为：

$$HA + H_2O \rightleftharpoons H_3O^+ + A^-$$
$$A^- + H_2O \rightleftharpoons HA + OH^-$$

上述反应的平衡常数称为酸、碱的离解常数，分别用 K_a 或 K_b 来表示：

$$K_a = \frac{[A^-][H_3O^+]}{[HA]} \tag{4-1}$$

$$K_b = \frac{[HA][OH^-]}{[A^-]} \tag{4-2}$$

酸碱的强弱取决于物质给出质子或接受质子能力的强弱。给出质子的能力越强，该物质的酸性就越强；反之就越弱。同样，接受质子的能力越强，碱性就越强；反之就越弱。在共轭酸碱对中，如果酸越容易给出质子，酸性越强，其共轭碱对质子的亲和力就越弱，就越不容易接受质子，碱性就越弱。反之，酸性越弱，给出质子的能力就越弱，则其共轭碱就越容易接受质子，因而碱性就越强。通常用其在水中的离解常数 K_a 与 K_b 的大小来衡量。酸(碱)的离解常数愈大，其酸(碱)性愈强。例如 HAc：

$$HAc + H_2O \rightleftharpoons H_3O^+ + Ac^- \tag{4-3}$$

$$K_a = \frac{[H^+][Ac^-]}{[HAc]} \tag{4-4}$$

HAc 的共轭碱 Ac^- 的离解常数 K_b 为：

$$Ac^- + H_2O \rightleftharpoons HAc + OH^- \tag{4-5}$$

$$K_b = \frac{[HAc][OH^-]}{[Ac^-]} \tag{4-6}$$

显然，在水溶液中，共轭酸碱对的 K_a 和 K_b 有下列关系：

$$K_a \cdot K_b = [H^+][OH^-] = K_w = 10^{-14} \quad (25℃) \quad (4-7)$$

在水溶液中，$HClO_4$、H_2SO_4、HCl、HNO_3 都是很强的酸，如果浓度不是太大，它们与水分子之间的质子转移反应都能进行得十分完全，因而不能显示出它们之间酸强度的差别，所以 H_3O^+ 是水溶液中实际存在的最强酸的形式。上述酸的共轭碱 ClO_4^-、SO_4^{2-}、Cl^-、NO_3^- 都是极弱的碱，几乎没有从 H_3O^+ 接受质子的能力。同理，OH^- 也是水溶液中最强碱的存在形式。

4.1.2 溶液中酸碱组分的分布

1. 酸碱平衡体系的相关概念

（1）酸的浓度和酸度。酸的浓度用（$mol \cdot L^{-1}$）表示，指的是酸的分析浓度，即 1L 溶液中含有酸的物质的量，包括已离解和未离解的酸的浓度。酸度则是指溶液中 H^+ 的浓度，通常用溶液的 pH 表示。

（2）分析浓度、平衡浓度及分布系数。在酸碱水溶液的平衡体系中，一种溶质往往以多种型体存于溶液中。其分析浓度是溶液中该溶质各种平衡浓度的总和，用符号 C 表示，单位为 $mol \cdot L^{-1}$。平衡浓度是在平衡状态时溶液中溶质各型体的浓度，用符号"[ ]"表示。例如 $0.1 mol \cdot L^{-1}$ 的 NaCl 和 HAc 溶液，它们各自的总浓度即分析浓度 C_{NaCl} 和 C_{HAc} 均为 $0.1 mol \cdot L^{-1}$。但 NaCl 完全离解，因此 $[Cl^-]=[Na^+]=0.1 mol \cdot L^{-1}$；而 HAc 是弱酸，因部分离解，在溶液中有两种型体存在，即 HAc 和 Ac^-，平衡浓度分别为 [HAc] 和 $[Ac^-]$，二者之和为分析浓度，即

$$C_{HAc} = [HAc] + [Ac^-]$$

分布系数是指溶液中某种酸碱组分的平衡浓度在溶质总浓度中所占的分数，又称为分布分数，以 δ_i 表示，并用下标 i 说明它所属型体。计算式表示为：

$$\delta_i = \frac{[i]}{C} \quad (4-8)$$

某种酸碱组分的分布系数决定于该酸或碱的性质和溶液的酸度，与该酸碱的总浓度无关。分布系数的大小能定量说明溶液中各型体的分布情况，由分布系数可求得溶液中各种型体的平衡浓度。这在分析化学中有着重要意义。

2. 溶液中酸碱各种型体的分布

（1）一元弱酸。对于一元弱酸 HA，设其浓度为 $C(mol \cdot L^{-1})$，当在水溶液中达到离解平衡后，两种型体浓度分别为 [HA] 和 $[A^-]$，根据分布系数的定义和离解常数 K_a 的表达式，得 HA 分布系数为：

$$\delta_{HA} = \frac{[HA]}{C} = \frac{[HA]}{[HA]+[A^-]} = \frac{1}{1+\frac{K_a}{[H^+]}} = \frac{[H^+]}{[H^+]+K_a} \quad (4-9)$$

同理

$$\delta_{A^-} = \frac{K_a}{[H^+]+K_a} \quad (4-10)$$

显然

$$\delta_{HA} + \delta_{A^-} = 1 \quad (4-11)$$

根据分析浓度和分布系数，就可算出在某一酸度的溶液中一元弱酸两种存在型体的平衡浓度。同样，已知某一型体的平衡浓度及分布系数，也可计算分析浓度。

例1 计算 pH=3.00 时，$0.1\text{mol}\cdot\text{L}^{-1}$ HAc 溶液中各型体的分布系数和平衡浓度。

解：已知 $K_a=1.8\times10^{-5}$，$[\text{H}^+]=1.0\times10^{-3}\text{mol}\cdot\text{L}^{-1}$

$$\delta_{HAc}=\frac{[\text{H}^+]}{[\text{H}^+]+K_a}=\frac{1.0\times10^{-3}}{1.0\times10^{-3}+1.8\times10^{-5}}=0.982$$

$$\delta_{Ac^-}=1-\delta_{HAc}=1-0.982=0.018$$

$[\text{HAc}]=\delta_{HAc}\times C=0.982\times0.1=0.0982(\text{mol}\cdot\text{L}^{-1})$ $[\text{Ac}^-]=\delta_{Ac^-}\times C=0.018\times0.1=0.0018(\text{mol}\cdot\text{L}^{-1})$

(2) 二元弱酸。二元弱酸（H_2A）在溶液中有 3 种型体存在，分别是 H_2A、HA^- 和 A^{2-}，如草酸，在水溶液中以 $H_2C_2O_4$、$HC_2O_4^-$、$C_2O_4^{2-}$ 3 种型体存在。若它们在溶液中的总浓度为 C，则

$$C=[H_2C_2O_4]+[HC_2O_4^-]+[C_2O_4^{2-}]$$

$$\delta_{H_2C_2O_4}=\frac{[\text{H}^+]^2}{[\text{H}^+]^2+[\text{H}^+]K_{a_1}+K_{a_1}K_{a_2}} \tag{4-12}$$

$$\delta_{HC_2O_4^-}=\frac{[\text{H}^+]K_{a_1}}{[\text{H}^+]^2+[\text{H}^+]K_{a_1}+K_{a_1}K_{a_2}} \tag{4-13}$$

$$\delta_{C_2O_4^{2-}}=\frac{K_{a_1}K_{a_2}}{[\text{H}^+]^2+[\text{H}^+]K_{a_1}+K_{a_1}K_{a_2}} \tag{4-14}$$

$$\delta_{H_2C_2O_4}+\delta_{HC_2O_4^-}+\delta_{C_2O_4^{2-}}=1$$

(3) 多元弱酸。三元弱酸（H_3A），如磷酸，在水溶液中可形成 4 种型体：H_3PO_4、$H_2PO_4^-$、HPO_4^{2-} 和 PO_4^{3-}。同样可推导出各型体的分布系数如下：

$$\delta_{H_3PO_4}=\frac{[\text{H}^+]^3}{[\text{H}^+]^3+[\text{H}^+]^2K_{a_1}+[\text{H}^+]K_{a_1}K_{a_2}+K_{a_1}K_{a_2}K_{a_3}} \tag{4-15}$$

$$\delta_{H_2PO_4^-}=\frac{[\text{H}^+]^2K_{a_1}}{[\text{H}^+]^3+[\text{H}^+]^2K_{a_1}+[\text{H}^+]K_{a_1}K_{a_2}+K_{a_1}K_{a_2}K_{a_3}} \tag{4-16}$$

$$\delta_{HPO_4^{2-}}=\frac{[\text{H}^+]K_{a_1}K_{a_2}}{[\text{H}^+]^3+[\text{H}^+]^2K_{a_1}+[\text{H}^+]K_{a_1}K_{a_2}+K_{a_1}K_{a_2}K_{a_3}} \tag{4-17}$$

$$\delta_{PO_4^{3-}}=\frac{K_{a_1}K_{a_2}K_{a_3}}{[\text{H}^+]^3+[\text{H}^+]^2K_{a_1}+[\text{H}^+]K_{a_1}K_{a_2}+K_{a_1}K_{a_2}K_{a_3}} \tag{4-18}$$

3. 酸度对弱酸（碱）各组分分布的影响

在弱酸（碱）溶液的平衡体系中，某型体的分布系数取决于酸或碱的性质、溶液的酸度等，而与其总浓度无关。当溶液的 pH 发生变化时，平衡随之移动，各型体浓度的分布将随溶液的 pH 的变化而变化。如果以 pH 为横坐标，各种存在型体的分布系数为纵坐标，就可得到分布系数 δ_i 与溶液 pH 间的关系曲线，称为分布曲线。现对一元弱酸、二元弱酸和三元弱酸的分布曲线分别讨论如下。

(1) 一元弱酸溶液：以 HAc 为例，其 δ_i-pH 曲线如图 4-2(a)所示。

由图 4-2(a)可知：HAc 组分随着溶液 pH 升高而减少，而 Ac^- 的浓度则随 pH 的升高而增加。在两条曲线的交点处，即 $\delta_{HAc}=\delta_{Ac^-}=0.50$ 时，溶液的 $\text{pH}=pK_a=4.74$，此时有 $[\text{HAc}]=[\text{Ac}^-]$。当 $\text{pH}<pK_a$ 时，溶液中以 HAc 为主要存在型体；当 $\text{pH}>pK_a$ 时，

Ac$^-$ 为主要存在型体。

(2) 二元弱酸溶液：以草酸为例，其 δ_i-pH 曲线如图 4-2(b)所示。

由图 4-2(b)可知：草酸在 pH=2.3~3.3 这一酸度范围内有 3 种型体共存，以 HC$_2$O$_4^-$ 为主，H$_2$C$_2$O$_4$ 和 C$_2$O$_4^{2-}$ 的浓度很低，但不可忽略。这是由于草酸的 pK_{a_1} 和 pK_{a_2} 相差不大的缘故。当 pH<pK_{a_1} 时，溶液中 H$_2$C$_2$O$_4$ 是主要型体；pH>pK_{a_2} 时，C$_2$O$_4^{2-}$ 型体为主；而当 pK_{a_1}<pH<pK_{a_2} 时，以 HC$_2$O$_4^-$ 的型体为主。

(3) 三元弱酸溶液：以磷酸为例，其 δ_i-pH 曲线如图 4-2(c)所示。

由图 4-1(c)可知：在 pH 为 2.16~7.12 范围内，溶液以 H$_2$PO$_4^-$ 为主；在 pH=$\frac{1}{2}$(pK_{a_1}+pK_{a_2})=4.64 时，H$_2$PO$_4^-$ 的浓度达到最大，其他型体的浓度极小，而且 H$_2$PO$_4^-$ 占优势的区域也宽，因此用 NaOH 滴定时，就可将 H$_3$PO$_4$ 中和到 H$_2$PO$_4^-$。同样在 pH=7.12~12.32 范围内，溶液中以 HPO$_4^{2-}$ 为主；在 pH=9.72 时，HPO$_4^{2-}$ 浓度达到最大，其他型体的浓度极小，HPO$_4^{2-}$ 占优势的区域宽，所以 H$_3$PO$_4$ 可以被中和到 HPO$_4^{2-}$。H$_2$PO$_4^-$ 和 HPO$_4^{2-}$ 存在的 pH 范围宽，是由于 H$_3$PO$_4$ 的 pK_{a_1} (2.16)、pK_{a_2} (7.12)、pK_{a_3} (12.32)之间相差很大的缘故，这是磷酸分步滴定的基础。

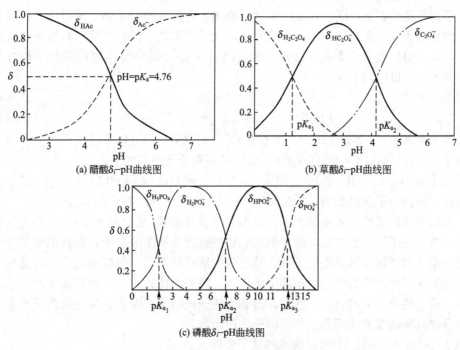

图 4-2 酸 δ_i-pH 曲线图

4. 水溶液中酸碱平衡的处理方法

在水溶液中，酸碱各组分到达平衡状态时存在多种平衡关系式，主要有质量平衡式、电荷平衡式和质子条件式 3 种。这些关系式是计算溶液 pH 的基础。由于酸碱反应的本质是质子的转移，所以要重点讨论质子条件式。

(1) 质量平衡式：在平衡状态下某一组分的分析浓度等于该组分各种型体的平衡浓度之和，这种关系称为质量平衡(mass balance)或物料平衡(material balance)。它的数学表达式称做质量平衡方程(mass balance equation)。例如 C mol·L^{-1} Na$_2$CO$_3$ 溶液的质量平衡方程为：

$$[H_2CO_3]+[HCO_3^-]+[CO_3^{2-}]=C$$
$$[Na^+]=2C$$

(2) 电荷平衡式：在酸碱溶液中，当组分达到平衡状态时，水溶液是电中性的，也就是溶液中带正电荷离子的总浓度等于溶液中带负电荷离子的总浓度，这就是电荷平衡(charge balance)。其数学表达式称为电荷平衡方程(charge balance equation)。例如 C mol·L^{-1} Na$_2$CO$_3$ 溶液的电荷平衡方程为：

$$[Na^+]+[H^+]=[OH^-]+[HCO_3^-]+2[CO_3^{2-}]$$

应该注意的是，对于多价离子，其平衡浓度前面还要乘以相应的系数，这样电荷平衡式才能成立。由于 1mol CO$_3^{2-}$ 带有 2mol 负电荷，故 [CO$_3^{2-}$] 前面的系数为 2。中性分子不参与电荷平衡式。

(3) 质子条件式：在酸碱溶液中，当各组分达到平衡状态时，酸失去的质子数应等于碱得到的质子数，这种关系称为质子平衡(proton balance)，其数学表达式称为质子条件式，又称质子平衡式(proton balance equation)。

由于在平衡状态下，同一体系中质量平衡和电荷平衡的关系必然同时成立，因此可先列出该体系的质量平衡方程和电荷平衡方程，然后消去其中代表非质子转移反应所得产物的各项，从而得出质子平衡式。例如，根据 C mol·L^{-1} Na$_2$CO$_3$ 溶液的质量平衡方程和电荷平衡方程，可以得到下式。

质量平衡式 $\qquad [Na^+]=2C$ $\qquad$ (4-19)

$\qquad\qquad [H_2CO_3]+[HCO_3^-]+[CO_3^{2-}]=C$ $\qquad$ (4-20)

电荷平衡式 $\qquad [Na^+]+[H^+]=[HCO_3^-]+2[CO_3^{2-}]+[OH^-]$ $\qquad$ (4-21)

将式(4-19)和式(4-20)代入式(4-21)得到质子条件式如下：

$$2[H_2CO_3]+2[HCO_3^-]+2[CO_3^{2-}]+[H^+]=[OH^-]+[HCO_3^-]+2[CO_3^{2-}]$$

整理，可得质子条件式为 $\quad 2[H_2CO_3]+[HCO_3^-]+[H^+]=[OH^-]$ $\qquad$ (4-22)

书写质子条件式的一般步骤如下：首先选择参考水准(又称零水准)，它们是溶液中大量存在并参与质子转移的物质，通常就是起始酸碱组分和溶剂分子，再根据质子参考水准判断得失质子的产物及其得失质子数，绘出得失质子示意图，包括溶剂质子自递反应，最后根据得失质子数相等的原则写出质子条件式。质子条件式中应不包括质子参考水准，也不含有与质子转移无关的组分。注意，得到的质子产物写在左边，失去的质子产物写在右边，并且在其平衡浓度前面添加相应的得失质子数。

例 2 写出 Na(NH$_4$)HPO$_4$ 溶液的质子条件式。

解：由于与质子转移反应有关的起始酸碱组分为 NH$_4^+$、HPO$_4^{2-}$ 和 H$_2$O，因此它们就是质子参考水准。溶液中得失质子的反应见表 4-1。

表 4-1 Na(NH$_4$)HPO$_4$ 溶液的得失质子表

得质子产物	参考水准	失质子产物
H$_2$PO$_4^-$、H$_3$PO$_4$、H$_3$O$^+$	NH$_4^+$、HPO$_4^{2-}$、H$_2$O	NH$_3$、PO$_4^{3-}$、OH$^-$

质子条件式为 $\quad [H_2PO_4^-]+2[H_3PO_4]+[H_3O^+]=[NH_3]+[PO_4^{3-}]+[OH^-]$

应该注意的是：由于 HPO_4^{2-} 得到 2 个质子才形成 H_3PO_4，所以在 $[H_3PO_4]$ 前的系数为 2。

4.1.3 酸碱溶液 pH 的计算

1. 一元酸碱溶液 pH 的计算

一元酸(HA)(浓度为 C_a mol·L^{-1})溶液的质子条件式为：

$$[H^+]=[A^-]+[OH^-] \tag{4-23}$$

若 HA 为强酸，强酸在溶液中完全离解，则 $[A^-]=C_a$，而 $[OH^-]=\dfrac{K_w}{[H^+]}$，代入质子条件式有：

$$[H^+]=C_a+\dfrac{K_w}{[H^+]} \tag{4-24}$$

解此一元二次方程，得

$$[H^+]=\dfrac{C_a+\sqrt{C_a^2+4K_w}}{2} \tag{4-25}$$

根据具体情况进行合理地近似处理。当 $C_a \geqslant 10[OH^-]$ 时，水的离解可忽略，则有

$$[H^+]=[A^-]=C_a$$
$$pH=-\lg[H^+]=-\lg C_a$$

若 HA 为弱酸，根据式(4-10)得

$$[A^-]=C_a\delta_{A^-}=\dfrac{C_a K_a}{[H^+]+K_a}$$

因此，根据质子条件式

$$[H^+]=\dfrac{C_a K_a}{[H^+]+K_a}+\dfrac{K_w}{[H^+]} \tag{4-26}$$

或

$$[H^+]^3+K_a[H^+]^2-(C_a K_a+K_w)[H^+]-K_a K_w=0$$

解此一元三次方程，即得计算一元弱酸溶液 H^+ 浓度的精确式。数学处理十分麻烦，在实际工作中没有必要精确求解，可根据具体情况进行合理的近似处理。

(1) 当 $C_a K_a \geqslant 10 K_w$ 时，可以忽略水的离解(产生的误差小于 5%)，式(4-26)中含 K_w 项可略去，则

$$[H^+]=\dfrac{C_a K_a}{[H^+]+K_a}$$
$$[H^+]^2=K_a(C_a-[H^+])$$
$$[H^+]=\dfrac{-K_a+\sqrt{K_a^2+4C_a K_a}}{2} \tag{4-27}$$

式(4-27)是计算一元弱酸溶液 $[H^+]$ 的近似式。

(2) 当 $C_a K_a < 10 K_w$，但 $C_a/K_a > 100$ 时，酸的离解可忽略，但 K_w 不能忽略，由(4-26)式得

$$[H^+]=\sqrt{C_a K_a+K_w} \tag{4-28}$$

(3) 当 $C_a K_a \geqslant 10 K_w$，且 $C_a/K_a \geqslant 100$ 时，酸的离解也可略去，$C_a-[H^+]\approx C_a$；水的

影响也很小，因此可得到最简式：

$$[H^+]=\sqrt{C_aK_a} \tag{4-29}$$

例 3 计算 $0.01\text{mol}\cdot\text{L}^{-1}\text{NH}_4\text{Cl}$ 溶液的 pH，已知 $\text{NH}_3\cdot\text{H}_2\text{O}$ 的 $K_b=1.8\times10^{-5}$。

解：此为一元弱酸（NH_4^+）的水溶液，K_a 为

$$K_a=\frac{K_w}{K_b}=\frac{1.0\times10^{-14}}{1.8\times10^{-5}}=5.6\times10^{-10}$$

用条件式判断：由于 $C_aK_a=0.01\times5.6\times10^{-10}>10K_w$，$\dfrac{C_a}{K_a}=\dfrac{0.01}{5.6\times10^{-10}}>100$，故可按最简式计算：

$$[H^+]=\sqrt{C_aK_a}=\sqrt{0.01\times5.6\times10^{-10}}=2.4\times10^{-6}(\text{mol}\cdot\text{L}^{-1})$$
$$\text{pH}=5.60$$

同理，一元弱碱可采取与处理弱酸溶液相似的方法处理和计算。

2. 多元酸(碱)溶液 pH 的计算

多元酸(碱)在溶液中逐级离解，其溶液是一种复杂的酸(碱)平衡体系。以二元酸 H_2A 为例，设其浓度为 $C_a\text{mol}\cdot\text{L}^{-1}$ 离解常数分别为 K_{a_1} 和 K_{a_2}。其质子条件式为

$$[H^+]=[HA^-]+2[A^{2-}]+[OH^-]$$

应用计算二元酸溶液中 $[HA^-]$、$[A^{2-}]$ 分布系数的式(4-13)和式(4-14)，就可得到计算 $[H^+]$ 的准确式为：

$$[H^+]=\frac{C_aK_{a_1}[H^+]}{[H^+]^2+K_{a_1}[H^+]+K_{a_1}K_{a_2}}+\frac{2C_aK_{a_1}K_{a_2}}{[H^+]^2+K_{a_1}[H^+]+K_{a_1}K_{a_2}}+\frac{K_w}{[H^+]} \tag{4-30}$$

整理后得计算 $[H^+]$ 的精确式：

$$[H^+]=\sqrt{[H_2A]K_{a_1}\left(1+\frac{2K_{a_2}}{[H^+]}\right)+K_w} \tag{4-31}$$

计算 $[H^+]$ 的近似式和最简式。

(1) 当 $C_aK_{a_1}\geqslant10K_w$ 时，上式中的 K_w 项可忽略。

(2) 若

$$\frac{2K_{a_2}}{[H^+]}\approx\frac{2K_{a_2}}{\sqrt{K_{a_1}C_a}}\leqslant0.05$$

即二元酸的二级离解也可忽略，故式(4-31)可进一步简化为

$$[H^+]=\sqrt{K_{a_1}[H_2A]}$$

而 $[H_2A]\approx C_a-[H^+]$

代入整理得

$$[H^+]=\frac{-K_{a_1}+\sqrt{K_{a_1}^2+4C_aK_{a_1}}}{2} \tag{4-32}$$

式(4-32)是计算二元弱酸溶液中 H^+ 浓度的近似式，实际上忽略了二级离解，将二元弱酸按一元弱酸处理。一般多元弱酸，只要浓度不太小，各步离解常数差别不太小，均可按一元酸处理。

与一元弱酸相似,当 $C_a/K_a \geqslant 100$ 时,则 $C_a-[H^+] \approx C_a$,得到以下计算二元酸溶液中 $[H^+]$ 的最简式:

$$[H^+]=\sqrt{C_a K_{a_1}} \tag{4-33}$$

多元碱溶液也可用类似方法处理得计算式:

$$[OH^-]=\sqrt{C_b K_{b_1}}$$

3. 两性物质溶液 pH 的计算

两性物质在溶液中有两种离解方式,既可得到质子又可失去质子,其酸碱平衡较复杂,根据具体情况,进行近似处理。

以 NaHA 为例,设其浓度为 $C_a \mathrm{mol \cdot L^{-1}}$,$K_{a_1}$、$K_{a_2}$ 分别为 H_2A 的一级和二级离解常数。在此溶液中,选择 HA^-、H_2O 为质子参考基准,得质子后的组分为 H^+、H_2A。失质子后的组分为 A^{2-}、OH^-。该溶液的质子条件式为:

$$[H^+]+[H_2A]=[A^{2-}]+[OH^-]$$

以计算分布系数的公式代入,得计算 $[H^+]$ 为:

$$[H^+]+\frac{C_a[H^+]^2}{[H^+]^2+K_{a_1}[H^+]+K_{a_1}K_{a_2}}=\frac{C_a K_{a_1} K_{a_2}}{[H^+]^2+K_{a_1}[H^+]+K_{a_1}K_{a_2}}+\frac{K_w}{[H^+]}$$

整理后得到准确式为:

$$[H^+]=\sqrt{\frac{K_{a_1}(K_{a_2} \cdot C_a+K_w)}{K_{a_1}+C_a}} \tag{4-34}$$

由于一般情况下,HA^- 放出质子与接收质子的能力都比较弱,溶液中 HA^- 消耗甚少;可认为 $[HA^-] \approx C_a$,将该溶液的质子条件式简化为:

$$[H^+]+\frac{C_a[H^+]}{K_{a_1}}=\frac{C_a K_{a_1}}{[H^+]}+\frac{K_w}{[H^+]}$$

则

$$[H^+]=\sqrt{\frac{K_{a_2} C_a+K_w}{1+\frac{C_a}{K_{a_1}}}} \tag{4-35}$$

当 $C_a K_{a_1} \geqslant 10 K_w$,$K_w$ 项也可略去,式(4-35)可简化为以下近似式:

$$[H^+]=\sqrt{\frac{K_{a_1} K_{a_2} C_a}{K_{a_1}+C_a}} \tag{4-36}$$

若 $C_a/K_{a_1} \geqslant 10$,则(4-36)式分母中 $K_{a_1}+C_a \approx C_a$,简化上式得计算两性物质溶液 $[H^+]$ 最简式为:

$$[H^+]=\sqrt{K_{a_1} K_{a_2}} \tag{4-37}$$

例 4 计算 $0.01 \mathrm{mol \cdot L^{-1}} \mathrm{NaHPO_4}$ 溶液的 pH。

解:已知 $K_{a_1}=7.5 \times 10^{-3}$,$K_{a_2}=6.3 \times 10^{-8}$,$K_{a_3}=4.4 \times 10^{-13}$

由于 $C_a > 10 K_{a_2}$,而 $K_{a_3} C_a < 10 K_w$,所以 K_w 项不能忽略,近似式(4-36)中的分母在这里为 $K_{a_2}+C_a \approx C_a$,$[H^+]$ 的计算如下:

$$[H^+]=\sqrt{\frac{K_{a_2}(K_{a_3} C_a+K_w)}{C_a}}$$

$$=\sqrt{\frac{6.3 \times 10^{-8} \times (4.4 \times 10^{-13} \times 0.01+1.0 \times 10^{-14})}{0.01}}$$

$$\mathrm{pH}=9.52$$

4. 缓冲溶液 pH 的计算

缓冲溶液是一种能对溶液的酸度起稳定作用的溶液。在缓冲溶液中加入少量的酸或碱，或因溶液中发生化学反应产生了少量的酸或碱，或将溶液稍加稀释，溶液的酸度不会发生显著的变化。

常用的缓冲溶液是弱酸及其共轭碱或弱碱及其共轭酸、高浓度的强酸或强碱、两性物质等组成的溶液。

标准缓冲溶液的 pH 是由精确的实验测定的。作为一般控制酸度用缓冲溶液，因为缓冲剂本身的浓度较大，对计算结果也不要求十分准确，可采用近似的方法进行计算。

现讨论弱酸 HA（浓度为 C_a mol·L^{-1}）与共轭碱 A$^-$（浓度为 C_b mol·L^{-1}）组成的缓冲溶液的 pH 计算。溶液中 [A$^-$] 来自两部分：一是弱酸（HA）的离解，一是共轭碱（A$^-$）本身，由于溶液中（A$^-$）并未提供质子，质子条件式为 [H$^+$]=[OH$^-$]+([A$^-$]$-C_b$)

由质子条件式整理得 [A$^-$]=C_b+[H$^+$]$-$[OH$^-$]

由质量平衡式得 C_a+C_b=[HA]+[A$^-$]

合并二式得 [HA]=C_a-[H$^+$]+[OH$^-$]

由弱酸离解常数得计算缓冲溶液 [H$^+$] 的精确式：

$$[H^+]=K_a\frac{[HA]}{[A^-]}=K_a\frac{C_a-[H^+]+[OH^-]}{C_b+[H^+]-[OH^-]} \tag{4-38}$$

当溶液呈酸性（pH<6）时，溶液中的 [OH$^-$] 可忽略，上式简化为近似式：

$$[H^+]=\frac{C_a-[H^+]}{C_b+[H^+]}K_a \tag{4-39}$$

当酸、碱分析浓度较大时，若 $C_a \geqslant 10[H^+]$，$C_b \geqslant 10[H^+]$ 时，得 Henderson 缓冲公式：

$$[H^+]=\frac{C_a}{C_b}K_a \tag{4-40}$$

或

$$pH=pK_a+\lg\frac{C_b}{C_a} \tag{4-41}$$

同理，当溶液呈碱性（pH>8）时可忽略 [H$^+$]，若 $C_a \geqslant 10[OH^-]$，$C_b \geqslant 10[OH^-]$ 时，也得到式(4-40)。

例 5 计算 0.12mol·L^{-1} NH$_3$ - 0.250mol·L^{-1} NH$_4$Cl 溶液的 pH。已知 NH$_4^+$ 的 pK_a=9.26。

解：

$$pH=pK_a+\lg\frac{C_b}{C_a}=9.26+\lg\frac{C_b}{C_a}=9.26+\lg\frac{0.12}{0.25}=8.94$$

例 6 计算含有 0.2mol·L^{-1} HAc 和 4.0×10^{-3} mol·L^{-1} NaAc 溶液的 pH。已知 $K_a=1.8\times10^{-5}$。

解： 先采用最简式求得溶液的近似 H$^+$ 浓度：

$$[H^+]=1.8\times10^{-5}\times\frac{0.2}{4.0\times10^{-3}}=9.0\times10^{-4}(mol·L^{-1})$$

可知，$C_{HAc}>20[H^+]$，但 C_{Ac^-} 和 [H$^+$] 接近，故应代入式(4-39)计算，

$C_{HA} - [H^+] \approx 0.2$,求得

$$[H^+] = \frac{C_{HAc} - [H^+]}{C_{Ac^-} + [H^+]} K_a = \frac{0.20}{4.0 \times 10^{-3} + [H^+]} \times 1.8 \times 10^{-5}$$

解方程,得到 $[H^+] = 7.55 \times 10^{-4} (\text{mol} \cdot \text{L}^{-1})$

$$pH = 3.12$$

常用的 pH 缓冲溶液见表 4-2。

表 4-2 常用 pH 缓冲溶液组成

缓冲溶液	酸	碱	pK_a
氨基乙酸-HCl	$^+NH_3CH_2COOH$	$^+NH_3CH_2COO^-$	2.35
HAc-NaAc	HAc	Ac^-	4.74
$NaH_2PO_4 - Na_2HPO_4$	$H_2PO_4^-$	HPO_4^{2-}	7.20
Tris-HCl	$^+NH_3C(CH_2OH)_3$	$NH_2C(CH_2OH)_3$	8.21
$NH_3 - NH_4Cl$	NH_4^+	NH_3	9.26
$NaHCO_3 - Na_2CO_3$	HCO_3^-	CO_3^{2-}	10.25

注:Tris——三(羟甲基)氨基甲烷。

4.2 酸碱指示剂和酸碱滴定法的基本原理

4.2.1 酸碱指示剂

1. 酸碱指示剂的变色原理

在酸碱滴定过程中,溶液的 pH 随着滴定剂的不断加入而不断变化,为了指示滴定终点的到达,常用最简单的方法就是用酸碱指示剂。酸碱指示剂(acid-base indicator)是一类有机弱酸或弱碱,它们的共轭酸碱对具有不同结构,因而呈现不同颜色。当溶液的 pH 发生改变时,指示剂得到质子转化为酸式组分或失去质子转化为碱式组分而发生结构转变,导致指示剂的颜色改变。

例如酚酞(Phenolphthalein,PP)是一种二元弱酸,它在溶液中的平衡及相应的颜色变化为

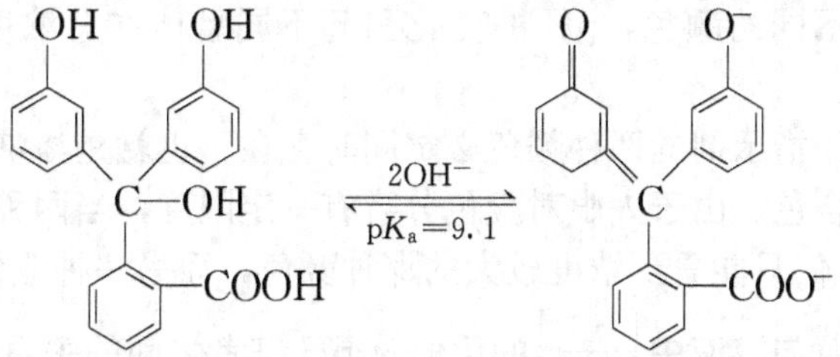

无色(酸式色) $\xrightarrow[pK_a=9.1]{2OH^-}$ 红色(碱式色)

从上述平衡可以看出:在酸性溶液中,酚酞主要以酸式结构存在,溶液无色;在碱性

溶液中，酚酞主要以碱式结构(醌型)存在，溶液显红色。

类似酚酞，在酸式或碱式型体中仅有一种型体具有颜色的指示剂，称为单色指示剂。

甲基橙(Methyl Orange，MO)是一种有机弱碱，它在水溶液中平衡及相应的颜色变化如下：

$$(CH_3)_2N-\!\!\!\left\langle\!\!\bigcirc\!\!\right\rangle\!\!-N\!\!=\!\!N-\!\!\!\left\langle\!\!\bigcirc\!\!\right\rangle\!\!-SO_3^- \underset{OH^-}{\overset{H^+}{\rightleftharpoons}} (CH_3)_2\overset{+}{N}\!\!=\!\!\left\langle\!\!\bigcirc\!\!\right\rangle\!\!=\!\!N-\underset{H}{N}-\!\!\left\langle\!\!\bigcirc\!\!\right\rangle\!\!-SO_3^-$$

　　　　　　　　　黄色(碱式色)　　　　　　　　　　　　　红色(酸式色)

在碱性溶液中，甲基橙主要以碱式体偶氮结构存在，溶液呈黄色。当溶液酸度增强时，平衡向右移动，甲基橙主要以醌式双极离子体在，溶液由黄色向红色转变；反之，由红色向黄色转变。

类似甲基橙，在酸式和碱式型体中均有颜色的指示剂而称为双色指示剂。

应该注意的是，指示剂以酸式或碱式型体存在，并不表明此时溶液一定呈酸性或呈碱性。

2. 指示剂的变色范围

上面讨论了指示剂为什么会在酸、碱溶液中变色，但它们在怎样的 pH 条件下变色，对滴定来说尤为重要。因为只有知道了在怎样的 pH 条件下变色，才有可能用它来指示终点。要解决这个问题，必须讨论指示剂的变色范围与溶液中 pH 之间的关系。

现以弱酸型指示剂(以符号 HIn 表示)为例说明指示剂的变色与溶液中 pH 之间的关系。HIn 在溶液中有如下离解平衡：

$$HIn \rightleftharpoons H^+ + In^-$$
　　酸式型体　　碱式型体

平衡时，则得

$$K_{HIn}=\frac{[H^+][In^-]}{[HIn]} \tag{4-42}$$

K_{HIn} 为指示剂的离解平衡常数，又称为指示剂常数(indicator constant)。在一定温度下，K_{HIn} 为一个常数。(4-42)式可改写为

$$\frac{[In^-]}{[HIn]}=\frac{K_{HIn}}{[H^+]} \tag{4-43}$$

式(4-43)表明在溶液中，$[In^-]$ 和 $[HIn]$ 的比值决定于溶液的指示剂常数 K_{HIn} 和溶液酸度这两个因素。K_{HIn} 是由指示剂的本质决定的，对于某种指示剂，在一定温度下，K_{HIn} 为一个常数，因此某种指示剂的颜色完全由溶液中的 $[H^+]$ 来决定。由于指示剂的酸式体和碱式体具有不同的颜色，pH 的变化引起不同型体在总浓度中所占比例的变化，导致溶液颜色的改变。

显然，在溶液中，指示剂的两种颜色必定同时存在，也就是溶液中指示剂的颜色应当是两种不同颜色的混合色。由于人眼对颜色分辨有一定限度，当两种颜色的浓度之比是 10 倍或 10 倍以上时，人们只能看到浓度较大的那种颜色，而另一种颜色就辨别不出来。

指示剂呈现的颜色与溶液中 $\frac{[In^-]}{[HIn]}$ 的比值及 pH 三者之间的关系为：

$$\frac{[In^-]}{[HIn]}\leqslant\frac{1}{10} \qquad pH\leqslant pK_{HIn}-1 \qquad 酸式色$$

$\dfrac{1}{10} < \dfrac{[\text{In}^-]}{[\text{HIn}]} < 10$ $pK_{\text{HIn}} - 1 < \text{pH} < pK_{\text{HIn}} + 1$ 颜色逐渐变化的混合色

$\dfrac{[\text{In}^-]}{[\text{HIn}]} \geqslant 10$ $\text{pH} \geqslant pK_{\text{HIn}} + 1$ 碱式色

由上可知,当 pH 小于 $pK_{\text{HIn}} - 1$ 或大于 $pK_{\text{HIn}} + 1$ 时,都观察不出溶液的颜色随酸度变化而变化的情况。只有当溶液的 pH 由 $pK_{\text{HIn}} - 1$ 变化到 $pK_{\text{HIn}} + 1$(或由 $pK_{\text{HIn}} + 1$ 变化到 $pK_{\text{HIn}} - 1$)时,才可以观察到指示剂由酸式(碱式)色经混合色变化到碱式(酸式)色这一过程。因此,这一颜色变化的 pH 范围,即 $\text{pH} = pK_{\text{HIn}} \pm 1$,称为指示剂的理论变色范围。指示剂的 pK_{HIn} 值不同,其变色范围也不同。当 $\dfrac{[\text{In}^-]}{[\text{HIn}]} = 1$,指示剂的酸式色与碱式色各占一半,溶液呈现指示剂的过渡颜色。此时 $\text{pH} = pK_{\text{HIn}}$,是指示剂变色最灵敏点,称为指示剂的理论变色点。

指示剂的实际变色范围是通过目测确定的,与理论值 $pK_{\text{HIn}} \pm 1$ 并不完全一致,具体数据见表 4-3,这是因为人眼对各种颜色的敏感程度有所差别,以及指示剂两种颜色的强度不同所致。例如甲基橙的 $pK_{\text{HIn}} = 3.4$,理论变色范围应为 $\text{pH} = 2.4 \sim 4.4$,但实际变色范围却是 $\text{pH} = 3.1 \sim 4.4$。

在滴定过程中,并不要求指示剂由酸式色完全转变为碱式色或者相反,而只需在指示剂的变色范围内找出能产生明显颜色改变的点,即可据此指示滴定终点。

由于不同的人对同一颜色的敏感程度有所不同,就是同一个人观察同一个颜色变化过程也会有所差异。一般而言,人们观察指示剂颜色的变化约有 $0.2 \sim 0.5 \text{pH}$ 单位的误差,称之为观测终点的不确定性,用 ΔpH 来表示,一般按 $\Delta\text{pH} = \pm 0.2$ 来考虑,作为使用指示剂目测终点的分辨极限值。常用酸碱指示剂见表 4-3。

表 4-3 常用的酸碱指示剂

指示剂	变色范围 pH	颜色 酸色	颜色 碱色	pK_{HIn}	浓度	用量(滴每 10ml 试液)
百里酚蓝	1.2~2.8	红	黄	1.6	0.1%的20%乙醇溶液	1~2
甲基黄	2.9~4.0	红	黄	3.3	0.1%的90%乙醇溶液	1
甲基橙	3.1~4.4	红	黄	3.4	0.05%的水溶液	1
溴酚蓝	3.1~4.6	黄	紫	4.1	0.1%的20%乙醇溶液或其钠盐的水溶液	1
溴甲酚绿	3.8~5.4	黄	蓝	4.9	0.1%的醇溶液	1
甲基红	4.4~6.2	红	黄	5.2	0.1%的60%乙醇溶液或其钠盐的水溶液	1
溴百里酚蓝	6.0~7.6	黄	蓝	7.3	0.1%的20%乙醇溶液或其钠盐的水溶液	1
中性红	6.8~8.0	红	黄橙	7.4	0.1%的60%乙醇溶液	1
酚红	6.7~8.4	黄	红	8.0	0.1%的60%乙醇溶液或其钠盐的水溶液	1
酚酞	8.0~10.0	无	红	9.1	0.5%的90%乙醇溶液	1~3
百里酚酞	9.4~10.6	无	蓝	10.0	0.1%的90%乙醇溶液	1~2

3. 影响指示剂变色范围的因素

为了在化学计量点时,pH 稍有改变,指示剂即由一种颜色变到另一种颜色,我们希望指示剂的变色范围窄为好。但影响指示剂变色范围的因素是多方面的。现分别讨论如下。

(1) 指示剂的用量：在滴定过程中，适宜的指示剂用量（浓度）将使其在终点变色比较敏锐，有助于提高滴定分析的准确度。

对单色指示剂而言，指示剂的用量有较大影响。例如酚酞的酸式色（HIn）为无色，颜色的深度仅决定于碱式色（In⁻）的红色。设人眼观察红色形式最低浓度为 a，可认为它是一固定值；在溶液中指示剂的总浓度为 C，则由指示剂的离解平衡式得

$$[H^+]=K_{HIn}\frac{[HIn]}{[In^-]}=K_{HIn}\frac{C-a}{a}$$

式中 K_{HIn}、a 是常数，酚酞的红色与 C 有关。当指示剂浓度 C 增大时，$[H^+]$ 相应增大，即指示剂在较低的 pH 时显粉红色。例如在 50ml～100ml 溶液中加入 0.1% 的酚酞指示剂 2～3 滴，pH≈9 时出现微红色；而在同样条件下加入 10～15 滴酚酞，则在 pH≈8 时出现微红色。因此，用单色指示剂滴定至一定的 pH 时，需严格控制指示剂用量。对于双色指示剂，指示剂的浓度不会影响指示剂变色范围，但指示剂的浓度过高，颜色变化不明显，同时指示剂的变色也要消耗一定的滴定剂，从而引入误差，故使用时其用量要合适。

(2) 温度：当温度改变时，指示剂的离解常数 K_{HIn} 和水的自递常数 K_w 都有改变，因而指示剂的变色范围亦随之改变。例如，在 18℃ 时，甲基橙的变色范围为 3.1～4.4；而在 100℃ 时，则为 2.5～3.7。因此酸碱滴定宜在室温下进行。若必须加热，应将溶液冷却至室温后再进行滴定。

(3) 电解质：电解质的存在对指示剂的影响有两方面。一是能改变溶液的离子强度，使得指示剂的离解常数发生改变，从而影响其变色范围；二是某些电解质具有吸收不同波长的光波性质，也会改变指示剂的颜色和色调及变色的灵敏度。所以在滴定溶液中不宜有大量盐类存在。

(4) 滴定程序：由于深色较浅色明显，所以当溶液由浅色变为深色时，肉眼容易辨认出来。例如酚酞由酸式无色变为碱式红色，颜色变化十分明显，易于辨别，因此比较适宜在以碱滴定酸时使用。同理，用酸滴定碱时，采用甲基橙就较酚酞适宜。

对指示剂变色范围的影响还有溶剂等其他因素。

4. 混合酸碱指示剂

在某些酸碱滴定中，pH 突跃范围很窄，使用一般的指示剂难以判断终点，此时可使用混合指示剂。它能缩小指示剂的变色范围，使颜色变化更明显。

混合指示剂是利用不同指示剂颜色互补的原理使滴定终点的变色范围变得更窄，更容易观察。根据其作用原理分为两类。一类是将两种酸碱指示剂混合，利用颜色的互补作用，使混合指示剂的变色范围变得更窄，颜色变化更敏锐。另一类是由一种酸碱指示剂与一种惰性染料利用颜色互补的原理混合而成，惰性染料不是酸碱指示剂，其变色范围不受 pH 的影响。

例如，甲基橙（0.1%）和靛蓝二磺酸钠（0.25%）1∶1 组成的混合指示剂；溴甲酚绿（0.1%乙醇溶液）和甲基红（0.2%乙醇溶液）3∶1 组成的混合指示剂。

4.2.2 酸碱滴定法的基本原理

在滴定分析中，随着滴定剂体积的增大，反应液中待测组分浓度也随之变化，以组分

浓度(或浓度负对数)为纵坐标,滴定剂加入体积(或体积的百分比)为横坐标作图,得到的曲线称为滴定曲线。本节主要讨论酸碱滴定过程 pH 的变化曲线,并且以滴定曲线为核心内容来讨论酸碱完全滴定的条件、滴定突跃及其影响因素、酸碱指示剂的选择、滴定误差等。

1. 强碱滴定强酸

反应平衡常数(滴定常数)是滴定反应的平衡常数,它反映滴定反应进行的完全程度。以 K_t 表示。

滴定反应为
$$H^+ + OH^- \rightleftharpoons H_2O$$

$$K_t = \frac{1}{[H^+][OH^-]} = \frac{1}{K_w} = 1.00 \times 10^{14} \quad (25℃)$$

K_t 值很大,是水溶液中反应程度最完全的酸碱滴定。

1) 滴定曲线

现以 $0.1000 \text{mol} \cdot \text{L}^{-1}$ NaOH 溶液滴定 20.00ml(V_0)$0.1000 \text{mol} \cdot \text{L}^{-1}$ HCl 溶液为例加以说明,设滴定中加入 NaOH 的体积为 V(ml),整个滴定过程可分 4 个阶段。

(1) 滴定开始前($V=0$),溶液的酸度等于 HCl 的原始浓度。$[H^+] = C_{HCl} = 0.1000 \text{mol} \cdot \text{L}^{-1}$,pH=1.00。

(2) 滴定开始至化学计量点之前 ($V < V_0$)。

随着滴定剂的加入,溶液中 $[H^+]$ 取决于剩余 HCl 的浓度,即

$$[H^+] = \frac{V_0 - V}{V_0 + V} \times C_{HCl}$$

例如,当滴入 19.98ml NaOH 溶液时(化学计量点前 0.1%)时

$$[H^+] = \frac{20.00 - 19.98}{(20.00 + 19.98)} \times 0.1000 = 5.00 \times 10^{-5} (\text{mol} \cdot \text{L}^{-1})$$

$$\text{pH} = 4.30$$

(3) 化学计量点时($V = V_0$)。

滴入 20.00ml NaOH 溶液时,HCl 与 NaOH 恰好完全反应,溶液的组成为 NaCl,此时溶液呈中性,H^+ 来自水的离解。

$$[H^+] = [OH^-] = 1.00 \times 10^{-7} (\text{mol} \cdot \text{L}^{-1})$$
$$\text{pH} = 7.00$$

(4) 化学计量点后($V > V_0$)。

溶液的组成为 NaCl+NaOH,溶液的 pH 由过量的 NaOH 的浓度决定,即

$$[OH^-] = \frac{V - V_0}{V_0 + V} \times C_{NaOH}$$

例如,当滴入 20.02ml NaOH 溶液时(化学计量点后 0.1%)

$$[OH^-] = \frac{20.02 - 20.00}{20.00 + 20.02} \times 0.1000 = 5.00 \times 10^{-5} (\text{mol} \cdot \text{L}^{-1})$$

$$\text{pOH} = 4.30 \quad \text{pH} = 9.70$$

如此逐一计算滴定过程中各阶段溶液 pH 变化的情况,主要计算结果见表 4-4。

表 4-4 用 NaOH(0.1000mol·L^{-1})滴定 20.00ml HCl 溶液(0.1000 mol·L^{-1})的 pH 变化表(25℃)

加入的 NaOH		剩余的 HCl		[H$^+$]	pH
毫升	%	%	毫升		
0.00	0	100	20.00	1.00×10^{-1}	1.00
18.00	90.0	10	2.00	5.00×10^{-3}	2.30
19.80	99.0	1	0.20	5.00×10^{-4}	3.30
19.98	99.9	0.1	0.02	5.00×10^{-5}	4.30 〕突
20.00	100.0	0	0.00	1.00×10^{-7}	7.00 〕跃
		过量的 NaOH		[OH$^-$]	〕范
20.02	100.1	0.1	0.02	5.00×10^{-5}	9.70 〕围
20.20	101	1.0	0.20	5.00×10^{-4}	10.70

以 NaOH 加入量为横坐标,以溶液的 pH 为纵坐标,绘制滴定曲线(pH-V 曲线),如图 4-3 所示。

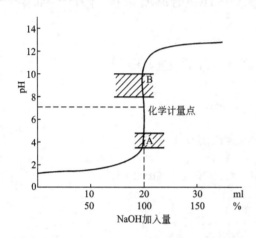

图 4-3 0.1000mol·L^{-1} NaOH 溶液滴定
0.1000mol·L^{-1} HCl 溶液 20.00ml 的滴定曲线
(A 甲基橙 B 酚酞)

从表 4-4 和图 4-3 中的数据和滴定曲线可以看出:从滴定开始到加入 NaOH 液 19.98ml 时(HCl 被滴定了 99.9%),溶液的 pH 仅改变了 3.30 个 pH 单位,即 pH 变化缓慢。但 NaOH 液从 19.98ml 到 20.02ml,即在化学计量点前后±0.1%范围内,溶液的 pH 由 4.30 急剧增到 9.70,增大了 5.40 个 pH 单位,即[H$^+$]降低了 25 万倍,溶液由酸性突变到碱性。这种 pH 的突变称为滴定突跃,突跃所在的 pH 范围称为滴定突跃范围。此后继续加入 NaOH,溶液的 pH 变化逐渐变慢,曲线又趋于平坦。

滴定突跃范围是选择指示剂的依据。凡是变色范围全部或部分区域落在滴定突跃范围内的指示剂都可以用来指示滴定终点,凡在突跃范围(pH=4.30~9.70)以内能发生颜色变化的指示剂,都可以在该滴定中使用,例如酚酞、甲基红等。虽然使用这些指示剂确定的终点并非计量点,但是可以保证由此差别引起的误差不超过±0.1%。

若用 HCl 溶液滴定 NaOH 溶液(条件与前相同),其滴定曲线与上述曲线互相对称,但溶液 pH 变化的方向相反。滴定突跃由 pH=9.70 降至 pH=4.30,可选择酚酞和甲基红为指示剂;若采用甲基橙,从黄色滴定至溶液显橙色(pH=4.0),将产生+0.2%的误差。

2) 影响滴定突跃范围的因素

对于强酸、强碱滴定,滴定突跃范围的大小取决于酸、碱的浓度(见图 4-4),浓度越大,滴定突跃亦越大。

例如，用 $1.00\text{mol}\cdot\text{L}^{-1}$ 的 NaOH 溶液滴定 20.00ml $1.00\text{mol}\cdot\text{L}^{-1}$ 的 HCl 溶液，突跃范围为 pH=3.3~10.7。说明强酸、强碱溶液的浓度各增大 10 倍，滴定突跃范围则向上下两端各延伸一个 pH 单位。滴定突跃越大，可供选用的指示剂亦越多，此时甲基橙、甲基红和酚酞均可采用。若 NaOH 和 HCl 的浓度均为 $0.01\text{mol}\cdot\text{L}^{-1}$，则 pH 突跃范围为 pH=5.3~8.7，此时欲使终点误差不超过 0.1%，采用甲基红为指示剂最适宜，酚酞略差一些，甲基橙则不可使用。但溶液的浓度太高，计量点附近加入 1 滴溶液的物质的量较大，引入的误差也较大。故在酸碱滴定中一般不采用高于 $1\text{mol}\cdot\text{L}^{-1}$ 和低于 $0.01\text{mol}\cdot\text{L}^{-1}$ 的溶液。另外，酸碱溶液的浓度也应相近。

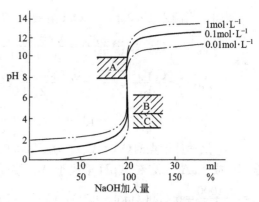

图 4-4 不同浓度 NaOH 溶液滴定不同浓度 HCl 溶液的滴定曲线
（A 酚酞　B 甲基红　C 甲基橙）

2. 强碱滴定一元弱酸

弱酸、弱碱滴定反应及滴定常数分别为：

$$\text{OH}^- + \text{HA} \rightleftharpoons \text{A}^- + \text{H}_2\text{O} \quad K_t = \frac{K_a}{K_w}$$

$$\text{H}^+ + \text{B} \rightleftharpoons \text{HB}^+ \quad K_t = \frac{K_b}{K_w}$$

滴定常数是由弱酸、弱碱的离解常数与水的自递常数之比决定。用强碱（酸）滴定一元弱酸（碱）反应的平衡常数 K_t 比强酸强碱滴定的 K_t 小得多，说明反应的完全程度较低，被滴定酸的 K_a 值或碱的 K_b 值越大，即酸（碱）越强，则 K_t 越大，反应越完全。酸（碱）越弱，则滴定反应越不完全，到一定限度时，准确滴定就不可能。

1）滴定曲线

现以 NaOH 溶液滴定弱酸 HAc 溶液为例讨论滴定曲线。设 HAc 的浓度 C_a 为 $0.1000\text{mol}\cdot\text{L}^{-1}$，体积为 V_a(20.00ml)；NaOH 的浓度为 C_b($0.1000\text{mol}\cdot\text{L}^{-1}$)，滴定时加入的体积为 V_b(ml)。整个滴定过程分为 4 个阶段。

（1）滴定开始前。溶液的组成为 HAc($0.1000\text{mol}\cdot\text{L}^{-1}$)20.00ml，此时($V_b=0$)，溶液的 H^+ 主要来自 HAc 的离解。因为 $K_a=1.8\times10^{-5}$，$C_aK_a>10K_w$，$\frac{C_a}{K_a}>100$，用最简式计算：

$$[\text{H}^+] = \sqrt{C_aK_a} = \sqrt{0.1000\times1.8\times10^{-5}}$$
$$= 1.34\times10^{-3}(\text{mol}\cdot\text{L}^{-1})$$
$$\text{pH} = 2.87$$

（2）滴定开始至化学计量点之前($V_b<V_a$)。溶液组成为 HAc+NaAc，溶液为 HAc-NaAc 缓冲体系，其 pH 可按下式求得：

$$\text{pH} = \text{p}K_a + \lg\frac{C_{\text{Ac}^-}}{C_{\text{HAc}}}$$

例如，当滴入19.98ml NaOH溶液时（化学计量点前0.1%）时

$$C_{Ac^-} = \frac{C_a \times V_b}{V_a + V_b} = \frac{0.1000 \times 19.98}{20.00 + 19.98} = 5.0 \times 10^{-2} (mol \cdot L^{-1})$$

$$C_{HAc^-} = \frac{C_a V_a - C_b V_b}{V_a + V_b} = \frac{0.1000 \times (20.00 - 19.98)}{20.00 + 19.98} = 5.0 \times 10^{-5} (mol \cdot L^{-1})$$

$$pH = 4.74 + \lg \frac{5.0 \times 10^{-2}}{5.0 \times 10^{-5}} = 7.74$$

（3）化学计量点时（$V_b = V_a$）。滴入20.00ml NaOH溶液时，HAc与NaOH定量反应全部生成NaAc。溶液的pH取决于Ac^-接受质子的能力，由于溶液的体积增大一倍，故$C_b = \frac{0.1000}{2} = 0.0500 (mol \cdot L^{-1})$。$C_b K_b > 10 K_w$，$\frac{C_b}{K_b} > 100$，可按最简式计算：

$$[OH^-] = \sqrt{C_b K_b} = \sqrt{C_b \frac{K_w}{K_a}} = \sqrt{5.00 \times 10^{-2} \times \frac{1.0 \times 10^{-14}}{1.8 \times 10^{-5}}} = 5.3 \times 10^{-6} (mol \cdot L^{-1})$$

$$pOH = 5.28 \quad pH = 8.72$$

（4）化学计量点后（$V_b > V_a$）。溶液由NaAc与NaOH组成，由于NaOH过量，Ac^-接受质子的能力受到抑制，溶液的pH主要由过量的NaOH决定，计算方法与强碱滴定强酸相同。

例如，当滴入20.02ml NaOH溶液时（化学计量点后0.1%）

$$pOH = 4.30$$
$$pH = 9.70$$

用类似的方法，可以计算出NaOH溶液滴定HAc溶液整个过程的pH，表4-5重点列出滴定过程中化学计量点前后的pH的变化。

表4-5 用NaOH(0.1000mol·L^{-1})滴定20.00ml HAc溶液(0.1000mol·L^{-1})的pH变化表(25℃)

加入的NaOH		剩余的HAc		计 算 式	pH	
%	毫升	%	毫升			
0	0	100	20.00	$[H^+] = \sqrt{K_a C_a}$	2.87	
50	10.00	50	10.00	$[H^+] = K_a \times \frac{[HAc]}{[Ac^-]}$	4.75	
90	18.00	10	2.00		5.70	
99	19.80	1	0.20		6.73	
99.9	19.98	0.1	0.02	$[OH^-] = \sqrt{C_b \frac{K_w}{K_a}}$	7.74	突跃范围
100	20.00	0	0		8.72	
		过量的NaOH				
100.1	20.02	100	0.20	$[OH^-] = 10^{-4.3}$ $[H^+] = 10^{-9.7}$	9.70	
101	20.20	100	0.20	$[OH^-] = 10^{-3.3}$ $[H^+] = 10^{-10.7}$	10.70	

以NaOH加入量为横坐标，以溶液的pH为纵坐标，绘制pH-V滴定曲线如图4-5所示。

从表4-5和图4-5，可以看出强碱滴定弱酸有如下特点。

（1）曲线的起点高：由于HAc是弱酸，部分离解，滴定曲线的起点pH为2.87，比相同浓度强酸溶液高约2个pH单位。

(2) pH 的变化速率不同：滴定开始时，由于生成少量的 Ac^-，抑制了的 HAc 的离解，$[H^+]$ 降低较快，曲线斜率较大。随着滴定的继续进行，HAc 浓度不断降低，Ac^- 的浓度逐渐增大，$HAc-Ac^-$ 的缓冲作用使溶液 pH 的增加速度减慢。10%～90% 的 HAc 被滴定，pH 从 3.80 增加到 5.70，只改变了 2 个 pH 单位，曲线斜率很小。接近化学计量点时，HAc 浓度越来越低，缓冲作用减弱，溶液碱性增强，pH 又增加较快，曲线斜率又迅速增大。

(3) 突跃范围小：从表 4-5 和图 4-5 可知，从 99.9%HAc 被滴定到 0.1%NaOH 过量，滴定突跃范围为 pH＝7.74～9.70，

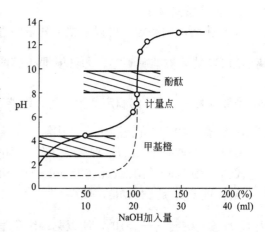

图 4-5　$0.1000 mol \cdot L^{-1}$ NaOH 溶液滴定 HAc($0.1000 mol \cdot L^{-1}$) 的滴定曲线

这比相同浓度强碱滴定强酸的滴定突跃(4.30～9.70)小得多。由于滴定产物 NaAc 为弱碱，使化学计量点处于碱性区域，显然在酸性区域变色的指示剂如甲基橙、甲基红等都不能用，而应选用在碱性区域内变色的指示剂，如酚酞或百里酚酞来指示滴定终点。

2) 影响滴定突跃范围的因素

(1) 弱酸(碱)的强度：用 NaOH($0.100 mol \cdot L^{-1}$) 滴定不同强度一元酸($0.100 mol \cdot L^{-1}$) 的滴定曲线。由图 4-6 可知，当溶液浓度一定时，被滴定的酸越弱(K_a 愈小)，其共轭碱的碱性越强，即滴定到化学计量点时溶液的 pH 越大，滴定反应越不完全，滴定突跃范围亦愈小，如图 4-6 所示。当弱酸的 $K_a < 10^{-9}$ 时，在滴定曲线上已无明显突跃，表明此时反应的完全程度很低，难以利用指示剂来确定滴定终点。

(2) 溶液的浓度：当被滴定的弱酸 K_a 值一定时，溶液的浓度对滴定突跃的影响与强碱滴定强酸相同。浓度 C_a 越大，滴定突跃范围也越大，终点越明显。被滴定物的浓度应不小于 10^{-3} mol·L^{-1}，一般在 10^{-3}～$1 mol \cdot L^{-1}$ 之间为宜。

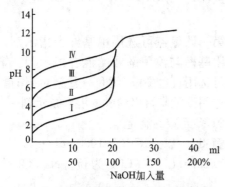

图 4-6　$0.1000(mol \cdot L^{-1})$NaOH 溶液滴定不同强度的酸($0.1000 mol \cdot L^{-1}$) 的滴定曲线

(Ⅰ$K_a=10^{-3}$　Ⅱ$K_a=10^{-5}$　Ⅲ$K_a=10^{-7}$　Ⅳ$K_a=10^{-9}$)

综上所述，一元弱酸的 C_a 与 K_a 越大，其滴定突跃范围亦越大。为了保证具有一定大小的突跃范围，在酸碱滴定中，需要一元弱酸 $C_a K_a \geq 10^{-8}$，一元弱碱 $C_b K_b \geq 10^{-8}$。

3. 多元酸(碱)的滴定

多元酸(碱)在溶液中分步离解，故在多元酸(碱)的滴定中，情况较复杂，涉及的问题有：多元酸(碱)能否分步滴定；滴定到哪一级；各步滴定应选择何种指示剂。

1) 多元酸的滴定

对于多元酸的滴定，可以依据下列条件进行判断：①首先用 $C_a K_{a_1} \geqslant 10^{-8}$ 判断第一级离解的 H^+ 能否被准确滴定。②再根据相邻两级离解常数的比值 $\dfrac{K_{a_1}}{K_{a_2}}$，判断第二级离解的 H^+ 是否对第一级 H^+ 的滴定产生干扰，即能否分步滴定。若 $\dfrac{K_{a_1}}{K_{a_2}} \geqslant 10^4$，而 $C_{sp_1} K_{a_1} \geqslant 10^{-8}$，则第一级离解的 H^+ 先被滴定，形成第一个突跃。第二级离解的 H^+ 后被滴定，是否有第二个突跃，则取决于 $C_{sp_2} K_{a_2}$ 是否大于等于 10^{-8}。

例 7 用 NaOH 溶液($0.1000\,\text{mol}\cdot\text{L}^{-1}$)滴定 $0.1000\,\text{mol}\cdot\text{L}^{-1} H_3PO_4$。

解： H_3PO_4 是三元酸，$K_{a_1}=7.5\times10^{-3}$；$K_{a_2}=6.3\times10^{-8}$；$K_{a_3}=4.4\times10^{-13}$，因 $C_a K_{a_1}>10^{-8}$，$\dfrac{K_{a_1}}{K_{a_2}}>10^4$，所以第一个化学计量点有滴定突跃。$C_a K_{a_2}\approx10^{-8}$，且 $\dfrac{K_{a_2}}{K_{a_3}}>10^4$。因此也可认为第二级离解的 H^+ 也可实现分步滴定。$C_a K_{a_3}$ 远小于 10^{-8}，所以第 3 级离解的 H^+ 不能准确滴定。滴定反应为

$$H_3PO_4 + NaOH \rightleftharpoons NaH_2PO_4 + H_2O$$
$$NaH_2PO_4 + NaOH \rightleftharpoons Na_2HPO_4 + H_2O$$

NaOH 溶液分步滴定 H_3PO_4 的化学计量点 pH 可用最简式计算：

第一化学计量点

$$[H^+]=\sqrt{K_{a_1}K_{a_2}} \quad pH=\dfrac{1}{2}(pK_{a_1}+pK_{a_2})=\dfrac{1}{2}(2.12+7.20)=4.66$$

第二化学计量点

$$[H^+]=\sqrt{K_{a_2}K_{a_3}} \quad pH=\dfrac{1}{2}(pK_{a_2}+pK_{a_3})=\dfrac{1}{2}(7.20+12.36)=9.78$$

滴定曲线如图 4-7 所示。

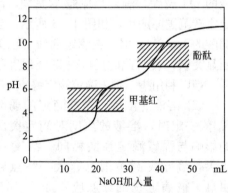

图 4-7 $0.1000\,\text{mol}\cdot\text{L}^{-1}$ NaOH 滴定 $0.1000\,\text{mol}\cdot\text{L}^{-1} H_3PO_4$ 的滴定曲线

第一计量点可选用甲基红为指示剂，也可选用甲基橙与溴甲酚绿的混合指示剂。第二计量点可选用百里酚酞（无色→浅蓝色）作指示剂，也可选用酚酞与百里酚酞的混合指示剂。

2) 多元碱的滴定

例 8 以 HCl($0.1000\,\text{mol}\cdot\text{L}^{-1}$)滴定 $0.1000\,\text{mol}\cdot\text{L}^{-1} Na_2CO_3$ 为例。Na_2CO_3 为二元碱，在水溶液中分两步离解 $\left(K_{b_1}=\dfrac{K_w}{K_{a_2}}=1.8\times10^{-4},\ K_{b_2}=\dfrac{K_w}{K_{a_1}}=2.4\times10^{-8}\right)$。滴定反应为

$$CO_3^{2-}+H^+\rightleftharpoons HCO_3^- \quad HCO_3^-+H^+\rightleftharpoons H_2CO_3$$

因 $C_{sp_1}K_{b_1}>10^{-8}$，$C_{sp_2}K_{b_2}\approx10^{-8}$，$\dfrac{K_{b_1}}{K_{b_2}}\approx10^4$。

在第一化学计量点，产物为 $NaHCO_3$，故按 $[OH^-]=\sqrt{K_{b_1}K_{b_2}}$ 式进行计算，也可根据下式求得溶液的 pH：

$$[H^+]=\sqrt{K_{a_1}K_{a_2}} \quad pH=\dfrac{1}{2}(pK_{a_1}+pK_{a_2})=\dfrac{1}{2}(6.38+10.25)=8.32$$

可选用酚酞作指示剂，但终点由无色变至微红，难以判断。采用甲酚红与酚酞混合指示剂（粉红色变至紫色），终点变色比较明显。

滴定至第二个化学计量点时溶液是 CO_2 的饱和溶液，H_2CO_3 的浓度约为 $0.040 mol \cdot L^{-1}$，则

$$[H^+] = \sqrt{C_{sp_2} K_{a_1}} = \sqrt{0.040 \times 4.2 \times 10^{-7}}$$
$$= 1.30 \times 10^{-4} (mol \cdot L^{-1})$$
$$pH = 3.89$$

可用甲基橙作指示剂。为防止形成 CO_2 的过饱和溶液，使溶液的酸度稍有增大，终点过早出现，在滴定到终点附近时，应剧烈摇动或煮沸溶液，以加速 H_2CO_3 分解，除去 CO_2，使终点明显。滴定曲线如图4-8所示。

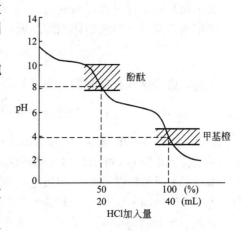

图4-8 HCl溶液滴定 Na_2CO_3 溶液的滴定曲线

4.3 滴定终点误差

滴定终点误差是由于滴定终点和化学计量点不一致引起的相对误差，其属于方法误差，也称滴定误差，常用 TE% 表示。

酸碱滴定时，如果滴定终点与化学计量点不一致，说明溶液中有剩余的酸或碱未被完全中和，或者是多滴加了酸或碱标准溶液。因此滴定终点误差是用剩余的酸(碱)或是过量的滴定剂的物质量除以应加入的酸或碱的物质量。下面简单介绍滴定误差的计算公式。

4.3.1 强酸(碱)的滴定终点误差

以强碱(NaOH)滴定强酸(HCl)为例，滴定误差为：

$$TE\% = \frac{(C_{NaOH} - C_{HCl}) V_{ep}}{C_{sp} V_{sp}} \times 100\% \qquad (4-44)$$

式中 C_{NaOH} 和 C_{HCl} 分别是 NaOH 和 HCl 在滴定之前的原始浓度，C_{sp}、V_{sp} 为化学计量点时被测酸的浓度和体积，V_{ep} 为滴定终点时溶液的体积，因 $V_{sp} \approx V_{ep}$，代入式(4-44)得

$$TE(\%) = \frac{(C_{NaOH} - C_{HCl})}{C_{sp}} \times 100\%$$

滴定中溶液的质子条件式为：

$$[H^+] + C_{NaOH} = [OH^-] + C_{HCl} \quad 即 \quad C_{NaOH} - C_{HCl} = [OH^-] - [H^+]$$

于是，滴定终点误差公式为：

$$TE\% = \frac{[OH^-]_{ep} - [H^+]_{ep}}{C_{sp}} \times 100\% \qquad (4-45)$$

若滴定终点在化学计量点处：$[OH^-]_{sp} = [H^+]_{sp}$，TE% = 0。

指示剂在化学计量点以后变色：$[OH^-]_{ep} > [H^+]_{ep}$，TE% > 0(终点误差为正值)。

指示剂在化学计量点以前变色：$[OH^-]_{sp} < [H^+]_{sp}$，TE%<0(终点误差为负值)。
滴定至终点时，溶液的体积增加近一倍，此时

$$C_{sp} \approx \frac{1}{2}C_a$$

同理，强酸滴定强碱时的终点误差可由下式计算：

$$TE\% = \frac{[H^+]_{ep} - [OH^-]_{ep}}{C_{sp}} \times 100\% \tag{4-46}$$

例9 计算 NaOH 溶液(0.1000mol·L^{-1})滴定 HCl 溶液(0.1000mol·L^{-1})至 pH=4.0(甲基橙指示终点)和 pH=9.0(酚酞指示终点)的滴定终点误差。

解：(1) 甲基橙在 pH=4.0 变色，则

$[H^+] = 10^{-4.0}$ mol·L^{-1}；$[OH^-] = 10^{-10.0}$ mol·L^{-1}；$C_{sp} = 0.100/2 = 0.0500$ (mol·L^{-1})

按式(4-45)计算

$$TE\% = \frac{10^{-10.0} - 10^{-4.0}}{0.0500} \times 100\% = -0.2\%$$

(2) 酚酞在 pH=9.0 变色，则

$$[H^+] = 10^{-9.0} \text{ mol·L}^{-1}; \quad [OH^-] = 10^{-5.0} \text{ mol·L}^{-1}$$

$$TE\% = \frac{10^{-5.0} - 10^{-9.0}}{0.0500} \times 100\% = +0.02\%$$

例10 计算 NaOH 溶液(0.0100mol·L^{-1})滴定 HCl 溶液(0.0100mol·L^{-1})至 pH=4.0 和 pH=9.0 的滴定终点误差。

解：(1) 滴定终点 pH=4.0，则

$[H^+] = 10^{-4.0}$ mol·L^{-1}；$[OH^-] = 10^{-10.0}$ mol·L^{-1}；$C_{sp} = \dfrac{0.0100}{2} = 0.00500$ (mol·L^{-1})

按式(4-45)计算

$$TE\% = \frac{10^{-10.0} - 10^{-4.0}}{0.00500} \times 100\% = -2\%$$

(2) 滴定终点 pH=9.0，则

$$[H^+] = 10^{-9.0} \text{ mol·L}^{-1} \quad [OH^-] = 10^{-5.0} \text{ mol·L}^{-1}$$

$$TE\% = \frac{10^{-5.0} - 10^{-9.0}}{0.00500} \times 100\% = +0.2\%$$

例9与例10计算表明：由于溶液稀释10倍，滴定到同一 pH 时的滴定终点误差增大了10倍；由于稀溶液的滴定突跃减小，若要求滴定误差不超过±0.2%，甲基橙就不再适用于 0.01mol·L^{-1} 的强酸(碱)滴定。

4.3.2 弱酸(碱)的滴定终点误差

用强碱 NaOH 滴定一元弱酸 HA(离解常数为 K_a)为例，其滴定误差为

$$TE\% = \frac{C_{NaOH} - C_{HA}}{C_{sp}} \times 100\%$$

式中 C_{NaOH} 和 C_{HA} 分别是 NaOH 和 HA 在滴定之前的原始浓度，C_{sp}、V_{sp} 为化学计量点时被测酸的浓度和体积，V_{ep} 为滴定终点时溶液的体积，因 $V_{sp} \approx V_{ep}$，根据滴定终点时溶液的质子条件式为：

$$[H^+] + C_{NaOH} = [A^-] + [OH^-]$$

由于 $[A^-] = C_{HA} - [HA]$，所以 $[H^+] + C_{NaOH} = C_{HA} - [HA] + [OH^-]$

因为强碱滴定弱酸，终点附近溶液呈碱性，即 $[OH^-]_{ep} \gg [H^+]$，因而 $[H^+]$ 可忽略，即

$$C_{NaOH} - C_{HA} = [OH^-] - [HA]$$

于是有

$$TE\% = \frac{[OH^-] - [HA]}{C_{sp}} \times 100\%$$

终点时 $[HA]$ 可用分布系数表示，得一元弱酸的滴定误差公式为：

$$TE\% = \left(\frac{[OH^-]}{C_{sp}} - \delta_{HA}\right) \times 100\% \tag{4-47}$$

式中

$$\delta_{HA} = \frac{[HA]_{sp}}{C_{sp}} = \frac{[H^+]}{[H^+] + K_a}$$

同理，一元弱碱（B）的滴定终点误差用类似方法处理得到：

$$TE\% = \left(\frac{[H^+]}{C_{sp}} - \delta_B\right) \times 100\% \tag{4-48}$$

例 11 用 $0.1000 \text{mol} \cdot \text{L}^{-1}$ 的 NaOH 溶液滴定 25.00ml $0.1000 \text{mol} \cdot \text{L}^{-1}$ 的 HAc 溶液，以酚酞为指示剂，滴定至 pH=9.00 为终点，计算终点误差。

解：滴定终点为 pH=9.00，则

$$[H^+] = 1.0 \times 10^{-9} \text{mol} \cdot \text{L}^{-1} \quad [OH^-] = 1.0 \times 10^{-5} \text{mol} \cdot \text{L}^{-1}$$

$$C_{sp} \approx \frac{0.1000}{2} = 0.0500 (\text{mol} \cdot \text{L}^{-1})$$

$$[HAc]_{sp} = \frac{[H^+]_{sp} C_{HAc}^{sp}}{K_a} = \frac{1.0 \times 10^{-9} \times 0.05000}{1.8 \times 10^{-5}} = 2.8 \times 10^{-6} (\text{mol} \cdot \text{L}^{-1})$$

$$TE\% = \frac{1.0 \times 10^{-5} - 2.8 \times 10^{-6}}{0.0500} \times 100\% = +0.0144\%$$

在分析化学中，化学计量点和滴定终点都是用 pH 而不用 $[H^+]$ 表示。而酸碱指示剂的变色点和变色范围也都是用 pH 和 pH 范围表示。因此滴定误差也可用 pH 按林邦（Ringbom）误差公式直接计算：

$$TE\% = \frac{10^{\Delta pX} - 10^{-\Delta pX}}{\sqrt{CK_t}}$$

式中，pX 为滴定过程中发生变化的参数，如 pH 或 pM；ΔpX 为终点 pX_{ep} 与计量点 pX_{sp} 之差；$\Delta pX = pX_{ep} - pX_{sp}$；$K_t$ 为滴定反应平衡常数即滴定常数；C 与计量点时滴定产物的总浓度 C_{sp} 有关。

4.4 应用与示例

4.4.1 标准溶液的配制和标定

酸碱滴定中最常用的标准溶液是 HCl 和 NaOH，也可用 H_2SO_4、HNO_3、KOH 等其

他强酸强碱，浓度一般为 $0.01\sim 1\text{mol}\cdot\text{L}^{-1}$，最常用的浓度是 $0.1\text{mol}\cdot\text{L}^{-1}$，通常采用间接法配制。

1. 酸标准溶液

HCl 标准溶液一般用浓 HCl 采用间接法配制，即先配成近似浓度的溶液，然后用基准物标定。常用无水碳酸钠和硼砂作为标定的基准物。

无水碳酸钠(Na_2CO_3)：其优点是容易获得纯品，价格便宜，但吸湿性强，用前应在 270℃～300℃条件下干燥至恒重，置干燥器中保存备用。称量时动作要快，以免吸收空气中水分而引入误差。

硼砂($Na_2B_4O_7\cdot 10H_2O$)：其优点是容易制得纯品、不易吸水、称量误差小，其缺点是在空气中相对湿度小于 39% 时，容易失去结晶水，因此应保存在相对湿度为 60% 的恒湿器中。

2. 碱标准溶液

碱标准溶液一般用 NaOH 配制，最常用浓度为 $0.1\text{mol}\cdot\text{L}^{-1}$。但有时需用到浓度高达 $1\text{mol}\cdot\text{L}^{-1}$ 或低到 $0.01\text{mol}\cdot\text{L}^{-1}$ 的。NaOH 易吸潮，也易吸空气中的 CO_2 以致常含有 Na_2CO_3，而且 NaOH 还可能含有硫酸盐等杂质，因此用间接法配制其标准溶液。为了配制不含 CO_3^{2-} 的碱标准溶液，可采用浓碱法，用一份纯净 NaOH，加入一份水，搅拌，使之溶解，配成 50% 的浓溶液，在此溶液中 Na_2CO_3 溶解度很小，待 Na_2CO_3 沉淀后，取上清液稀释成所需浓度，再加以标定。标定 NaOH 常用的基准物质有邻苯二甲酸氢钾（$KHC_8H_4O_4$，简写为 KHP）、草酸等。中国药典采用邻苯二甲酸氢钾（$K_{a_2}=3.9\times 10^{-6}$），它易获得纯品，不含结晶水，不吸潮，容易保存，标定时，由于称量而造成的误差也较小，是一种良好的基准物。其标定反应如下：

$$\text{C}_6\text{H}_4(\text{COOH})(\text{COOK}) + \text{NaOH} \rightleftharpoons \text{C}_6\text{H}_4(\text{COONa})(\text{COOK}) + \text{H}_2\text{O}$$

可选用酚酞作指示剂，变色相当敏锐。

4.4.2 示例

1. 直接滴定法

凡能溶于水，或其中的酸或碱的组分可用水溶解，且它们的 $C_aK_a\geqslant 10^{-8}$ 的酸性物质和 $C_bK_b\geqslant 10^{-8}$ 的碱性物质均可用酸、碱标准溶液直接滴定。

（1）乙酰水杨酸的测定：乙酰水杨酸（阿司匹林）是常用的解热镇痛药，属芳酸酯类结构，在水溶液中可离解出 H^+（$pK_a=2.97$），故可用标准碱溶液直接滴定，以酚酞为指示剂，其滴定反应为

$$\text{C}_6\text{H}_4(\text{COOH})(\text{OCOCH}_3) + \text{NaOH} \rightleftharpoons \text{C}_6\text{H}_4(\text{COONa})(\text{OCOCH}_3) + \text{H}_2\text{O}$$

为了防止分子中的酯水解，而使结果偏高，滴定应在中性乙醇溶液中进行。

（2）药用 NaOH 的测定：药用 NaOH 在生产和贮存中因吸收空气中的 CO_2 而成为 NaOH 和 Na_2CO_3 的混合碱。分别测定 NaOH 和 Na_2CO_3 的含量有下述两种方法。

① 氯化钡法。准确称取一定量样品，溶解定容后，精密吸取两份。一份以甲基橙作指示剂，用 HCl 标准溶液滴定至橙色，消耗 HCl 溶液的体积为 V_1 ml，此时测得的是总碱。另一份加入过量的 $BaCl_2$ 溶液，使全部碳酸盐转换为 $BaCO_3$ 沉淀，以酚酞作指示剂，用 HCl 标准溶液滴定至红色消失，消耗 HCl 溶液的体积为 V_2 ml，此时测得的是试样中的 NaOH，且 $V_1 > V_2$。滴定 NaOH 消耗的体积为 V_2，滴定 Na_2CO_3 用去体积为 V_1-V_2。

$$Na_2CO_3\% = \frac{C_{HCl}(V_1-V_2)M_{Na_2CO_3}}{m_S \times 2000} \times 100\%$$

$$NaOH\% = \frac{C_{HCl}V_2M_{NaOH}}{m_S \times 1000} \times 100\%$$

② 双指示剂滴定法。准确称取一定量样品，溶解后，加入酚酞作指示剂，用浓度为 C 的 HCl 标准溶液滴定至终点；再加入甲基橙并继续滴定至第二终点，前后消耗 HCl 溶液的体积分别为 V_1 和 V_2。滴定过程图解如图 4-9 所示。

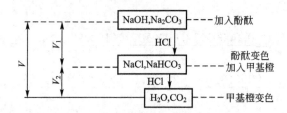

图 4-9　混合碱双指示剂滴定法示意图

由图 4-9 可知，滴定 NaOH 用去 HCl 溶液的体积为 V_1-V_2，滴定 Na_2CO_3 用去的 HCl 体积为 $2V_2$。若混合碱试样重量为 m_S，则 NaOH 和 Na_2CO_3 的百分含量为

$$NaOH\% = \frac{C_{HCl}(V_1-V_2)M_{NaOH}}{m_S \times 1000} \times 100\%$$

$$Na_2CO_3\% = \frac{C_{HCl}2V_2M_{Na_2CO_3}}{m_S \times 2000} \times 100\%$$

双指示剂法操作简便，但在第一计量点时酚酞变色不易准确把握（微红→无色）。

双指示剂法不仅用于混合碱的定量分析，还用于未知碱样的定性分析，见表 4-6。若 V_1 为滴定至酚酞变色时消耗标准酸的体积，V_2 为继续滴定至甲基橙变色时消耗标准酸的体积。根据 V_1、V_2 大小可判断样品的组成。

表 4-6　双指示剂法用于未知碱样的定性分析表

V_1 和 V_2 的变化	试样的组成（以活性离子表示）	V_1 和 V_2 的变化	试样的组成（以活性离子表示）
$V_1 \neq 0$，$V_2 = 0$ $V_1 = 0$，$V_2 \neq 0$ $V_1 = V_2 \neq 0$	OH^- HCO_3^-	$V_1 > V_2 > 0$ $V_2 > V_1 > 0$	$OH^- + CO_3^{2-}$ $HCO_3^- + CO_3^{2-}$

例 12　已知某试样中可能含有 Na_3PO_4 或 Na_2HPO_4、NaH_2PO_4，或这些物质的混合物，同时还有惰性杂质。称取该试样 2.000g，用水溶解，采用甲基橙为指示剂，以 0.5000mol·L^{-1} HCl 标准溶液滴定，用去 32.00ml；而用酚酞作指示剂时，同样质量试样

的溶液,只需上述 HCl 溶液 12.00ml 滴定至终点。问试样由何种成分组成?各成分的含量又是多少?

解:滴定过程可图解如图 4-10 所示。

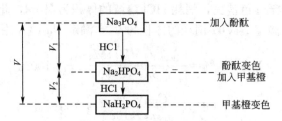

图 4-10 混合碱双指示剂滴定法示意图

如图 4-10 所示,只有图解上相邻的两种组分才可能同时存在于溶液中。

本题中 $V_1=12.00\text{ml}$,$V_2=32.00\text{ml}-12.00\text{ml}=20.00\text{ml}$,$V_2>V_1$,故试样中含有 Na_3PO_4 和 Na_2HPO_4。

$$Na_3PO_4\% = \frac{0.5000 \times 12.00 \times 10^{-3} \times 163.94}{2.000} \times 100\% = 49.18\%$$

$$Na_2HPO_4\% = \frac{0.5000 \times (32.00 - 2 \times 12.00) \times 10^{-3} \times 141.96}{2.000} \times 100\% = 28.39\%$$

2. 间接滴定法

有些物质虽具有酸碱性,但难溶于水,有些物质酸碱性很弱,不能用强酸、强碱直接滴定,而需用间接法测定。

(1) 氮的测定:NH_4^+ 是弱酸($K_a=5.5\times10^{-10}$),如 $(NH_4)_2SO_4$、NH_4Cl 等,不能直接用碱滴定。通常采用的方法有以下几种。

① 蒸馏法。在铵盐溶液中加入过量 NaOH,加热煮沸将 NH_3 蒸出后,用过量的 H_2SO_4 或 HCl 标准溶液吸收,过量的酸用 NaOH 标准溶液回滴定;也可用 H_3BO_3 溶液吸收,生成的 $H_2BO_3^-$ 是较强碱,可用酸标准溶液滴定。

$$NH_4^+ + OH^- = NH_3\uparrow + H_2O$$

$$NH_3 + H_3BO_3 \rightleftharpoons NH_4^+ + H_2BO_3^-$$

$$H^+ + H_2BO_3^- \rightleftharpoons H_3BO_3$$

终点产物是 H_3BO_3 和 NH_4^+(混合弱酸),pH≈5,可用甲基红作指示剂。

此法的优点是只需一种酸标准溶液。吸收剂 H_3BO_3 的浓度和体积无需准确。但要确保过量。蒸馏法准确,但比较繁琐费时。

$$N\% = \frac{C_{HCl}V_{HCl}M_N}{W_s \times 1000} \times 100\%$$

② 甲醛法。甲醛与铵盐生成六亚甲基四胺离子($K_a=7.1\times10^{-6}$),同时放出定量的酸,其反应如下:

$$4NH_4^+ + 6HCHO \rightleftharpoons (CH_2)_6N_4H^+ + 3H^+ + 6H_2O$$

选酚酞为指示剂,用 NaOH 标准溶液滴定。若甲醛中含有游离酸,使用前应以甲基红作指示剂，用碱预先中和除去。甲醛法也可用于氨基酸的测定。将甲醛加入氨基酸溶液中时，氨基与甲醛结合失去碱性，然后用标准碱溶液来滴定它的羧基。

③ 凯氏（Kjeldahl）定氮法。对于有机含氮化合物，通常加入 K_2SO_4、$CuSO_4$ 作催化剂，用浓硫酸煮沸分解以破坏有机物（称为消化），试样消化分解完全后，有机物中的氮转化为 NH_4^+，按上述蒸馏法，用过量的 H_2SO_4 或 HCl 标准溶液吸收蒸出 NH_3，过量的酸用 NaOH 标准溶液回滴。这种方法称为凯氏定氮法，它适用于蛋白质、胺类、酰胺类及尿素等有机化合物中氮含量的测定。

$$含 N 有机物 C，H，N \xrightarrow{H_2SO_4, K_2SO_4} NH_4^+ + CO_2 + H_2O$$

例13 用 Kjeldahl 法测定药品中的含氮量。已知样品 $m_S = 0.05325$g，$C_{HCl} = 0.02140$mol·L^{-1}，$V_{HCl} = 10.00$ml，$C_{NaOH} = 0.01980$mol·L^{-1}，$V_{NaOH} = 3.26$ml，计算药品中氮的百分含量。

解：已知：药品含 N 量＝蒸出 NH_3 的量，该量等于其与酸反应的量，即

$$n(N) = n(NH_3) = n(HCl) - n(NaOH)$$

$$n_N = 0.02140 \times 10.00 - 0.01980 \times 3.26 = 0.1495 (mmol)$$

$$N\% = \frac{0.1495 \times 14.01}{0.05325 \times 1000} \times 100\% = 3.93\%$$

（2）硼酸的测定：H_3BO_3 为极弱酸（$K_{a_1} = 5.8 \times 10^{-10}$），不能用 NaOH 滴定。但 H_3BO_3 与甘露醇或甘油等多元醇生成配合物后能增加酸的强度，与甘油反应生成的配合物甘油硼酸的 $pK_a = 4.26$，可用 NaOH 标准溶液直接滴定。

4.5 非水溶液中的酸碱滴定

水是最常用的溶剂，酸碱滴定一般都是在水溶液中进行。但许多有机试样难溶于水；许多弱酸、弱碱，当它们的离解常数小于 10^{-8} 时，不能满足直接滴定的要求，在水溶液中不能直接滴定；另外，当弱酸和弱碱并不很弱时，其共轭酸或共轭碱在水溶液中也不能直接滴定。为了解决这些问题，可采用非水滴定。非水滴定法（nonaqueous titration）是指在非水溶剂中进行的滴定分析方法。非水溶剂是指有机溶剂和不含水的无机溶剂。以非水溶剂为介质，不仅能增大有机化合物的溶解度，而且能使在水中进行不完全的反应能够进行完全，从而扩大了滴定分析的应用范围。也为各国药典和其他常规分析所采用。

4.5.1 非水滴定中的溶剂

1. 非水溶剂的分类

根据酸碱质子理论，可将非水滴定中常用溶剂分为质子溶剂和无质子溶剂两大类。

（1）质子溶剂：质子溶剂是能给出质子或接受质子的溶剂。其特点是在溶剂分子间有质子转移。根据其给出或接受质子的能力大小，可分为3类。

① 酸性溶剂：给出质子能力较强的溶剂，冰醋酸、丙酸等是常用的酸性溶剂。酸性

溶剂适于作为滴定弱碱性物质的介质。

② 碱性溶剂：接受质子能力较强的溶剂，乙二胺、液氨、乙醇胺等是常用的碱性溶剂。滴定弱酸性物质时常用这类溶剂作介质。

③ 两性溶剂：既易接受质子又易给出质子的溶剂，又称为中性溶剂。当溶质是较强的酸时，这种溶剂显碱性；当溶质是较强的碱时，则溶剂显酸性。其酸碱性与水相似。醇类一般属于两性溶剂，如甲醇、乙醇、异丙醇、乙二醇等。两性溶剂适于作为滴定不太弱的酸、碱的介质。

(2) 无质子溶剂：无质子溶剂是分子中无转移性质子的溶剂。这类溶剂可分为两类。

① 偶极亲质子溶剂：分子中无转移性质子，与水比较几乎无酸性，亦无两性特征，但却有较弱的接受质子倾向和程度不同的形成氢键能力，如酰胺类、酮类、腈类、二甲亚砜、吡啶等。其中二甲基甲酰胺、吡啶等碱性较明显，形成氢键的能力亦较丙酮、乙腈等更强。

② 惰性溶剂：溶剂分子不参与酸碱反应，也无形成氢键的能力，如苯、三氯甲烷等。惰性溶剂常与质子溶剂混合使用，以改善试样的溶解性能，增大滴定突跃。

2. 非水溶剂的性质

(1) 溶剂的离解性。常用的非水溶剂，有的能够离解，有的不能离解，能离解的溶剂称为离解性溶剂，不能离解的称非离解性溶剂。对于离解性溶剂 SH，有下列平衡存在：

$$SH \rightleftharpoons H^+ + S^- \quad K_a^{SH} = \frac{[H^+][S^-]}{[SH]} \tag{4-49}$$

$$SH + H^+ \rightleftharpoons SH_2^+ \quad K_b^{SH} = \frac{[SH_2^+]}{[H^+][SH]} \tag{4-50}$$

式中：K_a^{SH} 为溶剂的固有酸度常数，用它衡量溶剂给出质子能力的大小；K_b^{SH} 为溶剂的固有碱度常数，用它来衡量溶剂接受质子的能力大小。

在离解性溶剂中，实际上同时存在两个平衡，其中一分子溶剂起酸的作用，另一分子溶剂起碱的作用，由于自身质子转移的结果，形成了溶剂合质子，合并式(4-49)与式(4-50)，即得溶剂自身质子转移反应。

$$2SH \rightleftharpoons SH_2^+ + S^-$$

质子自递反应平衡常数为：

$$K = \frac{[SH_2^+][S^-]}{[SH]^2} = K_a^{SH} \cdot K_b^{SH}$$

由于溶剂自身离解甚微，[SH] 可视为定值，故定义：

$$K_s = [SH_2^+][S^-] = K_a^{SH} \cdot K_b^{SH} [SH]^2 \tag{4-51}$$

式中 K_s 称为溶剂的自身离解常数或称质子自递常数，如乙醇的自身质子转移反应为：

$$2C_2H_5OH \rightleftharpoons C_2H_5OH_2^+ + C_2H_5O^-$$

自身离解常数 $K_s = [C_2H_5OH_2^+][C_2H_5O^-] = 7.9 \times 10^{-20}$

水的自身离解常数 $K_s = [H_3O^+][OH^-]$，即为水的离子积常数 $K_w = K_s = 1 \times 10^{-14}$。几种常见溶剂的 K_s 值见表 4-7。

表 4-7　常用溶剂的自身离解常数及介电常数(25℃)

溶剂	pK_s	ε	溶剂	pK_s	ε
水	14.00	78.5	乙腈	28.5	36.6
甲醇	16.7	31.5	甲基异丁酮	>30	13.1
乙醇	19.1	24.0	二甲基甲酰胺	—	36.7
甲酸	6.22	58.5(16℃)	吡啶	—	12.3
冰醋酸	14.45	6.13	二氧六环	—	2.21
醋酐	14.5	20.5	苯	—	2.3
乙二胺	15.3	14.2	三氯甲烷	—	4.81

溶剂自身离解常数 K_s 值的大小对滴定突跃的范围具有一定的影响,以水和乙醇两种溶剂进行比较。

在水溶液中,若以 $0.1\text{mol}\cdot\text{L}^{-1}$ NaOH 滴定同浓度的一元强酸,滴定突跃的 pH 变化范围为 4.3~9.7,即有 5.4 个 pH 单位的变化。

在乙醇中,乙醇合质子 $C_2H_5OH_2^+$ 相当于水中的水合质子 H_3O^+,而乙醇阴离子 $C_2H_5O^-$ 则相当于 OH^-,若同样以 $0.1\text{moL}\cdot\text{L}^{-1}$ C_2H_5ONa 标准溶液滴定酸,当滴定到化学计量点前 0.1% 时,即 pH * =4.3(这里 pH * 代表 pC_2H_5OH),与水溶液的 pH 意义相当;而滴定到化学计量点后 0.1% 时,即 pOH * =4.3(pOH * 代表 p$C_2H_5O^-$)。已知乙醇的 pK_s =19.1,即 pH * +pOH * =19.1,则 pH * =19.1-4.3=14.8。故在乙醇介质中 pH * 变化范围为 4.3~14.8,有 10.5 个 pH * 单位的变化,比水溶液中突跃范围大 5.1 个 pH * 单位。可得出溶剂的自身离解常数越小,滴定突跃范围越大。因此,原来在水中不能滴定的酸碱,在乙醇中就有可能被滴定。

醋酐虽然能够离解,但并不产生溶剂合质子。离解生成的醋酐合乙酰阳离子具有比醋酸合质子还强的酸性,因此在冰醋酸中显极弱碱性的化合物在醋酐中仍可能被滴定。

(2) 溶剂的酸碱性。根据酸碱质子理论,一种物质在某种溶剂中的离解是通过溶剂接受质子或给予质子得以实现的。显然,物质表现出来的酸(碱)的强度,不仅与该物质的本质有关,也与溶剂的酸碱性有关。

① 表观离解常数。以 HA 代表酸,B 代表碱,根据质子理论有下列平衡存在:

$$HA \rightleftharpoons H^+ + A^- \qquad K_a^{HA} = \frac{[H^+][A^-]}{[HA]}$$

$$B + H^+ \rightleftharpoons BH^+ \qquad K_b^B = \frac{[BH]}{[H^+][B]}$$

若将酸 HA 溶于质子溶剂 SH 中,则发生下列质子转移反应:

$$HA \rightleftharpoons H^+ + A^-$$

$$SH + H^+ \rightleftharpoons SH_2^+$$

总反应式 $HA + SH \rightleftharpoons SH_2^+ + A^-$

反应的平衡常数,即溶质 HA 在溶剂 SH 中的表观离解常数为:

$$K_{HA} = \frac{[A^-][SH_2^+]}{[HA][SH]} = K_a^{HA} \cdot K_b^{SH} \tag{4-52}$$

式(4-52)表明,酸 HA 在溶剂 SH 的表观酸强度取决于 HA 的酸度和溶剂 SH 的碱度，即取决于酸给出质子的能力和溶剂接受质子的能力。

同理，碱 B 溶于溶剂 SH 中，质子转移反应式为：

$$B + SH \rightleftharpoons BH^+ + S^-$$

反应的平衡常数 K_B 为

$$K_B = \frac{[BH^+][S^-]}{[B][SH]} = K_b^B \cdot K_a^{SH}$$

因此，碱 B 在溶剂 SH 中的表观碱强度取决于 B 的碱度和溶剂 SH 的酸度，即取决于碱接受质子的能力和溶剂给出质子的能力。

② 溶剂的酸碱性对酸碱滴定的影响。如某弱碱 B 在水溶液中 $cK_b < 10^{-8}$，则在水中不能被 $HClO_4$ 滴定，这是由于其质子转移反应进行得很不完全：

$$B + H_2O \rightleftharpoons BH^+ + OH^-$$

若更换溶剂为冰醋酸，由于冰醋酸的碱性比水弱，则其质子转移反应向右进行得很完全：

$$B + HAc \longrightarrow BH^+ + Ac^-$$

$HClO_4$ 溶于 HAc 时，发生了下列反应：

$$HClO_4 + HAc \longrightarrow H_2Ac^+ + ClO_4^-$$

滴定时，醋酸合质子和醋酸阴离子发生以下反应：

$$H_2Ac^+ + Ac^- \longrightarrow 2HAc$$

反应进行很完全，因此可以进行滴定。这里，溶剂 HAc 起到传递质子的作用，其本身未起化学变化。整个滴定反应为

$$B + HClO_4 \longrightarrow BH^+ + ClO_4^-$$

可见，溶剂的酸、碱性对滴定反应能否进行完全，终点是否明显有重要的作用。酸、碱的强度不仅与酸碱自身给出、接受质子的能力大小有关，而且还与溶剂接受、给出质子的能力大小有关。弱酸溶于碱性溶剂，可以使酸的强度提高；弱碱溶于酸性溶剂，可以使碱的强度提高。

(3) 溶剂的拉平效应和区分效应。常见矿酸在水中的稀溶液都是强酸，它们几乎全部离解，存在下列平衡反应：

$$HClO_4 + H_2O \rightleftharpoons H_3O^+ + ClO_4^-$$

$$HCl + H_2O \rightleftharpoons H_3O^+ + Cl^-$$

$$H_2SO_4 + H_2O \rightleftharpoons H_3O^+ + HSO_4^-$$

以上反应中水均代表碱，水分子接受了矿酸的质子形成其共轭酸（水合质子 H_3O^+），而矿酸分子给出质子成为其共轭碱（ClO_4^-、Cl^-、HSO_4^- 等）。这一酸碱反应向右进行得十分完全。即不论上述矿酸的酸度多强，溶于水后，其固有的酸强度已不能完全表现出来，而统统被均化到 H_3O^+ 的强度水平，结果使它们的酸强度都相等。这种能将各种不同强度的酸（或碱）均化到溶剂化质子（或溶剂阴离子）水平的效应称为均化效应（leveling effect）。具有均化效应的溶剂称为均化性溶剂。水是上述矿酸的均化溶剂。

但是在冰醋酸的溶液中，酸碱平衡反应为

$$HClO_4 + HAc \rightleftharpoons H_2Ac^+ + ClO_4^- \quad pK_a = 5.8$$

$$HCl + HAc \rightleftharpoons H_2Ac^+ + Cl^- \quad pK_a = 8.8$$

在碱性比 H_2O 弱的冰醋酸中，$HClO_4$ 和 HCl 的离解有差别。K 值显示在冰醋酸中

$HClO_4$ 是比 HCl 更强的酸。这种区分酸、碱强弱的效应称为区分效应(differentiating effect),具有区分效应的溶剂称为区分性溶剂(differentiating solvent)。冰醋酸是 $HClO_4$ 和 HCl 的区分性溶剂。

同样,水是盐酸和醋酸的区分性溶剂;若改用比水的碱性更强的液氨作为溶剂,则盐酸和醋酸也可均化到 NH_4^+ 的强度水平,所以液氨是盐酸和醋酸的均化性溶剂。

在均化性溶剂中,溶剂合质子 SH_2^+(如 H_3O^+、H_2Ac^+、NH_4^+ 等)是溶液中能够存在的唯一的最强酸,所以说共存酸都被均化到溶剂合质子的强度水平。同理,共存碱在强酸性溶剂中,都能均化到溶剂阴离子的强度水平,溶剂阴离子 S^-(如 OH^-、NH_2^-、Ac^- 等)是溶液中的最强碱。

酸性溶剂是溶质酸的区分溶剂,是溶质碱的拉平溶剂;碱性溶剂是溶质碱的区分溶剂,是溶质酸的拉平溶剂。非质子性溶剂无质子接受现象,是良好的区分溶剂。利用溶剂的拉平效应可以测定混合酸(碱)的总量,利用溶剂的区分效应,可以测定混合酸(碱)中各组分的含量。

3. 非水溶剂的选择

在非水滴定中,溶剂的选择非常重要。在溶剂的选择中,首先要考虑的是溶剂的酸碱性,因为它直接影响滴定反应进行的完全程度。

例如,滴定一种弱酸 HA,通常用溶剂阴离子 S^- 进行滴定,其反应如下:
$$HA + S^- \rightleftharpoons SH + A^-$$
滴定反应的完全程度,可由滴定反应的平衡常数(K_t)得出

$$K_t = \frac{[SH][A^-]}{[HA][S^-]} = \frac{[H^+][A^-]}{[HA]} \times \frac{[SH]}{[H^+][S^-]} = \frac{K_a^{HA}}{K_a^{SH}} \tag{4-53}$$

可见,HA 的固有酸度(K_a^{HA})愈大,溶剂的固有酸度(K_a^{SH})愈小,K_t 愈大,即滴定反应愈完全。因此对于弱酸的滴定,溶剂的酸性越弱越好,通常用碱性溶剂或非质子性溶剂。

同理,对于弱碱 B 的滴定,通常用溶剂合质子 SH_2^+ 进行滴定,其反应如下:
$$B + SH_2^+ \rightleftharpoons HB^+ + SH$$
滴定反应的平衡常数为

$$K_t = \frac{[SH][HB^+]}{[B][SH_2^+]} = \frac{[HB^+]}{[H^+][B]} \times \frac{[SH][H^+]}{[SH_2^+]} = \frac{K_b^B}{K_b^{SH}} \tag{4-54}$$

故所选用的溶剂碱性越弱,滴定反应完全的程度越高,通常选用的都是酸性溶剂或惰性溶剂。

另外,选择溶剂时,一般要求溶剂对试样及滴定产物有良好的溶解能力,同时,溶剂的纯度要高、黏度要小、挥发性低、价格便宜且容易回收等。

4.5.2 非水溶液中碱的滴定

1. 溶剂

滴定弱碱,应选择酸性溶剂,使弱碱的强度调平到溶剂阴离子水平,即增强弱碱的强

度，使滴定突跃明显。

冰醋酸是最常用的酸性试剂。市售冰醋酸含有少量水分，而水的存在常影响滴定突跃，使指示剂变色不敏锐。除去水的方法是加入计算量的醋酐，使其与水反应转变成醋酸：

$$(CH_3CO)_2O + H_2O \rightarrow 2CH_3COOH$$

从上述反应式可知，除去1mol水需1mol醋酐，若一级冰醋酸含水为0.2%，相对密度为1.05，除去1000ml冰醋酸中的水应加相对密度1.08，含量为97.8%的醋酐的体积按下式计算：

$$V = \frac{0.20\% \times 1.05 \times 1000 \times 102.1}{97.8\% \times 1.08 \times 18.02} = 11 \text{(ml)}$$

2. 标准溶液

冰醋酸的介电常数和自身离解常数都较小，是矿酸（高氯酸、盐酸、硫酸、硝酸等）很好的区分性溶剂。在冰醋酸中，高氯酸的酸性最强，且有机碱的高氯酸盐也易溶于有机溶剂中。因而滴定碱的标准溶液常采用高氯酸的冰醋酸溶液。市售高氯酸为含70.0%~72.0% $HClO_4$ 的水溶液，故需加入酸酐除去水分。如果配制高氯酸(0.1 mol·L^{-1})溶液1000ml，需要相对密度为1.75、含量70.0%的 $HClO_4$ 8.5ml，则为除去高氯酸中的水分应加入相对密度1.08，含量97.8%的醋酐的体积为

$$V = \frac{30\% \times 1.75 \times 8.5 \times 102.1}{97.8\% \times 1.08 \times 18.02} = 24 \text{(ml)}$$

高氯酸与有机物接触、遇热极易引起爆炸，和醋酐混合时易发生剧烈反应而放出大量热。因此在配制时应先用冰醋酸将高氯酸稀释后再在不断搅拌下缓缓滴加适量醋酐。测定一般样品时醋酐的量可多于计算量，不影响测定结果。但是在测定易酰化的样品如芳香伯胺或仲胺时，所加醋酐不宜过量，否则过量的醋酐将与胺发生酰化反应，使测定结果偏低。

由于冰醋酸在低于16℃时会结冰而影响使用，可采用冰醋酸-酸酐(9:1)的混合试剂配制高氯酸标准溶液，不仅能防止结冰，且吸湿性小。有时还可在冰醋酸中加10%~15%丙酸防冻。

标定高氯酸标准溶液的浓度常用邻苯二甲酸氢钾为基准物质，结晶紫为指示剂，其滴定反应如下：

$$\text{C}_6\text{H}_4(\text{COOH})(\text{COOK}) + HClO_4 \rightleftharpoons \text{C}_6\text{H}_4(\text{COOH})_2 + KCl$$

水的膨胀系数较小(0.21×10^{-3}/℃)，所以以水为溶剂的酸碱标准溶液的浓度受室温改变的影响不大。而多数有机溶剂体膨胀系数较大，例如冰醋酸的体膨胀系数为 1.1×10^{-3}/℃，其体积随温度改变较大。所以用高氯酸的冰醋酸标准溶液滴定样品时，若温度和标定时有显著差别，应重新标定或按下式将标准溶液的浓度加以校正：

$$C_1 = \frac{C_0}{1 + 0.0011(T_1 - T_0)}$$

式中，0.0011为冰醋酸的体膨胀系数；T_0 为标定时的温度；T_1 为测定时的温度；C_0 为标定时的浓度；C_1 为测定时的浓度。

3. 指示剂

(1) 结晶紫：以冰醋酸作溶剂，高氯酸作滴定剂滴定碱时最常用的指示剂是结晶紫。结晶紫分子中的氮原子能键合多个质子而表现为多元碱，在滴定中，随着溶液酸度的增加，结晶紫由紫色（碱式色）变至蓝紫、蓝、蓝绿、黄绿，最后转变为黄色（酸式色）。

在滴定不同强度的碱时，终点的颜色有所不同。滴定较强碱时应以蓝色或蓝绿色为终点，滴定极弱碱则应以蓝绿色或绿色为终点，最好以电位滴定法作对照，以确定终点颜色，并作空白试验以减小终点误差。

(2) α-萘酚苯甲醇与喹哪啶红：α-萘酚苯甲醇适用在冰醋酸-四氯化碳、酸酐等溶剂中，常用 0.5% 冰醋酸溶液，其酸式色为绿色，碱式色为黄色。喹哪啶红适用于在冰醋酸中滴定大多数胺类化合物，常用 0.1% 甲醇溶液，其酸式色为无色，碱式色为红色。

4. 应用与实例

具有碱性基团的化合物，如胺类、氨基酸类、含氮杂环化合物、某些有机碱的盐及弱酸盐等，大都可用高氯酸标准溶液进行滴定。

(1) 有机弱碱。有机弱碱如胺类、生物碱类等，只要它们在水溶液中的 $K_b > 10^{-10}$，都能在冰醋酸介质中用高氯酸标准溶液进行定量测定。对于 $K_b < 10^{-12}$ 的极弱碱，需用冰醋酸-醋酐的混合溶液为介质，且随着醋酐用量的增加，滴定突跃范围显著增大。

(2) 有机酸的碱金属盐。由于有机酸的酸性较弱，其共轭碱-有机酸根在冰醋酸中显较强的碱性。故可用高氯酸的冰醋酸溶液滴定。如萘普生钠的含量测定，《中国药典》（2005年版）的测定方法：精密称定样品，加冰醋酸 30ml 溶解后，加结晶紫指示液 1 滴，用高氯酸液（0.1mol·L^{-1}）滴定至溶液显蓝绿色，并将滴定结果用空白试验校正。

(3) 有机碱的氢卤盐。大多数有机碱均难溶于水，且不太稳定，所以常用有机碱与酸成盐后作为药用，其中多数为氢卤酸盐，如盐酸麻黄碱等，其通式为 B·HX。由于氢卤酸的酸性较强，当用高氯酸滴定时多采用加入过量醋酸汞冰醋酸溶液，使其形成难电离的卤化汞，将氢卤酸盐转化成可测定的醋酸盐，然后用高氯酸滴定，用结晶紫指示终点，反应式如下：

$$2B·HX + Hg(Ac)_2 \rightleftharpoons 2B·HAc + HgX_2$$

$$B·HAc + HClO_4 \rightleftharpoons B·HClO_4 + HAc$$

(4) 有机碱的有机酸盐。氯苯那敏，重酒石酸，去甲肾上腺素，枸橼酸喷托维林等都属于有机碱的有机酸盐，其通式为 B·HA。冰醋酸或冰醋酸-醋酐的混合溶剂能增强有机碱的有机酸盐的碱性，因此以结晶紫为指示剂，用高氯酸冰醋酸溶液滴定反应如下：

$$B·HA + HClO_4 \rightleftharpoons B·HClO_4 + HA$$

4.5.3 非水溶液中酸的滴定

1. 溶剂

酸性物质 $pK_a>8$ 时不能用氢氧化钠标准溶液进行直接滴定。若选用比水的碱性更强的溶剂，能增强弱酸的酸性，便可获得明显的滴定突跃和准确的测定结果。测定不太弱的羧酸类时，常以醇类作溶剂；对弱酸和极弱酸的滴定则以乙二胺、二甲基甲酰胺等碱性溶剂为宜；混合酸的区分滴定以甲基异丁酮为区分性溶剂。

2. 标准溶液

常用的碱滴定剂为甲醇钠的苯-甲醇溶液。

$0.1 mol \cdot L^{-1}$ 甲醇钠溶液的配制：取无水甲醇(含水量少于 0.2％)150ml，置于冷水冷却的容器中，分次少量加入新切的金属钠 2.5g，完全溶解后加适量的无水苯(含水量少于 0.2％)，使成 1000ml 即得。标定碱标准溶液常用的基准物质为苯甲酸。以标定甲醇钠溶液为例，其反应式为：

$$C_6H_5COOH + CH_3OH \rightleftharpoons C_6H_5COO^- + CH_3OH_2^+$$
$$CH_3ONa \rightleftharpoons CH_3O^- + Na^+$$
$$CH_3O^- + CH_3OH_2^+ \rightleftharpoons 2CH_3OH$$

$$C_6H_5COOH + CH_3ONa \rightleftharpoons C_6H_5COONa + CH_3OH$$

4. 指示剂

在非水介质中用标准碱滴定酸时常用的指示剂有以下几种。

(1) 百里酚蓝：适用于在苯、丁胺、二甲基甲酰胺、吡啶、叔丁醇溶剂中滴定羧酸和中等强度酸时作指示剂，变色灵敏，终点明显，其碱式色为蓝色，酸式色为黄色。

(2) 偶氮紫：适用于在碱性溶剂中滴定较弱的酸，其碱式色为蓝色，酸式色为红色。

(3) 溴酚蓝：适用于在甲醇、苯、氯仿等溶剂中滴定羧酸、磺胺类、巴比妥类等，其碱式色为蓝色，酸式色为黄色。

5. 应用与实例

酚类、磺酰胺类、巴比妥酸、氨基酸、某些铵盐及烯醇类化合物等也可在碱性溶剂中用标准酸溶液滴定。

(1) 羧酸类。不太弱的羧酸可在醇中以酚酞作指示剂，用氢氧化钾滴定，一些高级羧酸在水中 pK_a 约为 5~6，但由于滴定时产生泡沫，使终点模糊，在水中无法滴定，可在苯-甲醇混合溶剂中用甲醇钠滴定。更弱的羧酸可以二甲基甲酰胺为溶剂，以百里酚蓝为指示剂，用甲醇钠标准溶液滴定。

(2) 酚类。酚类的酸性比羧酸弱。如苯酚的 pK_a 为 9.95。若以水为溶剂，酚无明显的滴定突跃。若以乙二胺为溶剂，酚可强烈地进行质子转移，形成能被强碱滴定的离子对。

用氨基乙醇钠作滴定剂，可获得明显的滴定突跃。当酚的邻位或对位有—NO_2、—CHO、—Cl、—Br等取代基时，酸的强度有所增大，可在二甲基甲酰胺中以偶氮紫作指示剂，用甲醇钠滴定。

本 章 小 结

(1) 酸碱滴定法是以质子转移反应为基础的滴定分析方法。凡是能给出质子的物质是酸，凡是能接受质子的物质是碱。

(2) 酸度指溶液中的 [H^+] 的浓度，常用 pH 表示：pH＝－lg [H^+]

(3) 酸碱型体平衡浓度([i])与分析浓度(C)、分布系数(δi)三者的关系：

$$\delta_i = \frac{[i]}{C}$$

(4) 酸碱解离常数：$K_a = \frac{[H^+][Ac^-]}{[HAc]}$；$K_b = \frac{[HA][OH^-]}{[A^-]}$

(5) 质子条件式：在酸碱溶液中，当各组分达到平衡状态时，酸失去的质子数应等于碱得到的质子数，这种关系式称为质子平衡，其数学表达式称为质子条件式。

(6) 酸碱溶液中 pH 的计算。

① 强酸强碱溶液：[H^+]＝C mol·L^{-1}，[OH^-]＝C mol·L^{-1}。

② 一元弱酸溶液 pH 的计算如下：

精确式　$[H^+]^3 + K_a[H^+]^2 - (C_aK_a+K_w)[H^+] - K_aK_w = 0$

近似式　$[H^+] = \dfrac{-K_a + \sqrt{K_a^2 + 4C_aK_a}}{2}$　（$C_aK_a \geq 10K_w$）

近似式　$[H^+] = \sqrt{C_aK_a + K_w}$　（当 $C_aK_a < 10K_w$，但 $C_a/K_a > 100$）

最简式　$[H^+] = \sqrt{C_aK_a}$　（当 $C_aK_a \geq 10K_w$，同时 $C_a/K_a \geq 100$）

③ 二元弱酸溶液 pH 的计算如下：

精确式　$[H^+] = \dfrac{C_aK_{a_1}[H^+]}{[H^+]^2 + K_{a_1}[H^+] + K_{a_1}K_{a_2}} + \dfrac{2C_aK_{a_1}K_{a_2}}{[H^+]^2 + K_{a_1}[H^+] + K_{a_1}K_{a_2}} + \dfrac{K_w}{[H^+]}$

近似式　$[H^+] = \sqrt{(C_a - [H^+])K_{a_1}}$　（当 $C_aK_a \geq 10K_w$，$K_{a_1} \gg K_{a_2}$）

$[H^+] = \dfrac{-K_{a_1} + \sqrt{K_{a_1}^2 + 4C_aK_{a_1}}}{2}$　（当 $C_aK_a \geq 10K_w$，$K_{a_1} \gg K_{a_2}$）

最简式　$[H^+] = \sqrt{C_aK_{a_1}}$　（$C_aK_a \geq 10K_w$，同时 $C_a/K_{a_1} \geq 100$）

④ 两性物质溶液 pH 的计算如下：

精确式　$[H^+] = \sqrt{\dfrac{K_{a_1}(K_{a_2}C_a + K_w)}{K_{a_1} + C_a}}$

近似式 $[H^+]=\sqrt{\dfrac{K_{a_2}C_a}{1+\dfrac{C_a}{K_{a_1}}}}$ ($CK_{a_2}\geqslant 10K_w$)

最简式 $[H^+]=\sqrt{K_{a_1}K_{a_2}}$ ($CK_{a_2}\geqslant 10K_w$,$C\geqslant 20K_{a_1}$)

⑤ 缓冲溶液 pH 的计算如下：

精确式 $[H^+]=K_a\dfrac{[HA]}{[A^-]}=K_a\dfrac{C_a-[H^+]+[OH^-]}{C_b+[H^+]-[OH^-]}$

近似式 $[H^+]=\dfrac{C_a-[H^+]}{C_b+[H^+]}K_a$ （当 pH<6 时）

最简式 $pH=pK_a+\lg\dfrac{C_b}{C_a}$ ($C_a\geqslant 20[H^+]$, $C_b\geqslant 20[H^+]$)

(7) 酸碱指示剂的变色原理是它们的共轭酸碱对具有不同结构，因而呈现不同颜色。酸碱指示剂的变色范围：$pH=pK_{HIn}\pm 1$；理论变色点：$pH=pK_{HIn}$。凡是变色范围全部或部分区域落在滴定突跃范围内的指示剂，均可用来指示滴定终点。对于强酸强碱的滴定，浓度越大，滴定突跃越大；对于弱酸(碱)的滴定，弱酸(碱)的强度、溶液的浓度，对滴定突跃均有影响。

强碱(酸)准确滴定一元弱酸(碱)的条件：$C_{a(b)}K_{a(b)}\geqslant 10^{-8}$。

多元酸(碱)：$C_{a_1(b_1)}K_{a_1(b_1)}\geqslant 10^{-8}$，$C_{a_2(b_2)}K_{a_2(b_2)}\geqslant 10^{-8}$，则两级离解的 H^+ 均可被滴定。若 $K_{a_1(b_1)}/K_{a_2(b_2)}>10^4$，则可分步滴定，形成二个突跃。若 $K_{a_1(b_1)}/K_{a_2(b_2)}<10^4$，则两级离解的 H^+(OH^-)被同时滴定，只出现一个滴定终点。若 $C_{a_1(b_1)}K_{a_1(b_1)}\geqslant 10^{-8}$，$C_{a_2(b_2)}K_{a_2(b_2)}<10^{-8}$，则只能滴定第一级离解的 H^+(OH^-)。

(8) 滴定终点误差是滴定终点与化学计量点不一致引起的，属于方法误差，与指示剂的选择有关。

① 强酸(碱)的滴定终点误差：

强碱滴定强酸 $TE\%=\dfrac{[OH^-]_{ep}-[H^+]_{ep}}{C_{sp}}\times 100\%$

强酸滴定强碱 $TE\%=\dfrac{[H^+]_{ep}-[OH^-]_{ep}}{C_{sp}}\times 100\%$

② 弱酸(碱)的滴定终点误差：

强碱滴定弱酸 $TE\%=\left(\dfrac{[OH^-]}{C_{sp}}-\delta_{HA}\right)\times 100\%$

强酸滴定弱碱 $TE\%=\left(\dfrac{[H^+]}{C_{sp}}-\delta_B\right)\times 100\%$

(9) 非水滴定法溶剂的选择及常见名词术语：质子溶剂、无质子溶剂、均化效应和均化性溶剂、区分效应和区分性溶剂。

(10) 冰醋酸为溶剂的标准溶液的浓度校正：$C_1=\dfrac{C_0}{1+0.0011(T_1-T_0)}$

习　题

一、简答题

1. 写出下列各酸的共轭碱：NH_4^+、C_2H_5OH、$H_2PO_4^-$、HPO_4^{2-}、C_6H_5OH、HCO_3^-、H_2O。

2. 写出下列物质在水溶液中的质子条件式。
   (1) Na_3PO_4　　(2) $(NH_4)_2CO_3$　　(3) Na_2S　　(4) $HA+HB$　　(5) H_3PO_4

3. 计算 pH 分别为 1.0、5.0、10.0、13.0 时，H_3PO_4 各种型体分布系数，假定 H_3PO_4 各种形式总浓度为 $0.05 mol \cdot L^{-1}$。问 pH 为 5.0 时，H_3PO_4、$H_2PO_4^-$、HPO_4^{2-}、PO_4^{3-} 的浓度各为多少？

   (pH=1.0 时，$\delta_0=0.000$、$\delta_1=0.000$、$\delta_2=0.992$、$\delta_3=0.930$)

   (pH=5.0 时，$\delta_0=1.36\times10^{-10}$、$\delta_1=0.006$、$\delta_2=0.992$、$\delta_3=0.002$)

   (pH=10.0 时，$\delta_0=0.004$、$\delta_1=0.994$、$\delta_2=0.002$、$\delta_3=0.000$)

   (pH=13.0 时，$\delta_0=0.814$、$\delta_1=0.186$、$\delta_2=0.000$、$\delta_3=0.000$)

   (pH=5.0 时，6.5×10^{-5}、4.96×10^{-5}、3.09×10^{-5}、6.8×10^{-12})

4. 下列各物质(浓度均为 $0.10 mol \cdot L^{-1}$)，哪些能用 NaOH 溶液直接滴定？哪些不能？如能直接滴定，应采用什么指示剂？
   (1) 蚁酸(HCOOH)　$K_a=1.77\times10^{-4}$
   (2) 硼酸(H_3BO_3)　$K_{a_1}=5.8\times10^{-10}$
   (3) 琥珀酸($H_2C_4H_4O_4$)　$K_{a_1}=6.2\times10^{-5}$，$K_{a_2}=2.3\times10^{-6}$
   (4) 邻苯二甲酸　$K_{a_1}=1.1\times10^{-3}$，$K_{a_2}=3.9\times10^{-6}$
   (5) 顺丁烯二酸　$K_{a_1}=1.2\times10^{-2}$，$K_{a_2}=4.7\times10^{-7}$

5. 酸碱指示剂的变色原理是什么？何谓变色范围？选择指示剂的原则是什么？

二、计算题

1. 计算下列溶液的 pH。
   (1) $0.20 mol \cdot L^{-1}$ HF　　(2) $0.25 mol \cdot L^{-1}$ NH_3 溶液　　　　　　(1.95，11.33)
   (3) $0.20 mol \cdot L^{-1}$ NaH_2PO_4　(4) $0.20 mol \cdot L^{-1}$ HF 和 $0.24 mol \cdot L^{-1}$ 缓冲液

   (2.80，3.26)

2. 某二元弱酸 H_2A 的 pK_{a_1} 和 pK_{a_2} 分别为 4.19 和 5.57，计算当溶液的 pH=5.0 时，H_2A、HA^- 和 A^{2-} 的分布系数。　　　　　　　　　　　　　(0.11，0.70，0.19)

3. 称取某一元弱酸 HA(纯物质)1.250g，用 50ml 水溶解后，可用 $0.0900 mol \cdot L^{-1}$ NaOH 溶液 41.20ml 滴定至计量点。当加入 8.24ml NaOH 时，溶液的 pH=4.30。求：①HA 的摩尔质量；②计算 HA 的 K_a 值；③计算计量点时溶液的 pH；④选择哪种指示剂？

(337.1，1.26×10^{-5}，8.76，酚酞)

4. 称取混合碱(Na_2CO_3 和 NaOH 或 Na_2CO_3 和 $NaHCO_3$ 的混合物试样 1.200g 溶于

水,用 0.5000mol·L^{-1} HCl 溶液滴定至酚酞褪色,用去 30.00ml。然后加入甲基橙,继续滴加 HCl 溶液至呈橙色,又用去 5.0ml。试样中有何种成分?其质量分数是多少?

(NaOH 41.68% Na$_2$CO$_3$ 22.08%)

5. 用 0.1000mol·L^{-1} HCl 溶液滴定 0.1000mol·L^{-1} NaOH 溶液 20.00ml,①甲基橙为指示剂,滴定至 pH 等于 4.0 为终点;②用酚酞为指示剂,滴定至 pH 等于 8.0 为终点,分别计算滴定终点误差,并指出哪种指示剂较为合适。 (0.2%;−0.002%;酚酞)

6. 用 0.1000mol·L^{-1} NaOH 溶液滴定 0.1000mol·L^{-1} HCl 溶液,计算用水为溶剂和用乙醇为溶剂时突跃范围的 pH 各是多少。(已知 $K_s^{H_2O}=1.0\times10^{-14}$,$K_s^{C_2H_5OH}=1.0\times10^{-19.1}$)

(4.3~9.7;4.3~14.8)

7. 硫酸阿托品的含量测定:精密称定硫酸阿托品 0.5438 克,冰醋酸与醋酐各 10ml,溶解后,加结晶紫指示剂 1 滴,用高氯酸(0.100mol·L^{-1})滴定至纯蓝色时消耗了 8.12ml,空白溶液消耗 0.02ml,已知 $T_{\text{高氯酸/硫酸阿托品}}=67.68$mg/ml。计算硫酸阿托品的百分含量。

(100.8%)

8. 为了测定某奶粉中蛋白质的含量,称取 0.5235g 样品,采用凯式定氮法进行样品的消解,加浓碱蒸馏出来的 NH$_3$ 用过量硼酸吸收,然后用 0.1025mol·L^{-1} HCl 标准溶液滴定消耗 11.25ml,计算该奶粉中蛋白含量。奶粉中蛋白质的平均含氮量按照 15.7% 来计算。

(19.6%)

第5章
配位滴定法

本章教学要求

● 掌握：EDTA 配位化合物的特点，副反应（酸效应、共存离子效应、配位效应）系数的意义及计算，稳定常数及条件稳定常数的概念及计算，配位滴定曲线，化学计量点 PM 的计算；金属指示剂的作用原理及使用条件，变色点 PM_t 的计算；终点误差的计算，准确滴定的判断式，控制滴定条件以提高配位滴定的选择性。

● 熟悉：影响滴定突跃范围的因素，配位滴定中常用的标准溶液及其标定，常用的金属指示剂。

● 了解：配位平衡反应的过程，配位滴定的滴定方式。

天然水中含有各种杂质，这些杂质溶解在水中，98%形成离子类物质，水中的离子类物质在加热或与其他溶质（如洗涤剂）接触的过程中会结合成不溶于水的物质。例如水中的钙、镁离子会形成水垢或皂垢，给生产及日常生活带来诸多不便和危害。

水的硬度高对生产和生活都有危害。洗涤用水如果硬度过高，不仅浪费肥皂，而且衣物也不易洗净。锅炉用水硬度太高，特别是暂时硬度太高，十分有害。因为经过长期烧煮后，水里的钙和镁会在锅炉内结成锅垢，使锅炉内的金属管道的导热能力大大降低，这不但浪费燃料，而且会使局部管道过热，当超过金属允许的温度时，锅炉管道将变形损毁，严重时会引起锅炉爆炸事故，如图 5-1 所示。水的硬度过高对人们的生活也会带来严重危害，长期饮用高硬度的水，会引起心血管、神经、泌尿造血等系统的病变。在我国北方大部分地区和南方石灰岩地区，饮用水硬度普遍超标，世界卫生组织推荐的生活饮用水硬度不超过 $100mg \cdot L^{-1}$，我国 1959 年生活饮用水硬度标准为 $250mg \cdot L^{-1}$，现行国家标准为 $450mg \cdot L^{-1}$，新国标总硬度提高了 80%。世界卫生组织调查指出人类 80%的疾病与水有关。所以控制水的硬度不论是从工业角度还是从生活角度都非常有必要的。

水硬度测试方法：在 pH=10.0 的氨性缓冲溶液中，用铬黑 T 为指示剂，用 EDTA 标准溶液直接滴定测定水中的钙、镁离子的含量。水的总硬度可由 EDTA 标准溶液的浓度 c_{EDTA} 和消耗体积 V(ml) 来计算。为了检测方便，已研发出水硬度测试盘，直接检测水的硬度的高低，如图 5-2 所示。

配位滴定法（complexometric titration）是以配位反应为基础的滴定分析法。又称为络合滴定法。

金属离子与配位剂反应生成配合物。在自然界中，大多数金属离子都以配位离子形式存在于溶液中，只要有适当的配位剂存在，都可进行配位反应。配位剂分为无机配位剂和

(a) 水管内水垢

(b) 热水器

(c) 水垢

图 5-1 水垢示意图

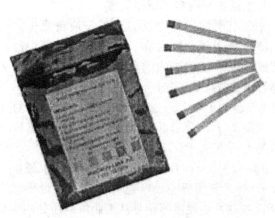

图 5-2 水硬度测试盘

有机配位剂。无机配位剂与金属离子形成的配合物，大多不稳定，不能进行滴定分析。到 20 世纪 40 年代，有机配位剂得到广泛应用，特别是氨羧配位剂的出现，生成的配位化合物具有足够的稳定性，并具有固定的组成，才能用于滴定分析。

大多数无机配位剂的分子或离子只含有一个配位原子（单齿配位体），它们与金属离子的配位反应是逐级进行的，结构都比较简单，且各级配位反应都进行得不够完全，所以生成的配位化合物稳定性多数不高。例如，NH_3 与 Cu^{2+} 的配位反应分以下 4 步进行：

$Cu^{2+} + NH_3 \rightleftharpoons [Cu(NH_3)]^{2+}$ $k_1 = 1.3 \times 10^4$

$[Cu(NH_3)]^{2+} + NH_3 \rightleftharpoons [Cu(NH_3)_2]^{2+}$ $k_2 = 3.2 \times 10^3$

$[Cu(NH_3)_2]^{2+} + NH_3 \rightleftharpoons [Cu(NH_3)_3]^{2+}$ $k_3 = 8.0 \times 10^2$

$[Cu(NH_3)_3]^{2+} + NH_3 \rightleftharpoons [Cu(NH_3)_4]^{2+}$ $k_4 = 1.3 \times 10^2$

在上述各级配位反应中，各级配位化合物的常数彼此相差不大，如果用 NH_3 液滴定 Cu^{2+}，容易得到配位比不同的一系列配位化合物，其产物没有固定的组成，难以确定反应的化学计量关系和滴定终点。因此，除了少数例外（如 Ag^+ 与 CN^-、Hg^{2+} 与 Cl^- 等配位反应)，大多数无机配位剂不能用于滴定分析。

随着有机配位剂的出现，使配位滴定成为应用最广泛的常规滴定分析方法之一。一般有机配位剂分子中常含有两个或两个以上的配位原子(多齿配位体)。目前最常用的是氨羧配位剂，氨羧配位剂分子中以 N、O 为键和原子，易与 Co、Ni、Zn、Cu、Hg 等金属离子配位形成环状结构的螯合物，以乙二胺四乙酸(Ethylene Diamine Tetraacetic Acid，EDTA)为代表：

$$HOOCH_2C\diagdown N-CH_2-CH_2-N\diagup CH_2COOH$$
$$HOOCH_2C\diagup \diagdown CH_2COOH$$

EDTA 是一类含有氨基二乙酸 $[-N(CH_2COOH)_2]$ 基团的有机化合物，常用 H_4Y 表示。EDTA 能与金属离子生成配合物的离子主要是 Y^{4-}，所含羧氧配位原子几乎能与所有高价金属离子配位，并且稳定。EDTA 作为常用的配位剂具有如下几个特点：①具有广泛的配位性能；②生成物为五元环状结构的高稳定性螯合物(EDTA 配合物的立体构型如图 5-3 所示)，且配位反应的完全程度高；③配位比简单，一般情况下均为 1∶1；④与金属离子形成的配合物大多带电荷，能够溶于水中，使滴定反应能在水溶液中进行；⑤一般配位反应迅速；⑥便于用指示剂确定终点。

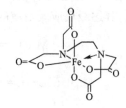

图 5-3 EDTA 与 Fe 配合物的立体结构

5.1 配位平衡

5.1.1 配合物的稳定常数和累积稳定常数

EDTA 与金属离子生成 1∶1 型配位化合物，其反应通式为：

$$M+Y \Longleftrightarrow MY(为简化省去电荷)$$

当反应达到平衡时，稳定常数 K_{MY} 可用下式表示：

$$K_{MY}=\frac{[MY]}{[M][Y]} \quad (5-1)$$

稳定常数为反应物与反应产物的活度之比。由于实际工作中，配位滴定剂的浓度较稀 ($0.01 mol \cdot L^{-1}$)，活度系数近似为 1，故通常采用浓度常数表示。

K_{MY} 为一定温度时金属-EDTA 配合物的稳定常数，此值越大，离解倾向就越小，配合物越稳定；[M] 是未参加配位反应的金属离子浓度；[MY] 是生成的配合物浓度；[Y] 是未参加配位反应的配位剂浓度。表 5-1 列出部分金属-EDTA 配合物稳定常数的对数值。

由表 5-1 可见，高价金属离子与 EDTA 配合物的稳定性一般高于低价金属离子与 EDTA 配合物的稳定性，碱金属的 $\lg K_{MY}<8$，碱土金属的 $\lg K_{MY}$ 为 8~11。

表 5-1　常见 EDTA 配合物的稳定常数的对数值 $\lg K_{MY}$ (18~25℃ $I=0.1$)

金属离子	$\lg K_{MY}$	金属离子	$\lg K_{MY}$	金属离子	$\lg K_{MY}$	金属离子	$\lg K_{MY}$
Na^+	1.66	Mn^{2+}	13.87	Zn^{2+}	16.50	Sn^{2+}	22.11
Ag^+	7.32	Fe^{2+}	14.32	Pb^{2+}	18.04	Bi^{3+}	27.94
Ba^{2+}	7.86	Al^{3+}	16.13	Ni^{2+}	18.62	Cr^{3+}	23.4
Mg^{2+}	8.7	Co^{2+}	16.31	Cu^{2+}	18.80	Fe^{3+}	25.10
Ca^{2+}	10.69	Cd^{2+}	16.46	Hg^{2+}	21.7	Co^{3+}	36.0

对于 ML_n 型配合物，在溶液中存在着一系列配位平衡，每个平衡都有其相应的稳定常数。其逐级反应及对应的逐级稳定常数表示如下：

$$M+L \rightleftharpoons ML \quad \text{第一级稳定常数为} \quad K_1=\frac{[ML]}{[M][L]}$$

$$ML+L \rightleftharpoons ML_2 \quad \text{第二级稳定常数为} \quad K_2=\frac{[ML_2]}{[ML][L]}$$

$$\vdots$$

$$ML_{n-1}+L \rightleftharpoons ML_n \quad \text{第 } n \text{ 级稳定常数为} \quad K_n=\frac{[ML_n]}{[ML_{n-1}][L]}$$

在实际工作中，许多配位平衡常用到累积稳定常数 β_n，用累积稳定常数表示反应平衡较分步稳定常数方便。累积稳定常数等于逐级稳定常数依次相乘：

$$\beta_1=K_1=\frac{[ML]}{[M][L]}$$

$$\beta_2=K_1K_2=\frac{[ML_2]}{[M][L]^2}$$

$$\vdots$$

$$\beta_n=K_1K_2\cdots K_n=\frac{[ML_n]}{[M][L]^n}$$

累积稳定常数将各级配合物的浓度 $[ML]$，$[ML_2]$，…，$[ML_n]$ 直接与游离金属离子浓度 $[M]$ 和游离配位剂浓度 $[L]$ 联系起来，可方便地计算出各级配合物的浓度：

$$[ML]=\beta_1[M][L]$$

$$[ML_2]=\beta_2[M][L]^2$$

$$\vdots$$

$$[ML_n]=\beta_n[M][L]^n$$

5.1.2　配位反应的副反应及副反应系数

在配位滴定体系 MY 中，若将金属离子 M 与配位体 Y 之间生成配合物 MY 的反应看作主反应，那么金属离子与溶液中其他共存的离子(其他金属离子、缓冲剂、掩蔽剂等)之间的反应就为副反应。总的平衡关系可用下式表示：

```
        M(OH)ₙ              H₆Y         M(OH)ₙY      MHₙY
          ⋮      羟基配       ⋮    酸效应     ⋮         ⋮      混合配
        M(OH)    位效应      HY    副反应  M(OH)Y     MHY     位效应
   pH影响 ⇅ OH⁻           ⇅ H⁺         ⇅ OH⁻    ⇅ H⁺
           M          +        Y     ⇌        MY        主反应
  其他副反应 ⇅ L                ⇅ N
         ML     辅助配         NY    共存离
          ⋮     位效应               子效应
         MLₙ

          M'                  Y'                (MY)'
```

这几类副反应都会降低主要配位反应的完全程度，使金属离子以及配位体的浓度改变。为了定量表达副反应对主反应的影响程度，引入副反应系数 α。下面对各个副反应分别进行讨论。

1. 配位剂的副反应系数

配位剂的副反应系数：未参加主反应的 EDTA 各种型体总浓度 $[Y']$ 与游离 EDTA(Y^{4-}) 浓度 $[Y]$ 的比值，用 α_Y 来表示。α_Y 越大，副反应越大，则直接参与主反应的游离 EDTA(Y^{4-}) 浓度越少。其表达式为：

$$\alpha_Y = \frac{[Y']}{[Y]} \tag{5-2}$$

(1) 酸效应系数 $\alpha_{Y(H)}$。EDTA 与 H^+ 反应主要形成 HY，H_2Y，…，H_nY 氢配合物，在水溶液中存在以下一系列解离平衡：

$$\begin{array}{c}\text{HOOCH}_2\text{C} \diagdown \overset{H}{\underset{}{N^+}} \diagup \text{CH}_2\text{COOH} \\ \text{HOOCH}_2\text{C} \diagup \quad \diagdown \text{CH}_2\text{COOH}\end{array}$$
(结构中 $N^+-CH_2-CH_2-N^+$)

$$H_6Y^{2+} \rightleftharpoons H^+ + H_5Y^+ \quad K_{a_1} = \frac{[H^+][H_5Y^+]}{[H_6Y^{2+}]} \quad pK_{a_1}=0.90$$

$$H_5Y^+ \rightleftharpoons H^+ + H_4Y \quad K_{a_2} = \frac{[H^+][H_4Y]}{[H_5Y^+]} \quad pK_{a_2}=1.6$$

$$H_4Y \rightleftharpoons H^+ + H_3Y^- \quad K_{a_3} = \frac{[H^+][H_3Y^-]}{[H_4Y]} \quad pK_{a_3}=2.00$$

$$H_3Y^- \rightleftharpoons H^+ + H_2Y^{2-} \quad K_{a_4} = \frac{[H^+][H_2Y^{2-}]}{[H_3Y^-]} \quad pK_{a_4}=2.67$$

$$H_2Y^{2-} \rightleftharpoons H^+ + HY^{3-} \quad K_{a_5} = \frac{[H^+][HY^{3-}]}{[H_2Y^{2-}]} \quad pK_{a_5}=6.16$$

$$HY^{3-} \rightleftharpoons H^+ + Y^{4-} \quad K_{a_6} = \frac{[H^+][Y^{4-}]}{[HY^{3-}]} \quad pK_{a_6}=10.26$$

在水溶液中，未参加主反应的 EDTA 总是以 H_6Y^{2+}、H_5Y^+、H_4Y、H_3Y^-、H_2Y^{2-}、HY^{3-} 和 Y^{4-} 这 7 种形式存在。在这 7 种形式中，真正能与金属离子生成稳定配

合物的只有 Y^{4-}。所以：

$$\alpha_{Y(H)}=\frac{[Y']}{[Y]}=\frac{[Y^{4-}]+[HY^{3-}]+[H_2Y^{2-}]+[H_3Y^-]+[H_4Y]+[H_5Y^+]+[H_6Y^{2+}]}{[Y^{4-}]}$$

$$=1+\frac{[H^+]}{K_{a_6}}+\frac{[H^+]^2}{K_{a_6}K_{a_5}}+\frac{[H^+]^3}{K_{a_6}K_{a_5}K_{a_4}}+\frac{[H^+]^4}{K_{a_6}K_{a_5}K_{a_4}K_{a_3}}+\frac{[H^+]^5}{K_{a_6}K_{a_5}K_{a_4}K_{a_3}K_{a_2}}$$

$$+\frac{[H^+]^6}{K_{a_6}K_{a_5}K_{a_4}K_{a_3}K_{a_2}K_{a_1}} \tag{5-3}$$

$\alpha_{Y(H)}$ 是 $[H^+]$ 的函数，酸度越大，$\alpha_{Y(H)}$ 值也越大。当 $\alpha_{Y(H)}=1$ 时，表示 EDTA 未发生副反应，全部以 Y^{4-} 形式存在，这时 $[Y']=[Y]$。由此可见，酸效应系数与有关离解常数和溶液的 H^+ 浓度有关。EDTA 在各种 pH 时的酸效应系数见表 5-2。

表 5-2 EDTA 在各种 pH 时的酸效应系数

pH	$\lg\alpha_{Y(H)}$	pH	$\lg\alpha_{Y(H)}$	pH	$\lg\alpha_{Y(H)}$	pH	$\lg\alpha_{Y(H)}$
0.7	19.62	2.5	11.90	5.5	5.51	9.0	1.28
0.8	19.08	3.0	10.60	6.0	4.65	9.5	0.83
1.0	18.01	3.4	9.70	6.4	4.06	10.0	0.45
1.3	16.49	3.5	9.48	6.5	3.92	10.5	0.20
1.5	15.55	4.0	8.44	7.0	3.32	11.0	0.07
1.8	14.27	4.5	7.44	7.5	2.78	11.5	0.02
2.0	13.51	5.0	6.45	8.0	2.27	12.0	0.01
2.3	12.50	5.4	5.69	8.5	1.77	13.0	0.0008

例 1 计算 pH=6 时，EDTA 的酸效应系数。

解：pH=6 时，$[H^+]=10^{-6}\text{mol·L}^{-1}$

$$\alpha_{Y(H)}=1+\frac{10^{-6}}{10^{-10.26}}+\frac{10^{-12}}{10^{-16.42}}+\frac{10^{-18}}{10^{-19.09}}+\frac{10^{-24}}{10^{21.09}}+\frac{10^{-30}}{10^{-22.69}}+\frac{10^{-36}}{10^{-23.59}}=10^{4.65}$$

$$\lg\alpha_{Y(H)}=4.65$$

(2) 共存离子效应系数 $\alpha_{Y(N)}$。由于 EDTA 几乎与所有的金属离子都能生成配位化合物，若与金属离子 M 共存的离子 N 也能与配合剂 Y 反应，Y 与 N 也可形成 1∶1 配合物，使 Y 参加主反应的能力降低，此反应即为副反应，这种现象称为共存离子效应。其对主反应影响程度用共存离子效应系数 $\alpha_{Y(N)}$ 表示。

主反应：$\qquad M+Y\rightleftharpoons MY \qquad K_{MY}=\dfrac{[MY]}{[M][Y]}$

Y 与 N 的副反应：$\Updownarrow N \qquad K_{NY}=\dfrac{[NY]}{[N][Y]}$

副反应系 NY

$$\alpha_{Y(N)}=\frac{[Y]+[NY]}{[Y]}=1+\frac{[N][Y]K_{NY}}{[Y]}=1+[N]K_{NY} \tag{5-4}$$

式(5-4)表明，共存离子副反应系数 $\alpha_{Y(N)}$ 只是几种影响较大的共存离子副反应系数之和，其大小取决于 EDTA 与干扰离子的稳定常数以及干扰离子 N 的浓度。

(3) Y 的总副反应系数 α_Y。当滴定体系中同时存在酸效应和共存离子效应时，EDTA 总的副反应系数 α_Y 可用下式计算（略去电荷）：

$$\alpha_Y = \frac{[Y']}{[Y]} = \frac{[Y]+[HY]+[H_2Y]+\cdots+[H_6Y]+[NY]}{[Y]}$$

$$= \frac{[Y]+[HY]+[H_2Y]+\cdots+[H_6Y]+[Y]+[NY]-[Y]}{[Y]}$$

$$= \alpha_{Y(H)} + \alpha_{Y(NY)} - 1 \tag{5-5}$$

2. 金属离子 M 的副反应系数

在配位滴定反应体系中，有时为了消除干扰，还需加入掩蔽剂，或者为了调节酸度，需要加入缓冲剂，所以金属离子 M 除与 EDTA 进行配位反应外，还会与体系中存在的其他配位剂 L 生成 ML_n 型配合物，此反应为副反应，用 $\alpha_{M(L)}$ 表示，L 代表各种不同的配位剂。若以 [M'] 表示未与 EDTA 形成配合物的金属离子总浓度，[M] 表示游离金属离子浓度，则副反应系数为：

$$\alpha_{M(L)} = \frac{[M']}{[M]} = \frac{[M]+[ML]+[ML_2]+\cdots+[ML_n]}{[M]}$$

$$= 1 + \beta_1[L] + \beta_2[L]^2 + \cdots + \beta_n[L]^n \tag{5-6}$$

实际上，金属离子往往同时发生多种副反应。如溶液中有缓冲液 NH_3 分子、OH^-、掩蔽剂 F^- 时，金属离子会同时与以上 3 个配位剂发生副反应。若有 P 个配位剂与金属离子发生副反应，则金属离子 M 的总副反应系数为：

$$\alpha_M = \alpha_{M(L_1)} + \alpha_{M(L_2)} + \cdots + (1-P) \tag{5-7}$$

表 5-3 金属离子在不同 pH 值的副反应系数

金属离子	PH													
	1	2	3	4	5	6	7	8	9	10	11	12	13	14
Al^{3+}					0.5	1.3	5.3	9.3	13.3	17.3	21.3	25.3	29.3	33.3
Bi^{3+}	0.1	0.5	1.4	2.4	3.4	4.4	5.4							
Ca^{2+}													0.1	1.0
Cd								0.1	0.5	2.0	4.5	8.1	12.0	
Nl									0.1	0.7	1.6			
Mg											0.1	0.5	1.3	2.3
Pb						0.1	0.5	1.4	2.7	4.7	7.4	10.4	13.4	
Zn								0.2	2.4	5.4	8.5	12.8	15.5	

例 2 计算 pH=11，$[NH_3]=0.1 mol \cdot L^{-1}$ 时，Ni^{2+} 的副反应系数 α_{Ni} 值。

解： 从附录查得 pH=11 时，$\lg\alpha_{Ni(OH)}=1.6$，

从附录查得，$Ni(NH_3)_6$ 的 $\lg\beta_1 \sim \lg\beta_6$ 分别是 2.80、5.04、6.27、7.96、8.71、8.74

$$\alpha_{Ni(NH_3)} = 1 + \beta_1[NH_3] + \beta_2[NH_3]^2 + \beta_3[NH_3]^3 + \beta_4[NH_3]^4 + \beta_5[NH_3]^5 + \beta_6[NH_3]^6$$

$$= 1 + 10^{2.80-1} + 10^{5.04-2} + 10^{6.27-3} + 10^{7.96-4} + 10^{8.71-5} + 10^{8.74-6} = 10^{4.34}$$

故 $\alpha_{Ni} = \alpha_{Ni(NH_3)} + \alpha_{Ni(OH)} - 1 = 10^{4.34} + 10^{1.6} - 1 = 10^{4.34}$

3. 配合物 MY 的副反应系数

配合物的副反应主要与溶液的 pH 有关。

在酸度较高(pH<3)的情况下，H^+ 与 MY 发生副反应形成酸式配合物 MHY：

$$MY + H = MHY \quad K_{MHY} = \frac{[MHY]}{[MY][H]}$$

酸式配合物副反应系数 $\quad \alpha_{MY(H)} = \frac{[MY] + [MHY]}{[MY]} = 1 + [H]K_{MHY}$ (5-8)

在碱度较高时(pH>11)，MY 配合物与溶液中 OH^- 发生副反应，形成碱式配合物，副反应系数为

$$\alpha_{MY(OH)} = \frac{[MY] + [M(OH)Y]}{[MY]} = 1 + [OH]K_{M(OH)Y} \quad (5-9)$$

因为 MHY 与 MOHY 在大多数情况下不太稳定，它对主反应影响不大，故一般计算时可忽略不计。

5.1.3 配合物的条件稳定常数

样品测定时副反应总是存在，这时，主反应的进行程度已不能用 K_{MY} 来描述，因此，在有副反应的情况下，配合物的稳定常数应为

$$K'_{MY} = \frac{[MY']}{[M'][Y']} \quad (5-10)$$

K'_{MY} 称为条件稳定常数，它表示在一定条件下有副反应发生时主反应进行的程度。式中 [MY'] 为配合物的总浓度，[M'] 为未参加主反应的金属离子总浓度，[Y'] 为未参加主反应的 EDTA 总浓度。由副反应系数可知：

$$[M'] = \alpha_M [M] \quad [Y'] = \alpha_Y [Y] \quad [MY'] = \alpha_{MY} [MY]$$

所以 $\quad K'_{MY} = \frac{[MY']}{[M'][Y']} = \frac{\alpha_{MY}}{\alpha_M [M] \alpha_Y [Y]} \frac{[MY]}{} = K_{MY} \frac{\alpha_{MY}}{\alpha_M \alpha_Y}$

$$\lg K'_{MY} = \lg K_{MY} - \lg \alpha_M - \lg \alpha_Y + \lg \alpha_{MY} \quad (5-11)$$

式(5-11)表明，条件稳定常数的大小取决于金属离子与 EDTA 的稳定常数以及滴定体系中发生的各种副反应的大小。在实际测定时，当溶液的 pH 和试剂浓度一定时，各种副反应系数就为定值，因此，条件稳定常数在一定条件下为常数，它是用副反应系数校正后的实际稳定常数。当金属离子和配位剂发生副反应时，α_M 和 α_Y 总是大于1，使 MY 的主反应的完成程度降低，而当配合物 MY 发生副反应时，α_{MY} 大于1，主反应的完成程度就增高。利用条件稳定常数公式，可方便地计算出有副反应情况下主反应的完成程度。

例3 计算 pH=2 时的 $\lg K'_{CdY}$ 值。

解： 从表5-1查到 $\lg K_{CdY} = 16.46$

从表5-2查到 pH=2 时，$\lg \alpha_{Y(H)} = 13.51$

从附录查到 pH=2 时，$\lg \alpha_{Cd(OH)} = 0$

所以，pH=2 时，$\lg K'_{CdY} = \lg K_{CdY} - \lg \alpha_{Y(H)} = 16.46 - 13.51 = 2.95$

例4 计算 pH=11 时，$[NH_3] = 0.1 \text{mol} \cdot L^{-1}$ 时 $\lg K'_{ZnY}$。

解： 从附录查得，$Zn(NH_3)_4^{2+}$ 的 $\lg \beta_1 \sim \lg \beta_4$ 分别是 2.27、4.61、7.01、9.06

$\alpha_{Zn(NH_3)} = 1 + \beta_1[NH_3] + \beta_2[NH_3]^2 + \beta_3[NH_3]^3 + \beta_4[NH_3]^4$

$\quad = 1 + 10^{2.27} \times 10^{-1} + 10^{4.61} \times 10^{-2} + 10^{7.01} \times 10^{-3} + 10^{9.06} \times 10^{-4} = 10^{5.10}$

从附录查到 pH=11 时 $\lg \alpha_{Zn(OH)} = 5.4$

$$\alpha_{Zn}=\alpha_{Zn(NH_3)}+\alpha_{Zn(OH)}-1=10^{5.10}+10^{5.4}-1\approx10^{5.58}$$
$$\lg\alpha_{Zn}=5.58$$

从表 5-1 查到　$\lg K_{ZnY}=16.50$

从表 5-2 查到 pH=11 时　$\lg\alpha_{Y(H)}=0.07$

$$\lg K'_{ZnY}=\lg K_{ZnY}-\lg\alpha_{Zn}-\lg\alpha_{Y(H)}=16.5-0.07-5.8=10.63$$

计算结果表明，在 pH=11 时，尽管 Zn^{2+} 与 OH^- 及 NH_3 的副反应很强，但 $\lg K'_{ZnY}$ 可达 10.83，故在强碱条件下仍能用 EDTA 滴定 Zn^{2+}。

5.2　基本原理

配位滴定中，根据滴定反应最基本的要求，配位反应必须定量、完全，即配合物的条件稳定常数足够大。EDTA 配合物多数无色，滴定反应多数没有明显的外观特征，与酸碱滴定反应情况相似，需要指示剂指示终点。而指示剂的选择会影响到滴定分析的准确度。在配位滴定中，被滴定的金属离子随着 EDTA 的加入，其浓度不断减少，类似 pH 表达 H^+ 浓度的方式，以 $pM(-\lg[M'])$ 表达金属离子浓度，即在配位滴定过程中，pM 随着 EDTA 的加入而逐渐增大。到达化学计量点附近时，溶液中金属离子的浓度急剧减少，使 pM 发生突变，产生滴定突跃，选用适当的指示剂就可以指示滴定终点。

5.2.1　滴定曲线

1. 滴定曲线的绘制

在配位滴定中随着配位剂的加入，金属离子的浓度逐渐减少，在化学计量点附近，pM 会发生突跃。以滴定过程中 pM 的变化对加入滴定剂的百分数作图，即可制得滴定曲线。

如果待测金属离子 M 的初始浓度 C_M，体积为 V_M，用浓度为 C_Y 的 EDTA 标准溶液滴定，在滴定过程中加入 EDTA 的体积为 V_Y。在此条件下，滴定过程中的任何时刻，滴定溶液中 M 和 Y 的总浓度均有如下关系：

$$[M']+[MY']=\frac{V_M}{V_M+V_Y}C_M$$

$$[Y']+[MY']=\frac{V_Y}{V_M+V_Y}C_Y$$

$$K'_M=\frac{[MY']}{[M'][Y']}$$

由方程组得 $K'_{MY}[M']^2+\left(\dfrac{C_YV_Y-C_MV_M}{V_M+V_Y}\times K'_{MY}+1\right)\cdot[M']-\dfrac{V_M}{V_M+V_Y}\cdot C_M=0$

此式为配位滴定曲线方程，在滴定的任一阶段，K'_{MY}、C_M、C_Y、V_M、V_Y 都是已知的。故可算出 $[M']$，从而求得 pM' 值。若被滴定的金属离子 M 和滴定剂 Y 的浓度一定，滴定曲线将随配合物的条件常数 K'_{MY} 而变化：当 K'_{MY} 越大，滴定突跃就越大。图 5-4 为 EDTA 滴定 Cu^{2+} 在不同 K'_{MY} 下的滴定曲线。若条件常数 K'_{MY} 一定，则被测金属离子的浓度越高，滴定突跃也越大。图 5-5 是 EDTA 滴定不同浓度下的 Ca^{2+} 的滴定曲线。

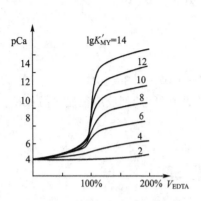 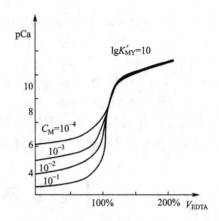

图 5-4 不同 K'_{MY} 时的滴定曲线　　图 5-5 EDTA 滴定不同浓度的 Ca^{2+} 离子的滴定曲线

以 EDTA 标准液滴定 Ca^{2+} 为例说明：在 NH_3-NH_4Cl 缓冲溶液中（pH=10.0），以 $0.01000 mol \cdot L^{-1}$ EDTA 标准溶液滴定 $20.00 ml(V_0) 0.01000 mol \cdot L^{-1} Ca^{2+}$ 溶液，计算滴定过程中 $[Ca^{2+}]$ 的变化，并绘出滴定曲线。

查表 5-1 得 $lgK_{CaY}=10.69$

查表 5-2 及附录得 pH=10.0 时，$lg\alpha_{Y(H)}=0.45$　　$lg\alpha_{Ca(OH)}=0$

由于 NH_3 与 Ca^{2+} 不起配位反应，故 $lg\alpha_{Ca(NH_3)}=0$

所以
$$lg\alpha_{Ca}=lg\alpha_{Ca(OH)}+lg\alpha_{Ca(NH_3)}=0$$
$$lg\alpha_Y=lg\alpha_{Y(H)}=0.45$$
$$lgK'_{CaY}=lgK_{CaY}-lg\alpha_Y-lg\alpha_{Ca}=10.69-0.45-0=10.24$$
$$K'_{CaY}=10^{10.24}$$

在整个滴定过程中，只要溶液的 pH 不变，条件稳定常数总是不变。设滴定中加入 EDTA 的体积为 $V(ml)$，整个滴定过程大体经历 4 个阶段。

(1) 滴定前（$V=0$）。

溶液中钙离子浓度等于原始浓度。
$$[Ca^{2+}]=0.01000 mol \cdot L^{-1}　　pCa=-lg0.01000=2.00$$

(2) 滴定开始至化学计量点之前（$V<V_0$）。

$lgK'_{CaY}>10$，CaY 的离解可忽略
$$[Ca^{2+}]=\frac{V_0-V}{V_0+V}\times C_{Ca^{2+}}$$

当加入 19.98ml EDTA 标准溶液时
$$[Ca^{2+}]=\frac{20.00-19.98}{20.00+19.98}\times 0.01000\approx 5.0\times 10^{-6}(mol \cdot L^{-1})$$
$$pCa=5.3$$

(3) 计量点时（$V=V_0$）。
$$[M']=\sqrt{\frac{C_{M(SP)}}{K'_{MY}}}$$
$$[CaY]=\frac{20.00}{20.00+20.00}\times 0.01000=5.0\times 10^{-3}(mol \cdot L^{-1})$$

因为 Ca^{2+} 没有副反应，所以

$$[M]=[M']=\sqrt{\frac{C_{M(SP)}}{K'_{MY}}}=\sqrt{\frac{5.0\times10^{-3}}{10^{10.24}}}\approx 5.364\times10^{-7}(mol\cdot L^{-1})$$

$$pCa=6.27$$

(4) 计量点后($V>V_0$)。

溶液中钙离子浓度由过量的 EDTA 的浓度决定，即

$$[Y]=\frac{V-V_0}{V+V_0}\times C_{EDTA}$$

当加入 20.02ml EDTA 标准溶液时

$$[Y']=\frac{0.02}{20.00+20.02}\times 0.01000\approx 5.0\times 10^{-6}(mol\cdot L^{-1})$$

$$K'_{CaY}=\frac{[CaY']}{[Ca'][Y']} \quad [Ca]=[Ca']=\frac{[CaY']}{[Y']}$$

$$[Ca]=\frac{5.0\times 10^{-3}}{10^{10.24}\times 5\times 10^{-6}}=10^{-7.2}$$

$$pCa=7.24$$

如此逐一计算滴定过程中各阶段溶液 pCa 变化的情况，主要计算结果见表 5-4。

表 5-4 用 EDTA(0.01000mol·L^{-1})滴定 20.00ml Ca^{2+} 溶液(0.01000mol·L^{-1})的 [Ca^{2+}] 变化表(25℃)

加入的 EDTA		剩余的 Ca^{2+}		[Ca^{2+}]	pCa	
ml	%	%	ml			
0.00	0	100	20.00	1.00×10^{-2}	2.00	
18.00	90.0	10	2.00	5.00×10^{-4}	3.30	
19.80	99.0	1	0.20	5.00×10^{-5}	4.30	
19.98	99.9	0.1	0.02	5.00×10^{-6}	5.30	突跃范围
20.00	100.0	0	0.00	5.364×10^{-7}	6.27	
		过量的 EDTA		[EDTA]		
20.02	100.1	0.1	0.02	5.00×10^{-6}	7.24	
20.20	101	1.0	0.20	5.00×10^{-5}	8.24	

以 EDTA 加入量为横坐标，以溶液的 pCa 为纵坐标，绘制滴定曲线(pCa-V 曲线)(图 5-6)。

由上述分析可以看出，滴定开始至化学计量点前(19.98ml)，pCa 由 2 升到 5.3，改变了 3.3 个单位。而从 19.98~20.02ml，即在化学计量点前后±0.1%范围内(不到 1 滴溶液)，pCa 由 5.3 突然升至 7.24，改变了近 2 个单位，这种 pCa 值的突变称为滴定突跃，突跃所在的 pCa 范围称为滴定突跃范围。

2. 化学计量点 pM' 值的计算

化学计量点时的金属离子浓度是判断配位

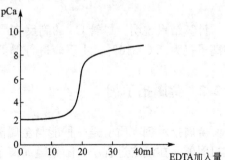

图 5-6 EDTA 滴定 Ca^{2+} 的滴定曲线

滴定的准确度和选择指示剂的依据,在配位滴定中依据条件稳定常数来计算化学计量点时金属离子浓度 pM′值。

由于配合物 MY 的副反应系数近似为 1,可以认为 [MY′]＝[MY]。

在滴定的任何时刻,[MY]＝[M′]＝C_M(C_M 为被测金属离子的总溶度)。若配合物比较稳定,在化学计量点时 [M′] 很小,对于 [MY′] 而言可以忽略不计,所以,[MY]＝$C_{M(sp)}$。

在化学计量点时,[M′]＝[Y′] (注意:不是 [M]＝[Y]),将其代入条件稳定常数公式,则有

$$K'_{MY} = \frac{[MY']}{[M'][Y']} = \frac{C_{M(sp)}}{[M']^2}$$

$$[M']_{sp} = \sqrt{\frac{C_{M(sp)}}{K'_{MY}}} \tag{5-12}$$

$$pM' = \frac{1}{2}(pC_{M(sp)} + \lg K'_{MY}) \tag{5-13}$$

式中,$C_{M(sp)}$ 表示化学计量点时金属离子的总浓度,若滴定剂与被滴定物浓度相等 $C_{M(sp)}$ 即为金属离子原始浓度的一半。

例 5 用 $0.02000 mol \cdot L^{-1}$ EDTA 溶液滴定相同浓度的 Cu^{2+},若溶液 pH 为 10,游离氨浓度为 $0.20 mol \cdot L^{-1}$,计算化学计量点时的 pCu′。

解:化学计量点时,$C_{Cu(sp)} = \frac{1}{2} \times (2.0 \times 10^{-2}) = 1.0 \times 10^{-2} (mol \cdot L^{-1})$

$$pC_{Cu(sp)} = 2.00$$

$$[NH_3]_{sp} = \frac{1}{2} \times 0.20 = 0.1 (mol \cdot L^{-1})$$

$\alpha_{Cu(NH_3)} = 1 + \beta_1 [NH_3] + \beta_2 [NH_3]^2 + \beta_3 [NH_3]^3 + \beta_4 [NH_3]^4$
$\quad = 1 + 10^{4.31} \times 10^{-1} + 10^{7.61} \times 10^{-2} + 10^{10.48} \times 10^{-3} + 10^{12.59} \times 10^{-4} = 10^{9.26}$

pH＝10 时,$\alpha_{Cu(OH)} = 1 \times 10^{1.7} \ll 1 \times 10^{9.26}$,故 $\alpha_{Cu(OH)}$ 可忽略,$\alpha_{Cu} \approx 1 \times 10^{9.26}$,即 $\lg\alpha_{Cu} = 9.26$。因为 pH＝10 时,$\lg\alpha_{Y(H)} = 0.45$。

所以 $\lg K'_{CuY} = \lg K_{CuY} - \lg\alpha_{Y(H)} - \lg\alpha_{Cu} = 18.70 - 0.45 - 9.26 = 8.99$

$$pCu'_{sp} = \frac{1}{2}(pC_{Cu(sp)} + \lg K'_{CuY}) = \frac{1}{2} \times (2.00 + 8.99) = 5.50$$

即在化学计量点时,未与 EDTA 配合的铜占总铜含量的百分数为

$$\frac{[Cu']}{C_{Cu}} \times 100\% = \frac{10^{-5.50}}{10^{-2}} \times 100\% = 0.00316\%$$

计算结果说明:尽管 Cu 的副反应严重(α_{Cu} 高达 $10^{9.26}$),但溶液中未与 EDTA 配合的铜离子仅为 0.00316%,主反应进行得仍相当完全。

5.2.2 金属指示剂

金属指示剂本质上是一种能与金属离子生成配合物的有机染料,一般都是有机弱酸或有机弱碱。在滴定过程中,随着金属离子浓度变化而使金属指示剂的颜色发生突变,从而指示配位滴定终点的到达,这种能与金属离子生成有色配合物的有机染料称为金属离子指示剂,简称金属指示剂。

1. 变色原理

在被测定的金属离子溶液中,加入金属指示剂,指示剂与被测金属离子进行配位反应,生成与指示剂自身颜色不同的配合物(MIn),并且 MIn 的稳定性稍低于金属-EDTA 配合物(MY)的稳定性。

$$M + In \rightleftharpoons MIn$$
$$\text{自身色} \quad \text{配位色}$$

配位滴定开始至化学计量点前,溶液一直为配合物 MIn 颜色。在近化学计量点时,游离的金属离子(M)浓度非常低,随着滴定液的加入,加入的 EDTA 夺取 MIn 中的 M,释放出游离的指示剂(In),使溶液呈现出指示剂自身的颜色。

$$MIn + Y \rightleftharpoons MY + In$$
$$\text{配位色} \qquad \text{自身色}$$

2. 金属指示剂的必备条件

(1) 指示剂与金属离子形成的配合物与指示剂自身的颜色应有显著的区别。
(2) 显色反应必须灵敏、快速,并且具有良好的变色可逆性。
(3) 配合物 MIn 的稳定性适当,要求 $K'_{MY}/K'_{MIn} \geq 10^2$,但 MIn 的稳定性也不能太低,否则指示剂在距化学计量点较远时就游离出来,使终点提前,且变色不敏锐。
(4) MIn 及 In 应易溶于水,不能为胶体溶液或沉淀。
(5) 指示剂本身比较稳定,不易被氧化或变质,易贮存和使用。

3. 指示剂使用中存在的现象及消除

(1) 指示剂的封闭现象及消除。在滴定过程中,由于溶液酸度或蒸馏水质量差,含有某些微量的金属离子,且指示剂与某些金属离子形成的配位化合物极其稳定,加入过量的滴定剂也不能将金属离子从金属-指示剂配合物中夺取出来,溶液在化学计量点附近就没有颜色变化不能指示滴定终点,这种现象称为指示剂的封闭现象。例如以铬黑 T 为指示剂,用 EDTA 滴定 Ca^{2+}、Mg^{2+} 时,溶液中若有 Al^{3+}、Fe^{3+}、Cu^{2+}、Co^{2+}、Ni^{2+} 等离子时,铬黑 T 便被封闭,不能指示终点。滴定中常加入掩蔽剂,使干扰离子与掩蔽剂生成更稳定的配合物而不再与指示剂作用,消除指示剂的封闭现象。例如 Al^{3+}、Fe^{3+}、Cu^{2+}、Co^{2+}、Ni^{2+} 对铬黑 T 的封闭可用三乙醇胺或 KCN 加以消除。

(2) 指示剂的僵化现象及消除。有些指示剂或金属-指示剂配合物在水中的溶解度太小,使得滴定剂与金属-指示剂配合物交换缓慢,终点拖长,这种现象称为指示剂僵化现象。滴定中常加入有机溶剂或加热以增加其溶解度,来加快反应速度,消除指示剂的僵化现象。例如用 EDTA 滴定 Cu^{2+} 时,以 PAN 作指示剂时常产生指示剂僵化,通常加入乙醇或在加热下滴定,使指示剂在终点变色明显。

(3) 指示剂的氧化变质现象。金属指示剂大多数是含有双键的有色的有机化合物,易被日光、氧化剂、空气所氧化分解,在水溶液中多不稳定,日久变质,使指示剂失效。

4. 指示剂颜色转变点 pM_t 的计算

金属指示剂(In)是一种配位剂,它与金属离子(M)形成有色配合物(MIn)。

$$M + In = MIn$$

其稳定常数表达式为
$$K_{MIn}=\frac{[MIn]}{[M][In]} \quad (5-14)$$

$$K'_{MIn}=\frac{[MIn]}{[M][In']}=\frac{K_{MIn}}{\alpha_{In(H)}}$$

$$pM+\lg\frac{[MIn]}{[In']}=\lg K_{MIn}-\lg\alpha_{In(H)} \quad (5-15)$$

在 $[MIn]=[In']$ 时，$\lg\frac{[MIn]}{[In']}=0$，溶液呈现混合色，此即指示剂的颜色转变点，此时的金属离子浓度以 pM_t 表示 $pM_t=\lg K_{MIn}-\lg\alpha_{In(H)}$ （5-16）

因此，只要知道金属-指示剂配合物的稳定常数，并求得某酸度下指示剂的酸效应系数，就可以求得终点时 pM_t。

5. 常用金属指示剂

指示剂的种类多，结构复杂，颜色随 pH 变化而变化，因此，每种指示剂都有它的适用的 pH 范围。配位滴定中常用的指示剂有铬黑T、二甲酚橙、PAN 和钙指示剂等。

(1) 铬黑T(Eriochrome Black T)：化学名称是 1-(1-羟基-2-萘偶氮基)-6-硝基-2-萘酚-4-磺酸钠，简称 EBT。它的水溶液随 pH 的不同而呈现不同的颜色，pH<6.3(紫红色)，pH>11(橙色)，pH=6.3~11.5(蓝色)。而铬黑T金属配合物呈红色。铬黑T只有在 pH=6.3~11.5 范围内才有明显的颜色变化。根据实验，使用铬黑T的最佳酸度应为 pH=9~10.5。在 pH 为 10 的缓冲溶液中，用 EDTA 滴定 Mg^{2+}、Zn^{2+}、Cd^{2+}、Bb^{2+}、Mn^{2+}、稀土等离子时，EBT 是良好的指示剂，但 Al^{3+}、Fe^{3+}、Cu^{2+}、Co^{2+}、Ni^{2+} 对 EBT 有封闭作用。

铬黑T水溶液不稳定，易发生聚合作用或氧化反应而失效。pH<6.5 时聚合作用严重，配制时常加入三乙醇胺减慢聚合速度，在碱性溶液中易被氧化退色。固体铬黑T较稳定，保存时间较长。

(2) 二甲酚橙(Xylene Orange)：化学名称是 3,3'-双[N,N-二(羧甲基)氨基甲基]邻甲酚磺酞，简称 XO。在水溶液中有 7 级酸式离解，其中 H_7In 至 H_3In^{4-} 均为黄色，H_2In^{5-} 至 In^{7-} 均为红色。H_3In^{4-} 的离解平衡是

$$H_3In^{4-} \underset{}{\overset{pK_a=6.3}{\rightleftharpoons}} H^+ + H_2In^{5-}$$
     黄   红

二甲酚橙在水溶液中的颜色与 pH 的关系：pH<6.3(黄色)，pH>6.3(红色)，pH=6.3(红和黄的混合色)。它与金属离子的配合物均为红紫色，因此二甲酚橙只适合在 pH<6 的酸性溶液中使用。二甲酚橙可用于很多金属离子的滴定，如 ZrO^{2+}(pH<1)、Bi^{3+}、Th^{4+}(pH=1~3)、Hg^{2+}、Zn^{2+}、Cd^{2+}、稀土(pH=5~6)，终点由红紫色变为亮黄色。Fe^{3+}、Al^{3+}、Cu^{2+}、Co^{2+}、Ni^{2+} 对二甲酚橙有封闭作用。二甲酚橙比较稳定，通常配成 0.2% 水溶液。

(3) PAN：化学名称是 1-(2-吡啶偶氮)-2-萘酚 [1-(2-pyridylazo)-2-naphthioli]，简称 PAN，难溶于水，通常配成乙醇溶液使用。

在溶液中存在如下平衡：

$$H_2In^+ \underset{pK_{a_1}=1.9}{\rightleftharpoons} HIn \underset{pK_{a_2}=12.2}{\rightleftharpoons} In^-$$
  黄绿   黄   淡红

PAN 在 pH=1.9～12.2 均呈黄色，pH<1.9 为黄绿色，pH>12.2 为淡红色，而它与金属离子的配合物显红色。所以 PAN 的使用范围为：pH=1.9～12.2。使用 PAN 指示剂可以滴定多种离子：Cu^{2+}、Ni^{2+}、Bi^{3+}、Th^{4+}、Hg^{2+}、Zn^{2+}、Cd^{2+}、Bb^{2+}、Sn^{2+}、In^{3+}、Fe^{2+}、Mn^{2+} 及稀土等，但螯合物不易溶于水，为此常加入乙醇或在加热下滴定。

(4) 钙指示剂：钙指示剂又名钙紫红素，简写 NN，在溶液中的平衡关系是：

$$H_2In^- \underset{pK_{a_1}=9.1}{\rightleftharpoons} HIn^{2-} \underset{pK_{a_2}=13}{\rightleftharpoons} In^{3-}$$

   酒红   蓝   粉红

钙指示剂的水溶液或乙醇溶液均不稳定，一般配成固体试剂使用。钙指示剂与 Ca^{2+} 的配合物显红色，灵敏度高。主要用于钙离子的测定，在 pH=12～13 时滴定，滴定终点由红色变为纯蓝色。Fe^{3+}、Al^{3+}、Cu^{2+}、Co^{2+}、Ti^{4+}、Ni^{2+} 对钙指示剂有封闭现象。

常用的指示剂应用范围、封闭离子和掩蔽剂选择情况见表 5-5。

表 5-5 常用指示剂

指示剂	pH 范围	颜色变化 In	颜色变化 Min	直接滴定离子	封闭离子	掩蔽剂
EBT	8-10	蓝	红	Mg^{2+}、Zn^{2+}、Cd^{2+}、Pb^{2+}、Mn^{2+}、稀土元素离子	Al^{3+}、Fe^{3+}、Cu^{2+}、Ni^{2+}	三乙醇胺或 KCN
XO	<6	亮黄	红	pH<1 ZrO^{2+} pH=1～3.5 Bi^{3+}、Th^{4+} pH=5～6 Hg^{2+}、Zn^{2+}、Cd^{2+}、稀土元素离子	Fe^{3+} Al^{3+}、Fe^{3+}、Ni^{2+}	NH_4F 邻二氮菲
PAN	2～12	黄	紫红	pH=2～3 Bi^{3+}、Th^{4+} pH=4～5 Cu^{2+}、Ni^{2+}、Pb^{2+}、Cd^{2+} 等		
NN	12～13	蓝	红	Ca^{2+}		与 EBT 相似

5.3 滴定条件的选择

与酸碱滴定相似，配位滴定的终点误差主要是滴定体系的 pH 和共存离子的干扰造成的。终点误差与滴定终点时被滴定溶液中加入配位剂的量和被测金属的量有关。

5.3.1 滴定终点误差

滴定终点误差是指滴定终点与化学计量点不一致所引起的误差。简写为 TE。

$$TE = \frac{[Y']_{ep} - [M']_{ep}}{C_{M(SP)}} \times 100\% \tag{5-17}$$

若滴定终点与化学计量点完全一致，则加入配位剂与被测金属物质的量正好相等，即 $[Y']_{ep}=[M']_{ep}$，终点误差为零。若终点与化学计量点不一致，$[Y']_{ep} \neq [M']_{ep}$，就存在滴定终点误差。设终点(ep)与化学计量点(sp)的 pM' 值之差为 $\Delta pM'$，则

$$\Delta pM' = pM'_{ep} - pM'_{sp} = \lg \frac{[M']_{sp}}{[M']_{ep}}$$

$$-\Delta pM' = \lg \frac{[M']_{ep}}{[M']_{sp}} \qquad \frac{[M']_{ep}}{[M']_{sp}} = 10^{-\Delta pM'}$$

所以 $\qquad [M']_{ep} = [M']_{sp} \times 10^{-\Delta pM'} \qquad (5-18)$

同样可导出 $\qquad [Y']_{ep} = [Y']_{sp} \times 10^{-\Delta pY'} \qquad (5-19)$

将式(5-18)和式(5-19)代入式(5-17)，则

$$TE = \frac{[Y']_{sp} \times 10^{-\Delta pY'} - [M']_{sp} \times 10^{-\Delta pM'}}{C_{M(sp)}} \times 100\% \qquad (5-20)$$

由配合物条件稳定常数可知：

在化学计量点时 $K'_{MY} = \frac{[MY]_{sp}}{[M']_{sp}[Y']_{sp}} \qquad pM'_{sp} + pY'_{sp} = \lg K'_{MY} - \lg[MY]_{sp}$

在终点时 $\qquad K'_{MY} = \frac{[MY]_{ep}}{[M']_{ep}[Y']_{ep}} \qquad pM'_{ep} + pY'_{ep} = \lg K'_{MY} - \lg[MY]_{ep}$

若终点接近化学计量点时，$[MY]_{ep} \approx [MY]_{sp}$。将上面两式相减，得

$$\Delta pM' + \Delta pY' = 0 \qquad \Delta pM' = -\Delta pY' \qquad (5-21)$$

在化学计量点时 $K'_{MY} = \frac{[MY]_{sp}}{[M']_{sp}[Y']_{sp}} \qquad [MY]_{sp} \approx C_{M(sp)}$

$$[M']_{sp} = [Y']_{sp} = \sqrt{\frac{[MY]_{sp}}{K'_{MY}}} = \sqrt{\frac{C_{M(sp)}}{K'_{MY}}} \qquad (5-22)$$

将式(5-21)和式(5-22)代入式(5-20)得

$$TE = \frac{\sqrt{\frac{C_{M(sp)}}{K'_{MY}}} \times 10^{\Delta pM'} - \sqrt{\frac{C_{M(sp)}}{K'_{MY}}} \times 10^{-\Delta pM'}}{C_{M(sp)}} \times 100\%$$

$$= \frac{10^{\Delta pM'} - 10^{-\Delta pM'}}{\sqrt{C_{M(sp)} K'_{MY}}} \times 100\% \qquad (5-23)$$

上式称为误差公式。公式显示，滴定终点误差与金属配合物的条件稳定常数、终点与化学计量点 pM 的差值 $\Delta pM'$ 和金属离子的浓度有关。金属配合物的条件稳定常数和金属离子浓度越大，滴定误差越小，$\Delta pM'$ 越大，误差越大。在配位滴定中，化学计量点与指示剂的变色点不可能完全一致。即使很接近，由于人眼判断颜色的局限性，使 $\Delta pM'$ 可能存在有 $\pm 0.2 \sim \pm 0.5$ 的误差。

例 6 原始浓度为 C 的金属离子 M 用等浓度的 EDTA 滴定，$\Delta pM' = \pm 0.2$。分别计算 $\lg C'_M K'_{MY}$ 为 8、6、4 时的滴定误差。

解：滴定终点误差可由误差公式计算：

$$TE = \frac{10^{\Delta pM'} - 10^{-\Delta pM'}}{\sqrt{C_{M(sp)} K'_{MY}}} \times 100\%$$

$$\lg CK' = 8 \qquad TE = \frac{10^{0.2} - 10^{-0.2}}{\sqrt{10^8}} \times 100\% = 0.01\%$$

$$\lg CK' = 6 \qquad TE = \frac{10^{0.2} - 10^{-0.2}}{\sqrt{10^6}} \times 100\% = 0.1\%$$

$$\lg CK' = 4 \qquad TE = \frac{10^{0.2} - 10^{-0.2}}{\sqrt{10^4}} \times 100\% = 1\%$$

上面计算结果表明,当终点与化学计量点的 pM 相差 0.2 单位时,若要求终点误差在 0.1% 以内,必须满足 $\lg c'_M K'_{MY} \geqslant 6$。因此,通常将 $\lg c'_M K'_{MY} \geqslant 6$ 作为能准确滴定的条件。一般 C_M 在 0.01 mol·L^{-1} 左右,条件稳定常数 K'_{MY} 必须大于 10^8,才能用配位滴定分析金属离子。

5.3.2 酸度的选择

在配位滴定过程中,滴定反应:$M + H_2Y = MY + 2H^+$。随着配合物的生成,不断有 H^+ 被释放出来,酸度就不断增大,配合物 MY 的条件稳定常数就会降低,导致突跃范围变小。因而产生较大的误差,所以在滴定中应控制溶液的酸度。

1. 滴定体系的最高酸度

在配位滴定中,不同金属离子与 EDTA 生成稳定性不同的配位体。在某一 pH 条件下,稳定常数大的金属离子可以被准确滴定,而稳定常数小的金属离子就不能被准确滴定。当超过某一定酸度时,其金属离子就不能准确地被滴定,所以,对每种金属离子都有一个"最高酸度"的限制。

当被测金属离子浓度在 0.01 mol·L^{-1} 左右时允许的相对误差为 ±0.1%,条件稳定常数 K'_{MY} 必须大于 10^8,才能用配位滴定法去测定金属离子。假若除酸效应外,不存在其他副反应,则:

$$\lg K'_{MY} = \lg K_{MY} - \lg \alpha_{Y(H)} \geqslant 8$$
$$\lg \alpha_{Y(H)} \leqslant \lg K_{MY} - 8$$

在滴定某种金属离子时,已知该金属离子与 EDTA 配合物的稳定常数 $\lg K_{MY}$,可由上式求出 $\lg \alpha_{Y(H)}$ 的最大值,再从表 5-2 查得该值对应的最低 pH,即为滴定该金属离子的最高酸度。

不同金属离子的 $\lg K_{MY}$ 不同,直接准确滴定所要求的最高酸度也不同,以 pH 为纵坐标,以不同的 $\lg K_{MY}$ 或 $\lg \alpha_{Y(H)}$ 为横坐标作图,所得的关系曲线称为 EDTA 的酸效应曲线,如图 5-7 所示。

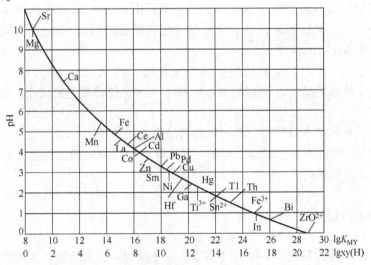

图 5-7 EDTA 的酸效应曲线($C_M = C_Y = 0.02$ mol·L^{-1})

从上图可以看出，Fe^{3+}、Th^{4+}、Hg^{2+} 等可在 pH=1～2 的溶液中进行滴定，Cu^{2+}、Pb^{2+}、Zn^{2+}、Cd^{2+}、Ni^{2+}、Mn^{2+} 等可在 pH=5～6 的弱酸溶液中进行滴定；Ca^{2+}、Mg^{2+} 通常在 pH=9.5～10 的缓冲溶液中进行滴定。

2. 滴定体系的最低酸度

在配位滴定中，酸度较高时，可以忽略金属离子的水解，酸度较低时，酸效应影响减小，有利配位滴定反应进行，但当酸度太低时，金属离子会水解并产生沉淀，从而影响被测定离子的准确滴定。所以配位滴定还应控制最低酸度，即最高 pH。通常这个最低酸度粗略地由金属离子的水解酸度决定，可借助溶度积常数求得。金属离子水解形成羟基配合物甚至析出沉淀 $M(OH)_n$。由于 $K_{sp}=[M][OH]^n$，则 $[OH^-]=\sqrt[n]{\dfrac{K_{sp}}{[M]}}$，从 pOH+pH=14 可求出最低酸度。

例 7 计算用 EDTA(0.02 mol·L^{-1})滴定 0.2 mol·L^{-1} Fe^{3+} 溶液。若 $\Delta pM=\pm0.2$，TE=0.1%，计算滴定的酸度范围(最高酸度和最低酸度)。

解：依滴定界限 $\lg CK'_{MY}\geqslant 6$，$C_{Fe^{3+}}=0.2$ mol·L^{-1}，故 $\lg K'_{FeY}\geqslant 8$，查表 5-1，$\lg K_{FeY}=25.1$。

从而 $\lg \alpha_{Y(H)}=\lg K_{FeY}-8=25.1-8=17.1$。

查表 5-2，$\lg \alpha_{Y(H)}$ 所对应的 pH 为 1.2。故最高酸度应控制在 pH=1.2。

如果仅考虑 Fe^{3+} 与 OH^- 的羟基配位效应，按 $Fe(OH)_3$ 开始沉淀的 pH 计算，查附表可知，$K_{sp}=10^{-37.4}$，最低酸度有 K_{sp} 求得

$$[OH]=\sqrt[n]{K_{sp}/C_{Fe}}=\sqrt[3]{10^{-37.4}/10^{-2}}=10^{-11.8}$$

即 pOH=11.8，从而 pH=14-11.8=2.2。

所以，酸度范围是 1.2<pH<2.2。

3. 最佳酸度

最高酸度和最低酸度只是确定了可以进行配位滴定的酸度范围，在这个酸度范围内终点滴定误差可能还达不到要求。因为，在滴定过程中，由于 EDTA 和指示剂都存在酸效应，因此，条件稳定常数 K'_{MY}、化学计量点时金属离子的浓度 pM'_{sp} 和金属指示剂颜色转变点 pM_t 都是酸度 H^+ 的函数。

在某一滴定体系中，当溶液的酸度发生变化时，其 K'_{MY}、pM'_{sp}、pM_t 也都会随之变化。可选择滴定体系的酸度，使 pM'_{sp} 与 pM_t 基本一致，使误差达到最小，这时的酸度称为最佳酸度。

最佳酸度的推算基本思路是：在可以进行滴定酸度范围内，以滴定终点误差为判断标准，计算不同 pH 时的 K'_{MY}、pM'_{sp}、pM_t，再计算与之对应的滴定误差，最小滴定误差所对应的 pH 就是最佳酸度。

5.3.3 掩蔽剂的选择

EDTA 的配位能力很强，它能与大多数金属生成稳定的配合物，也能和与其共存的其他离子形成配合物。在配位滴定中，如果利用控制其酸度仍不能消除干扰离子的干扰，则

利用掩蔽剂来降低干扰离子的浓度，使之不与 EDTA 配位，从而消除干扰，降低滴定误差。有时共存离子 N 与 EDTA 生成的配合物的稳定性并不很大，但它与指示剂可生成稳定的配合物，对指示剂产生封闭作用，也会导致滴定困难。共存离子 N 能否干扰待测离子 M 的测定，取决于 $\lg K'_{MY}$ 与 $\lg K'_{NY}$ 之比。在 N 离子存在下，选择滴定 M 离子的条件是

$$\frac{C_{M(SP)} K'_{MY}}{C_{N(SP)} K'_{NY}} \geqslant 10^5$$

$$\Delta \lg cK' = \lg C_M K'_{MY} - \lg C_N K'_{NY} \geqslant 5 \tag{5-24}$$

由于能准确滴定 M 的条件为 $\lg C_M K'_{MY} \geqslant 6$，将其代入式(5-24)。则选择性滴定 M 离子的条件是：

$$\lg C_N K'_{NY} \leqslant 1$$

因此，设法降低干扰离子与 EDTA 配合物的条件稳定常数是提高配位滴定选择性的重要途径。若在被测溶液中加入一种试剂，使它与 N 反应，则溶液中的 [N] 会降低，$\lg C_N K'_{NY}$ 减小，N 对 M 测定的干扰作用也就减小甚至消除，这种方法叫做掩蔽法。按掩蔽的反应机制不同，可分为配位掩蔽法、沉淀掩蔽法、氧化还原掩蔽法。

1. 配位掩蔽法

利用配位剂(掩蔽剂)与干扰离子生成稳定的配合物，降低干扰离子的浓度，以致不影响被测离子的滴定，这就是配位掩蔽法。加入掩蔽剂 A 后，溶液中主要的平衡关系是

$$\begin{array}{c} M+Y \rightleftharpoons MY \\ \Updownarrow N \xrightleftharpoons{A} NA \cdots \\ NY \end{array}$$

A 与 N 的反应实际上是 N 与 Y 反应的副反应。例如：EDTA 滴定 Mg^{2+} ($pH \approx 10$) 时，Zn^{2+} 的干扰可用 KCN 来掩蔽。配位滴定中常见的掩蔽剂见表 5-6。

表 5-6 常用的掩蔽剂及使用范围

名称	使用 pH 范围	被掩蔽的离子	备注
KCN	>8	Cu^{2+}、Co^{2+}、Ni^{2+}、Hg^{2+}、Ti^{2+} 及铂系元素	剧毒，须在碱性溶液中使用
NH_4F	4~6	Al^{3+}、Ti^{4+}、Sn^{4+}、Zn^{2+}、W^{4+} 等	用 NH_4F 比 NaF 好，因 NH_4F 加入 pH 变化不大
	10	Al^{3+}、Mg^{2+}、Ca^{2+}、Sr^{2+}、Ba^{2+} 及稀土元素	
三乙醇胺 (TEA)	10	Al^{3+}、Ti^{4+}、Sn^{4+}、Fe^{3+}	与 KCN 并用可提高掩蔽效果
	11~12	Fe^{3+}、Al^{3+} 及少量 Mn^{2+}	
酒石酸	1.5~2	Sb^{2+}、Sn^{4+}	
	5.5	Fe^{3+}、Al^{3+}、Sn^{4+}、Ca^{2+}	
	6~7.5	Mg^{2+}、Cu^{2+}、Fe^{3+}、Al^{3+}、Mo^{4+}、Sb^{2+}、W^{6+}	在抗坏血酸存在下
	10	Al^{3+}、Sn^{4+}、Fe^{3+}	

2. 氧化还原掩蔽法

利用氧化还原反应改变干扰物质的价态，而不影响被测物质的滴定，这种消除干扰的

方法叫氧化还原掩蔽法。例如，用 EDTA 滴定 Hg^{2+} 时，Fe^{3+} 有干扰（$lgK_{HgY^{2-}}=21.80$，$lgK_{FeY^-}=25.1$），ΔlgK 值不够大，Fe^{3+} 会干扰 Hg^{2+} 的滴定。若加入抗坏血酸或盐酸羟氨将 Fe^{3+} 还原为 Fe^{2+}。由于 Fe^{2+} 与 EDTA 配合物的稳定常数 lgK_{FeY} 只有 14.33，比 lgK_{FeY^-} 小得多，因而不干扰 Hg^{2+} 的滴定。

3. 沉淀掩蔽法

利用某一沉淀剂与干扰离子生成难溶性沉淀在 pH=10 时，降低干扰离子的浓度，在不需分离沉淀的条件下可直接滴定被测离子。这种方法称作沉淀掩蔽法。例如，当 pH=10 时，钙、镁与 EDTA 配合物的稳定常数较接近，分别为 $10^{10.7}$ 和 $10^{8.7}$。而且 Ca^{2+}、Mg^{2+} 性质又相近，找不到合适的配位掩蔽剂，在溶液中也没有氧化还原反应可利用。但钙和镁与氢氧化物的溶度积分别为 $10^{-10.4}$、$10^{-4.9}$，相差较大。若加入适量 NaOH，使溶液 pH>12，则 Mg^{2+} 则生成 $Mg(OH)_2$ 沉淀不会干扰 Ca^{2+} 的测定。沉淀掩蔽法常用的沉淀剂见表 5-7。

表 5-7 常用的沉淀掩蔽剂

掩蔽剂	被沉淀离子	被滴定离子	pH	指示剂
氢氧化物	Mg^{2+}	Ca^{2+}	12	钙指示剂
KI	Cu^{2+}	Zn^{2+}	5～6	PAN
氟化物	Ba^{2+}、Sr^{2+}、Ca^{2+}、Mg^{2+}	Zn^{2+}、Cd^{2+}、Mn^{2+}	10	铬黑 T
硫酸盐	Ba^{2+}、Sr^{2+}	Ca^{2+}、Mg^{2+}	10	铬黑 T
硫化钠或铜试剂	Hg^{2+}、Pb^{2+}、Bi^{2+}、Cu^{2+}、Cd^{2+}	Ca^{2+}、Mg^{2+}	10	铬黑 T

5.4 应用与示例

5.4.1 标准溶液的配制与标定

1. EDTA 标准溶液

EDTA 在水中溶解度小，常用 EDTA-2Na 配制标准溶液。EDTA-2Na 摩尔质量为 372.26，在室温下溶解度为每 100ml 水中 11.1g。

（1）EDTA 标准溶液（$0.05mol \cdot L^{-1}$）的配制：取 EDTA-2Na 19g，加适量的水使溶解成 1000ml，摇匀。

（2）EDTA 标准溶液（$0.05mol \cdot L^{-1}$）的标定：用锌标定 EDTA 溶液。滴定反应需在 HAc-NaAc 缓冲溶液（pH=5～6）中进行，用二甲酚橙做指示剂，溶液由紫红色变成亮黄色为终点。若用铬黑 T 做指示剂，滴定反应需在 NH_3-NH_4Cl 缓冲溶液（pH≈10）中进行，溶液由紫红色变成纯蓝色作为终点。标定方法如下：

精密称取在约 800℃ 条件下灼烧至恒重的基准氧化锌 0.12g，加稀盐酸 3ml 使之溶解，加水 25ml，再加 0.025% 甲基红的乙醇溶液 1 滴，滴加氨试液至溶液显微黄色，加水 25ml

与氨-氯化铵缓冲液(pH=10.0)10ml,再加铬黑 T 指示剂少许,用 EDTA 溶液滴定至溶液由紫色变为纯蓝色。根据 EDTA 溶液的消耗量与氧化锌的取用量,算出 EDTA 溶液的浓度,即得。

EDTA 标准溶液应贮藏于硬质玻璃瓶或聚乙烯瓶中。

2. 锌标准溶液

(1) 锌标准溶液($0.05mol \cdot L^{-1}$)的配制。取硫酸锌约 15g,加稀盐酸 10ml 与适量蒸馏水,用蒸馏水稀释到 1L,摇匀即得。(或者精密称取纯锌粒约 3.3g,加蒸馏水 5ml 及盐酸 10ml,置水浴上温热使溶解,放冷,转移至 1L 容量瓶中,加水至刻度,即得。)

(2) 锌标准溶液的标定。精密量取上述配制的硫酸锌溶液 25.00ml,加 0.025%甲基红的乙醇溶液 1 滴,滴加氨试液至溶液显微黄色,加水 25ml、氨-氯化铵缓冲液(pH=10.0)10ml 与铬黑 T 指示剂少量,用 EDTA 滴定液($0.05mol \cdot L^{-1}$)滴定至溶液由紫红色变为纯蓝色,并将滴定的结果用空白试验较正。根据 EDTA 滴定液的消耗量,计算出硫酸锌溶液的浓度,即得。

5.4.2 滴定方式

1. 直接滴定法

直接滴定法是配位滴定中常用的基本方法,若金属离子与 EDTA 反应能够满足滴定分析的要求就可直接滴定。大多数金属离子(如 Fe^{3+}、Bi^{3+}、Th^{4+}、Cu^{2+}、Zn^{2+}、Cd^{2+}、Hg^{2+}、Pb^{2+}、Ni^{2+}、Mg^{2+}、Ca^{2+} 等)都可用 EDTA 直接进行滴定,测定其含量。

2. 返滴定法

当测定的金属离子与滴定剂的配合反应进行很慢(如 Cr^{3+}、Al^{3+} 等),或被测金属离子对指示剂有封闭作用(如 Fe^{3+}、Al^{3+} 等),或找不到合适的指示剂(如 Ba^{2+}、Sr^{2+} 等),或被测金属离子在滴定的 pH 条件下会发生水解,均不符合直接滴定条件时,可采用返滴定法进行测定。即加入过量且定量的 EDTA 标准溶液,使被测离子与 EDTA 完全配位,再用另一种金属离子的标准溶液返滴过量的 EDTA 滴定液,根据两种标准溶液消耗量之差,可求得被测物质的含量。

例如,用 EDTA 滴定 Al^{3+}:因为 Al^{3+} 与 EDTA 的配位反应很慢,且 Al^{3+} 易水解形成多种多核配合物,Al^{3+} 还能封闭二甲酚橙指示剂,因此只有在一定 pH 条件下用返滴定法进行测定。即先加入 pH=6 的氨性缓冲液和过量且定量的 EDTA 标准溶液于供试液中,煮沸 3~5min,以加速 Al^{3+} 与 EDTA 的配位反应,放冷后,再加入二甲酚橙指示剂,用标准锌溶液滴定过量的 EDTA,终点时,稍过量的硫酸锌标准溶液与二甲酚橙形成配合物,使溶液由黄色转变为红色,从而可以测得铝的含量。

3. 置换滴定法

利用置换反应,将与被测离子的量相当的另一种金属离子或 EDTA 置换出来,然后用 EDTA 标准溶液或金属盐的标准溶液进行滴定。

(1) 置换出金属离子。如果被测离子 M 与 EDTA 反应不完全或所形成的配合物不稳定,可让 M 与另一配合物 NL 反应置换出等物质的量的 N,再用 EDTA 标准溶液滴定 N,

即可间接求得 M 的含量。

例如，Ag^+ 与 EDTA 的配合物不够稳定，($lgK_{AgY}=7.32$)不能直接用 EDTA 滴定。如果将银液加入到过量的 $Ni(CN)_4^{2-}$ 溶液中，将发生如下反应：

$$2Ag^+ + Ni(CN)_4^{2-} \rightleftharpoons 2Ag(CN)_2^- + Ni^{2+}$$

在 pH=10 的氨性缓冲液中，以紫脲酸铵作指示剂，用 EDTA 滴定，即可求算出 Ag^+ 的含量。

(2) 置换出 EDTA。将被测物质 M 与干扰离子全部用 EDTA 配合生成配合物，再加入选择性高的专一性试剂 L 与被测金属离子 M 生成比 MY 更稳定的配合物 ML，因而将与 M 等量的 EDTA 置换出来：

$$MY + L \rightleftharpoons ML + Y$$

释放出来的 EDTA 用锌标准溶液滴定，可计算出 M 的含量。

例如，测定合金中的 Sn 时，可于供试液中加入过量的 EDTA 标准溶液，试样中的 Pb^{2+}、Zn^{2+}、Cd^{2+}、Ba^{2+}、Sn^{4+} 等都与 EDTA 形成配合物，过量的 EDTA 用锌标准液回滴定。再加入 NH_4F 使 SnY 转变成更稳定的 SnF_6^{2-}，释放出的 EDTA 再用锌标准溶液滴定，即可求得 Sn^{4+} 的含量。

(3) 利用置换滴定的原理还可以改善指示剂终点的敏锐性。例如铬黑 T 与 Ca^{2+} 显色不灵敏，但对 Mg^{2+} 则较灵敏，若在 pH=10 的氨性溶液中测定 Ca^{2+}，在供试液中可加入少量的 MgY，使之与 Ca^{2+} 发生置换反应：

$$MgY + Ca^{2+} \rightleftharpoons CaY + Mg^{2+}$$

置换出来的 Mg^{2+} 与铬黑 T 形成深红色配合物。滴定过程中，EDTA 先与 Ca^{2+} 生成配合物，最后夺取铬黑 T-Mg 配合物中的 Mg^{2+}，使指示剂游离出来，溶液由深红色转变为蓝色，终点变色敏锐。开始加入的 MgY 与最后生成的是等量的，不影响滴定的准确度。

4. 间接滴定法

当 EDTA 与某有些金属离子或非金属离子不发生配位反应或不能生成稳定的配合物时，可以采用间接滴定法测定其含量。间接法通常是选择一种沉淀剂，沉淀剂中含有能与 EDTA 生成稳定配合物的金属离子，故可被 EDTA 滴定。在供试液被滴定时，先加入沉淀剂，将被测定离子定量地沉淀为具有固定组成的沉淀，过量的沉淀剂再用 EDTA 滴定；或将沉淀分离溶解后，再用 EDTA 滴定其中的金属离子，从而计算被测金属离子的含量。

例如，PO_4^{3-} 可沉淀为 $MgNH_4PO_4 \cdot 6H_2O$，将沉淀过滤并溶解于 HCl 中，加入一定量过量 EDTA 标准溶液，并调至碱性，再用 Mg^{2+} 标准溶液滴定过量的 EDTA，以求得 PO_4^{3-} 的量。SO_4^{2-} 的测定：可以定量地加入过量 Ba^{2+} 标准溶液，将其沉淀为 $BaSO_4$，而后以 MgY 和铬黑 T 指示剂，用 EDTA 滴定过量的 Ba^{2+}，从而计算出 SO_4^{2-} 的含量。

5.4.3 示例

1. 水的总硬度测定

硬度是水质的重要指标，水的硬度是指溶解于水中钙盐和镁盐的总含量。含量越高，表示水的硬度越大。测定水的硬度，就是测定水中钙、镁离子的总量。

水的硬度以每升水中含钙、镁离子总量折算成碳酸钙的毫克数来表示。因此，测定方法与国家标准《制盐工业通用试验方法钙和镁离子的测定》（GB/T 13025.6—1991）的测定方法基本一致。

钙、镁总量的测定：吸取一定量样品溶液，置于 150ml 烧杯中，加入 5ml 氨性缓冲溶液（pH=10），4 滴铬黑 T 为指示剂，然后用 0.02mol·L^{-1} EDTA 标准溶液滴定至溶液由酒红色变为亮蓝色即为终点。其中金属离子 Fe^{3+}，Cu^{2+}，Co^{2+}，Ni^{2+}，Al^{3+} 及高价锰等对铬黑 T 指示剂有封闭现象，使得指示剂不褪色或终点延长，用硫化钠及氰化钾可掩蔽重金属的干扰，盐酸羟胺可使高价铁离子及高价锰离子还原为低价离子而消除其干扰。

2. 分别测定食盐中钙、镁离子的含量

制盐工业中工业盐，食用盐（海盐、湖盐、矿盐、精制盐），氯化钾，工业氯化镁试样中钙、镁离子含量的测定都是采用配位滴定法。根据中华人民共和国国家标准方法，先在 pH=10 时，用 EDTA 滴定钙、镁的总量，再在不同的 pH 下分别滴定钙、镁的含量，其检测方法如下。

钙、镁总量的测定：吸取一定量样品溶液，置于 150ml 烧杯中，加入 5ml 氨性缓冲溶液（pH=10），4 滴铬黑 T 为指示剂，然后用 0.02mol·L^{-1} EDTA 标准溶液滴定至溶液由酒红色变为亮蓝色。根据消耗的 EDTA 的量计算钙、镁离子的总量。

镁离子的测定：吸取一定量样品溶液于 150ml 烧杯中，加水至 25ml，再加入 2ml 2mol·L^{-1} 氢氧化钠溶液和约 10mg 钙指示剂，然后用 0.02mol·L^{-1} EDTA 标准溶液滴定至溶液由酒红色变为纯蓝色。根据消耗的 EDTA 的量计算镁离子的含量。根据钙、镁离子总量和镁离子的含量，计算出钙离子的含量。

3. 硫酸盐的测定

硫酸盐中的 SO_4^{2-} 阴离子通过与 Ba^{2+} 反应生成沉淀，过量的 Ba^{2+} 用 EDTA 法测定，从而得出硫酸盐含量。

例如，硫酸铝中硫的测定：取本品约 1.0g，精密称定，置烧杯中，加硝酸溶液（1→2）10ml 与水 10ml。缓缓煮沸 10min，再加入氨试液至碱性，再多加 5ml，煮沸 1min，放冷，移置 100ml 量瓶中，加水稀释至刻度，摇匀，并用干燥滤纸滤过。精密量取续滤液 10ml，加入 1mol·L^{-1} 盐酸溶液，至刚好呈酸性时，再多加 3 滴，精密加入氯化钡-氯化镁溶液（取氯化钡 6g 与氯化镁 5g，加水溶解并稀释至 500ml）10ml，摇匀，放置片刻，再加入氨-氯化铵缓冲液（pH=10.0）15ml、三乙醇胺溶液（1→2）5ml 与铬黑 T 指示剂少量，用乙二胺四乙酸二钠滴定液（0.05mol·L^{-1}）滴定，并将滴定的结果用空白试验校正。每 1ml 乙二胺四乙酸钠滴定液（0.05mol·L^{-1}）相当于 1.603mg 的 S。

本 章 小 结

(1) 稳定常数（K_{MY}）：金属离子 M 与配位剂 Y（通常指 EDTA）在一定温度时发生配位反应形成金属-EDTA 配合物的平衡常数，此值越大，离解倾向就越小，配合物越稳定。其公式为：

$$K_{MY} = \frac{[MY]}{[M][Y]}$$

(2) 累积稳定常数(β)：金属离子 M 与配位剂 L 逐级形成 MLn 型配合物，将逐级稳定常数依次相乘，则得到各级累积稳定常数。公式为：

$$\beta_n = K_1 K_2 \cdots K_n = \frac{[ML_n]}{[M][L]^n}$$

(3) 副反应及副反应系数：将被测金属离子 M 与滴定剂 Y 之间的反应作为主反应，则其他副反应对主反应的影响程度。包括配位剂的副反应、金属离子的副反应和配合物的副反应。用 α 表示副反应系数。

① 配位剂的副反应系数 α_Y：$\alpha_Y = \frac{[Y']}{[Y]}$，$\alpha_Y$ 越大，副反应越大，则直接参与主反应的游离 EDTA(Y^{4-})浓度越少。包括有酸效应系数、共存离子效应系数、配位剂的总副反应系数。

酸效应系数 $\alpha_{Y(H)}$：EDTA 与 H^+ 反应有多种形式存在于溶液中，对配位反应产生影响，$\alpha_{Y(H)}$ 是 $[H^+]$ 的函数，酸度越大，$\alpha_{Y(H)}$ 值也越大。公式为：

$$\alpha_{Y(H)} = \frac{[Y']}{[Y]} = \frac{[Y^{4-}] + [HY^{3-}] + [H_2Y^{2-}] + [H_3Y^-] + [H_4Y] + [H_5Y^+] + [H_6Y^{2+}]}{[Y^{4-}]}$$

$$= 1 + \frac{[H^+]}{K_{a_6}} + \frac{[H^+]^2}{K_{a_6}K_{a_5}} + \frac{[H^+]^3}{K_{a_6}K_{a_5}K_{a_4}} + \frac{[H^+]^4}{K_{a_6}K_{a_5}K_{a_4}K_{a_3}} + \frac{[H^+]^5}{K_{a_6}K_{a_5}K_{a_4}K_{a_3}K_{a_2}}$$

$$+ \frac{[H^+]^6}{K_{a_6}K_{a_5}K_{a_4}K_{a_3}K_{a_2}K_{a_1}}$$

共存离子效应系数 $\alpha_{Y(N)}$：是几种影响较大的共存离子副反应系数之和，其大小取决于 EDTA 与干扰离子的稳定常数以及干扰离子 N 的浓度。公式为：

$$\alpha_{Y(N)} = \frac{[Y] + [NY]}{[Y]} = 1 + \frac{[N][Y]K_{NY}}{[Y]} = 1 + [N]K_{NY}$$

Y 的总副反应系数 α_Y：当滴定体系中同时发生酸效应和共存离子效应，则 EDTA 总的副反应系数 α_Y 计算公式为：

$$\alpha_Y = \frac{[Y']}{[Y]} = \frac{[Y] + [HY] + [H_2Y] + \cdots + [H_6Y] + [NY]}{[Y]}$$

$$= \frac{[Y] + [HY] + [H_2Y] + \cdots + [H_6Y] + [Y] + [NY] - [Y]}{[Y]}$$

$$= \alpha_{Y(H)} + \alpha_{Y(NY)} - 1$$

② 金属离子 M 的副反应系数：在配位滴定反应体系中，金属离子 M 除与 EDTA 进行配位反应外，还会与体系中存在的其他配位剂 L 生成 MLn 型配合物，此反应为副反应，用 $\alpha_{M(L)}$ 表示，计算公式为：

$$\alpha_{M(L)} = \frac{[M']}{[M]} = \frac{[M] + [ML] + [ML_2] + \cdots + [ML_n]}{[M]}$$

$$= 1 + \beta_1[L] + \beta_2[L]^2 + \cdots + \beta_n[L]^n$$

若有 P 个配位剂与金属离子发生副反应，则金属离子 M 的总副反应系数为：

$$\alpha_M = \alpha_{M(L_1)} + \alpha_{M(L_2)} + \cdots + (1-P)$$

③ 配合物 MY 的副反应系数：配合物的副反应主要与溶液的 pH 有关。

在 pH<3 时，H^+ 与 MY 发生副反应形成酸式配合物 MHY，酸式配合物副反应系数为：

$$\alpha_{MY(H)} = \frac{[MY]+[MHY]}{[MY]} = 1+[H]K_{MHY}$$

在 pH>11 时，形成碱式配合物，碱式配合物副反应系数为：

$$\alpha_{MY(OH)} = \frac{[MY]+[M(OH)Y]}{[MY]} = 1+[OH]K_{M(OH)Y}$$

(4) 条件稳定常数 K'_{MY}：在一定条件下，校正了各种副反应后，生成配合物实际的稳定常数称为条件稳定常数。它表示在一定条件下有副反应发生时主反应进行的程度，计算公式为：

$$\lg K'_{MY} = \lg K_{MY} - \lg \alpha_M - \lg \alpha_Y + \lg \alpha_{MY}$$

(5) 配位滴定曲线：滴定过程中，以 pM 的变化对加入滴定剂的百分数作图，即为滴定曲线。

(6) 化学计量点 pM′值的计算。化学计量点时的金属离子浓度是判断配位滴定的准确度和选择指示剂的依据。计算公式为：

$$pM' = \frac{1}{2}(pM_{M(sp)} + \lg K'_{MY})$$

$C_{M(sp)}$ 表示化学计量点时金属离子的总浓度，若滴定剂与被滴定物浓度相等，$C_{M(sp)}$ 即为金属离子原始浓度的一半。

金属离子指示剂颜色转变点(变色点)pM_t 值的计算公式为：

$$pM_t = \lg K_{MIn} - \lg \alpha_{In(H)}$$

(7) 金属指示剂的变色原理：金属指示剂与金属离子生成的配合物的颜色与指示剂自身的颜色有明显的区别，形成的配合物的稳定性适当($K'_{MY}/K'_{MIn} > 10^2$)，且要比金属-EDTA 的稳定性稍低，从而可以游离而指示终点。注意指示剂的封闭及僵化现象，提高指示剂的灵敏度。

(8) 常用的金属指示剂：铬黑 T，二甲酚橙，PAN，钙指示剂。

① 铬黑 T：pH<6.3(紫红色)，pH>11(橙色)，pH=6.3~11.5(蓝色)，铬黑 T 金属配合物呈红色。铬黑 T 在 pH=6.3~11.5 范围内有明显的颜色变化，使用铬黑 T 的最佳酸度应为 pH=9~10.5。

② 二甲酚橙(XO)：pH<6.3(黄色)，pH>6.3(红色)，pH=6.3(红和黄的混合色)，它与金属离子的配合物均为红紫色，二甲酚橙适合在 pH<6 的酸性溶液中使用。

③ PAN：在 pH=1.9~12.2 均呈黄色，pH<1.9 为黄绿色，pH>12.2 为淡红色，而它与金属离子的配合物显红色，所以 PAN 的使用范围为 pH=1.9~12.2。

④ 钙指示剂：钙指示剂与 Ca^{2+} 的配合物显红色，灵敏度高。主要用于钙离子的测定，在 pH=12~13 时滴定，滴定终点由红色变为纯蓝色。

(9) 滴定误差：$TE(\%) = \dfrac{10^{\Delta pM'} - 10^{-\Delta pM'}}{\sqrt{C_{M(sp)} K'_{MY}}} \times 100\%$，滴定终点误差与金属配合物的条件稳定常数、终点与化学计量点 pM 的差值 $\Delta pM'$ 和金属离子的浓度有关。金属配

合物的条件稳定常数和金属离子浓度越大，滴定误差越小，$\Delta pM'$越大，误差越大。还因为人眼判断颜色的局限性，使$\Delta pM'$可能存在有$\pm 0.2 \sim \pm 0.5$的误差。要是滴定误差在滴定分析允许的范围内(0.1%)，需满足$\lg C_M' K_{MY}' \geq 6$的条件。

(10) 滴定体系的酸度选择。

① 最高酸度计算公式：$\lg \alpha_{Y(H)} \leq \lg K_{MY} - 8$。

② 最低酸度计算根据金属离子水解形成羟基化合物及其溶度积来计算，公式：$[OH^-] = \sqrt[n]{K_{sp}/[M]}$。

(11) 为了消除干扰离子的影响，常用的掩蔽法有配位掩蔽法、沉淀掩蔽法、氧化还原掩蔽法。

习　题

一、问答题

1. EDTA与金属离子配合物有哪些特点？
2. 对配位反应来说，影响稳定常数的主要因素有哪些？
3. 金属指示剂应具备什么条件？选择金属指示剂的依据是什么？
4. 影响配位滴定突跃范围的因素是什么？
5. 配位滴定的条件如何选择？主要从哪些方面考虑？
6. 配位滴定中常用的掩蔽方法有哪些？各适用于哪些情况？

二、计算题

1. 取氯化钙置贮于有水约10ml的称量瓶中（加氯化钙前水和称量瓶总重为38.1322g），称得总重量为39.6754g，移置100ml量瓶中，用水稀释至刻度，摇匀；精密量取10ml，置锥形瓶中，加水90ml、氢氧化钠15ml与钙紫红素指示剂约0.1g，用$0.05057 mol \cdot L^{-1}$乙二胺四乙酸二钠滴定液滴定至溶液由紫红色转变为纯蓝色。消耗乙二胺四乙酸二钠滴定液20.53ml，求氯化钙的百分质量分数。每1ml乙二胺四乙酸二钠滴定液$(0.05 mol \cdot L^{-1})$相当于7.351mg的$CaCl_2 \cdot 2H_2O$。 (98.91%)

2. 取硫酸镁0.2526g，加水30ml溶解后，加氨-氯化铵缓冲液(pH=10.0)10ml与铬黑T指示剂少许，用$0.05048 mol \cdot L^{-1}$乙二胺四乙酸二钠滴定液滴定至溶液由紫红色转变为纯蓝色。消耗乙二胺四乙酸二钠滴定液41.54ml，求硫酸镁的百分质量分数。每1ml乙二胺四乙酸二钠滴定液$(0.05 mol \cdot L^{-1})$相当于6.018mg的$MgSO_4$。 (99.92%)

3. 取氢氧化铝0.6048g，加盐酸与水各10ml，加热溶解后，放冷，滤过，取滤液置250ml量瓶中，滤器用水洗涤，洗液并入量瓶中，用水稀释至刻度，摇匀；精密量取25ml，加氨试液中和至恰析出沉淀，再滴加稀盐酸至沉淀恰溶解为止，加醋酸-醋酸铵缓冲液(pH=6.0)10ml，再精密加$0.05109 mol \cdot L^{-1}$的乙二胺四乙酸二钠滴定液25ml，煮沸3~5min，放冷，加二甲酚橙指示液1ml，用$0.04918 mol \cdot L^{-1}$锌滴定液滴定至溶液自黄色转变为红色，消耗锌滴定液13.46ml，求氢氧化铝(以三氧化二铝计)的百分质量分数。

每 1ml 乙二胺四乙酸二钠滴定液(0.05mol·L^{-1})相当于 2.549mg 的 Al_2O_3。

(51.86%)

4. 在 pH=10.0 的缓冲介质中，以 0.01000mol·L^{-1} 的 EDTA 滴定 50.00ml 同浓度金属离子 M 溶液，已知在此条件下配位反应进行完全，当加入 EDTA 溶液从 49.95ml 到 50.05ml 时，计量点前后的 pM 改变了 2 个单位，计算配位化合物 MY 的稳定常数 $K'_{(MY)}$。(不考虑 M 的其他副反应)

($10^{10.3}$)

5. 在 pH=5.0 的 HAc-NaAc 缓冲溶液中，用等浓度的 EDTA 滴定浓度为 2.0×10^{-2} mol·L^{-1} Pb^{2+}，在达到平衡时 [Ac$^-$]=0.1mol·L^{-1}。若以二甲酚橙作指示剂，终点时 BPb^{2+}=5.54，求滴定误差。

(-0.29%)

6. 在 pH=10.0 的氨性缓冲溶液中，以铬黑 T(EBT)为指示剂，用 0.02000mol·L^{-1} 的 EDTA 滴定 0.02000mol·L^{-1} Ca^{2+} 溶液，计算终点误差。(lgk_{CaY}=10.69，pH=10.0 时，$lg\alpha_{Y(H)}$=0.45 $lg\alpha_{Ca(OH)_2}$=0，pCa$_{ep}$=3.8)

(-1.50%)

7. 在 pH=5.0 的醋酸-醋酸钠缓冲液中，用 0.002000mol·L^{-1} EDTA 标准溶液滴定相同浓度的 Pb^{2+}，求化学计量点时溶液中 pPb 和 pY 值。

(7.275；7.275)

8. 称取 0.5000g 煤试样，熔融并把其中的硫完全氧化成硫酸根离子(SO_4^{2-})，溶解并除去重金属离子后，加入 20.00ml 0.0500mol·L^{-1} BaCl$_2$ 溶液，生成 BaSO$_4$ 沉淀，过量的 Ba^{2+} 用 0.025mol·L^{-1} EDTA 标准溶液滴定，用去 20.00ml，计算试样中硫的质量分数。

(3.21%)

9. 取葡萄糖酸钙($C_{12}H_{22}CaO_{14}\cdot H_2O$)0.5172g，加水 100ml，微温使溶解，加氢氧化钠试液 15ml 与钙紫红素指示剂 0.1g，用 0.05103mol·L^{-1} EDTA 滴定液滴定至溶液自紫红色转变为纯蓝色，共消耗 EDTA 滴定液 22.16ml。求葡萄糖酸钙的百分质量分数。已知每 1ml EDTA 滴定液(0.05mol·L^{-1})相当于 22.42mg 的 $C_{12}H_{22}CaO_{14}\cdot H_2O$。(98.04%)

第6章 氧化还原滴定法

本章教学要求

- 掌握：标准电位与条件电位的概念和区别，氧化还原滴定对平衡常数的要求，氧化还原反应滴定曲线的绘制及影响电位突跃范围的因素，几种常见的氧化还原滴定方法。
- 熟悉：影响氧化还原反应速率的因素。
- 了解：氧化还原滴定分析方法的特点及分类方法。

在渔业养殖中，翻塘是常见的现象。翻塘指水塘内生物特别是鱼发生上浮和翻肚子的现象，当鱼塘中饲料过多或有污染的水质（如猪粪水、烂草等腐烂物质）大量流入鱼塘中时，在鱼塘底部形成淤积，在天气过热时，发酵产生大量沼气，造成鱼塘水中氧气含量不足，使得鱼儿上浮吸取氧气，有些鱼儿因缺氧晕厥，出现图6-1所示的翻肚现象，会使鱼类大量死亡，造成重大损失。因而应检测并监控水体中化学耗氧量（COD）。化学耗氧量（COD）是评价水体中污染物质相对含量的一项重要综合指标，也是对河流、工业污水监控以及污水处理厂排污控制的一项重要参数。测定方法为：在水样中加入已知量的重铬酸钾标准溶液，并在强酸介质下以银盐为催化剂，经沸腾回流，将水样中的还原性物质氧化后，以试亚铁灵为指示剂，用硫酸亚铁铵标准溶液滴定水样中未被还原的重铬酸钾。由消耗重铬酸钾标准溶液的量换算成消耗氧的质量浓度，从而检查水体污染的程度。

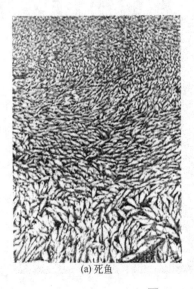
(a) 死鱼

(b) 翻塘

图6-1 翻塘现象

氧化还原滴定法(oxidation-reduction titrations)是以氧化还原反应为基础的滴定分析法。氧化还原反应是基于氧化剂与还原剂之间的电子转移反应。有些反应除了氧化剂和还原剂外还有其他组分(如 H^+、H_2O 等)的参与。氧化还原反应的机理复杂，通常反应速率慢，而且常伴随有副反应的发生。反应介质或反应条件对反应结果有很大影响。因此，在氧化还原滴定中要针对具体对象，选择合适的反应介质和严格控制反应条件，使之符合滴定反应的要求。氧化还原滴定法应用广泛。它不仅可以测定具有氧化性或还原性的物质，而且也能间接测定与氧化剂或还原剂有计量关系的物质。氧化还原滴定法一般以所使用的滴定剂命名。常见的方法有：碘量法、高锰酸钾法、重铬酸钾法、亚硝酸钠法、溴酸钾法及溴量法、铈量法和高碘酸钾法等。本章重点介绍碘量法和高锰酸钾法。

6.1 氧化还原反应

6.1.1 电极电位与 Nernst 方程式

1. 电极电位(electrode potential)

物质的氧化还原性质可以用相关氧化还原电对的电极电位来衡量。氧化还原电对(electron pair)是由物质的氧化型和与之对应的还原型构成的整体，可以用符号 Ox/Red 来表示。如：Fe^{3+}/Fe^{2+}，Ce^{4+}/Ce^{3+}，MnO_4^-/Mn^{2+}，$Cr_2O_7^{2-}/Cr^{3+}$。非金属单质及其相应的离子也可以构成氧化还原电对，例如 H^+/H_2 和 O_2/OH^-。氧化态物质和还原态物质在一定条件下，可以相互转化：

$$氧化态 + ne \rightleftharpoons 还原态$$

或

$$Ox + ne \rightleftharpoons Red$$

一般情况下，电对的电极电位越高，其氧化型的氧化能力越强；电对的电极电位越低，其还原型的还原能力越强。氧化剂能氧化电对的电极电位比它低的还原剂；还原剂能还原电对的电极电位比它高的氧化剂。因此，依据有关两个电对的电极电位可以判断反应进行的方向。在通常条件下，可逆电对电极电位的大小可通过 Nernst(能斯特)方程式计算。对于利用 Nernst 方程式计算不可逆电对的电极电位会有较大的偏差，但用于电极电位的预测仍有一定的意义。

2. Nernst 方程式

Nernst 方程式计算电对的电极电位，其基本依据是电对的氧化还原半反应。对于可逆氧化还原电对 Ox/Red 的氧化还原半反应如下：

$$Ox + ne \rightleftharpoons Red$$

则该电对的电极电位按 Nernst 方程式计算：

$$\varphi_{Ox/Red} = \varphi^0_{Ox/Red} + \frac{RT}{nF}\ln\frac{a_{Ox}}{a_{Red}} = \varphi^0_{Ox/Red} + \frac{2.303RT}{nF}\lg\frac{a_{Ox}}{a_{Red}} \quad (6-1)$$

$$\varphi_{Ox/Red} = \varphi^0_{Ox/Red} + \frac{0.0592}{n}\lg\frac{a_{Ox}}{a_{Red}} \quad (6-2)$$

式中 $\varphi^0_{Ox/Red}$ 为标准电极电位,它是温度为 25℃ 时,相关离子的活度均为 $1mol \cdot L^{-1}$,气压为 $1.013 \times 10^5 Pa$ 时,测出的相对于标准氢电极的电极电位(规定标准氢电极电位为零)。R 为气体常数,$8.314J/(K \cdot mol)$;T 为绝对温度 K;F 为法拉第常数($96487C/mol$);n 为氧化还原半反应中电子转移数;a_{Ox}/a_{Red} 为氧化态活度和还原态活度之比。

对于金属-金属离子、Ag-AgCl 电对等,一般规定纯金属、纯固体的活度为 1。例如,Cu^{2+}/Cu 电对的半反应如下:

$$Cu^{2+} + 2e \rightleftharpoons Cu$$

$$\varphi_{Cu^{2+}/Cu} = \varphi^0_{Cu^{2+}/Cu} + \frac{0.0592}{2} \lg a_{Cu^{2+}}$$

AgCl/Ag 电对,有半反应如下:

$$AgCl + e \rightleftharpoons Ag + Cl^-$$

$$\varphi_{AgCl/Ag} = \varphi^0_{AgCl/Ag} + 0.0592 \lg \frac{1}{a_{Cl^-}}$$

6.1.2 条件电极电位

1. 条件电极电位

在用 Nernst 方程式计算相关电对的电极电位时,应考虑以下两个问题:一是通常只知道电对氧化型和还原型的浓度,不知道它们的活度,而用浓度代替活度进行计算将导致误差,因此,必须引入相应的活度系数 γ_{Ox} 和 γ_{Red}。二是当条件改变时,电对氧化型、还原型的存在形式可能会发生改变,从而使电对氧化型、还原型的浓度改变,进而使电对的电极电位改变,为此,必须引入相应的副反应系数 α_{Ox}、α_{Red}。

由于 $\quad a_{Ox} = [Ox] \cdot \gamma_{Ox} \quad\quad a_{Red} = [Red] \cdot \gamma_{Red}$

$\quad\quad\quad [Ox] = \dfrac{C_{Ox}}{\alpha_{Ox}} \quad\quad\quad [Red] = \dfrac{C_{Red}}{\alpha_{Red}}$

所以 $\quad a_{Ox} = \dfrac{C_{Ox} \gamma_{Ox}}{\alpha_{Ox}} \quad\quad a_{Red} = \dfrac{C_{Red} \gamma_{Red}}{\alpha_{Red}} \quad$ 代入式(6-2)得

$$\varphi_{Ox/Red} = \varphi^0_{Ox/Red} + \frac{0.0592}{n} \lg \frac{C_{Ox} \cdot \gamma_{Ox} \cdot \alpha_{Red}}{\alpha_{Ox} \cdot C_{Red} \cdot \gamma_{Red}} \tag{6-3}$$

当 $C_{Ox} = C_{Red} = 1 mol \cdot L^{-1}$(或其比值为1)时,式(6-3)如下式:

$$\varphi_{Ox/Red} = \varphi^0_{Ox/Red} + \frac{0.0592}{n} \lg \frac{\gamma_{Ox} \cdot \alpha_{Red}}{\alpha_{Ox} \cdot \gamma_{Red}} = \varphi^{0'}_{Ox/Red} \tag{6-4}$$

式(6-4)中的 $\varphi^{0'}_{Ox/Red}$ 称为电对 Ox/Red 的条件电极电位。它是在特定条件下,电对的氧化型、还原型分析浓度均为 $1mol \cdot L^{-1}$ 时或其比值为 1 时的实际电位。当介质的种类或浓度发生很大改变时,条件电位也将随之改变。当知道相关电对的 $\varphi^{0'}_{Ox/Red}$ 值时,电对的电极电位应用下式计算:

$$\varphi_{Ox/Red} = \varphi^{0'}_{Ox/Red} + \frac{0.0592}{n} \lg \frac{C_{Ox}}{C_{Red}} \tag{6-5}$$

条件电极电位 $\varphi^{0'}$ 和标准电极电位 φ^0 的关系与配合物的条件稳定常数 K'_{MY} 和绝对稳定常数 K_{MY} 的关系有些类似。条件电位大多由实验测定,但到目前为止,仅测出了少数电对在一定条件下的 $\varphi^{0'}$ 值,当缺少相同条件的 $\varphi^{0'}$ 值时,可选用条件相近的 $\varphi^{0'}$ 值,若无合适的

$\varphi^{0'}$ 值，则用 φ^0 值代替 $\varphi^{0'}$，在引入条件电位后，能斯特(Nernst)方程式可表示为：

$$\varphi_{\text{Ox/Red}} = \varphi^0_{\text{Ox/Red}} + \frac{0.0592}{n}\lg\frac{[\text{Ox}]}{[\text{Red}]} \quad (6-6)$$

6.1.3 影响条件电极电位的因素

由式(6-3)可知，影响条件电极电位的因素即为影响物质的活度系数和副反应系数的因素，主要体现在盐效应、酸效应、配位效应和生成沉淀4个方面。

1. 盐效应

指溶液中电解质浓度对条件电极电位的影响。电解质浓度越大，离子强度越大，而活度系数的大小受浓度离子强度的影响。因为离子活度系数精确值不容易计算，且各种副反应等其他影响比离子强度影响大，因此一般忽略离子强度的影响。

2. 酸效应

酸度对条件电位的影响表现在以下两个方面。

(1) 在有 H^+ 或 OH^- 参加的氧化还原反应中，酸度将对电对的电极电位产生较大的影响。如

$$MnO_4^- + 5Fe^{2+} + 8H^+ \rightleftharpoons Mn^{2+} + 5Fe^{3+} + 4H_2O$$

(2) 有的电对的氧化型或还原型本身是弱酸或弱碱，酸度改变时，将导致弱酸、弱碱浓度的改变，从而使电对的电极电位改变，如以下反应：

$$H_3AsO_4 + 2I^- + 2H^+ \rightleftharpoons H_3AsO_3 + I_2 + H_2O$$

已知 $\varphi^0_{\text{AsO}_4^{3-}/\text{AsO}_3^{3-}} = 0.56\text{V}$，$\varphi^0_{\text{I}_2/\text{I}^-} = 0.536\text{V}$，两个氧化还原电对的半电池反应为

$$H_3AsO_4 + 2H^+ + 2e \rightleftharpoons H_3AsO_3 + H_2O$$

$$I_2 + 2e \rightleftharpoons 2I^-$$

由上述两个氧化还原电对的半电池反应可以看出，H_3AsO_4/H_3AsO_3 电对的电极电位受 H^+ 浓度影响较大，而 I_2/I^- 电对的电极电位对 H^+ 浓度的变化不敏感。当 $[H^+]=1.0\text{mol}\cdot L^{-1}$ 时，反应向右进行，而当溶液呈中性或弱碱性时，上述反应向左进行。

3. 配位效应

当溶液中存在能与电对氧化型或还原型生成配合物的配位剂时，如果配位剂与电对氧化型发生配位反应，降低电对氧化型的游离浓度，使电对的电极电位降低；如果配位剂与电对还原型发生配位反应，降低电对还原型的游离浓度，使电对的电极电位升高。如果配位剂既与电对氧化型发生配位反应，又与电对还原型发生配位反应，那么，生成的氧化型配合物稳定性大于还原型配合物稳定性，条件电位下降。反之，条件电位增加。

4. 生成难溶性沉淀

在氧化还原反应过程中，当氧化型生成沉淀，游离的氧化型浓度下降，条件电极电位降低；当还原型生成沉淀，游离的还原型浓度下降，条件电极电位增高。如间接碘量法测定 Cu^{2+} 时，反应如下：

$$2Cu^{2+} + 4I^- = 2CuI\downarrow + I_2$$

析出的 I_2 再用 $Na_2S_2O_3$ 标准溶液滴定。但是从 $\varphi^0_{Cu^{2+}/Cu^+}=0.16V$，$\varphi^0_{I_2/I^-}=0.536V$ 来看，似乎 Cu^{2+} 无法氧化 I^-。然而，由于 Cu^+ 生成了溶解度很小的 CuI 沉淀，大大降低了 Cu^+ 的游离浓度，从而使 Cu^{2+}/Cu^+ 的电极电位显著升高，使上述反应向右进行。设 $[Cu^{2+}]=[I^-]=1\,mol\cdot L^{-1}$，则

$$\varphi_{Cu^{2+}/Cu^+}=\varphi^0_{Cu^{2+}/Cu^+}+0.0592\lg\frac{[Cu^{2+}]}{[Cu^+]},\ [Cu^+]=\frac{Ksp_{(CuI)}}{[I^-]}$$

$$=0.16+0.0592\lg\frac{[Cu^{2+}][I^-]}{Ksp_{(CuI)}}$$

$$=0.16-0.0592\lg 1.1\times10^{-12}=0.87(V)$$

显然，此时 $\varphi_{Cu^{2+}/Cu^+}(0.87V)>\varphi^0_{I_2/I^-}$，$Cu^{2+}$ 可以氧化 I^-，反应向右进行。

6.1.4 氧化还原反应进行的程度

平衡常数 K 的大小可衡量氧化还原反应进行的程度。可根据有关的氧化还原反应，用 Nernst 方程式从有关电对的标准电极电位求得平衡常数 K。如果考虑了溶液中各种副反应的影响，引用电对的条件电位进行计算，那么得到的是条件平衡常数 K'。例如下述氧化还原反应：

$$mOx_1+nRed_2\rightleftharpoons mRed_1+nOx_2$$

条件平衡常数为：
$$K'=\frac{C^m_{Red_1}\cdot C^n_{Ox_2}}{C^m_{Ox_1}\cdot C^n_{Red_2}} \tag{6-7}$$

与上述氧化还原反应相关的氧化还原半反应和电对的电极电位为：

$$Ox_1+ne\rightleftharpoons Red_1 \quad \varphi_{Ox_1/Red_1}=\varphi^{0'}_{Ox_1/Red_1}+\frac{0.0592}{n}\lg\frac{C_{Ox_1}}{C_{Red_1}} \tag{6-8}$$

$$Ox_2+me\rightleftharpoons Red_2 \quad \varphi_{Ox_2/Red_2}=\varphi^{0'}_{Ox_2/Red_2}+\frac{0.0592}{m}\lg\frac{C_{Ox_2}}{C_{Red_2}} \tag{6-9}$$

当氧化还原反应达到平衡时，两个电对的电极电位相等，即式(6-8)和式(6-9)相等，整理得

$$\lg K'=\frac{m\cdot n(\varphi^{0'}_{Ox_1/Red_1}-\varphi^{0'}_{Ox_2/Red_2})}{0.0592} \tag{6-10}$$

其中 m、n 分别是氧化还原反应方程式中氧化剂和还原剂的系数。

从式(6-10)可知，由两电对的条件电位和滴定反应的电子转移总数 ($m\times n$) 可以计算反应的条件平衡常数。两个氧化还原电对的条件电极电位之差(即 $\Delta\varphi^{0'}$)越大，以及滴定反应的电子转移总数 ($m\times n$) 越大，反应的平衡常数 K' 越大，反应进行越完全。但平衡常数不能说明反应进行的快慢。当没有相关电对的条件电极电位时，可利用相应的标准电极电位代替条件电位进行计算，作为初步预测或判断反应进行的程度有一定意义。

氧化还原反应用于滴定分析时，反应到达化学计量点时误差≤0.1%，反应完成 99.9% 以上，则可满足滴定分析对滴定反应的要求。因此在化学计量点时，要求如下。

反应产物的浓度≥99.9%，即 $[Ox_2]\geq 99.9\%$；$[Red_1]\geq 99.9\%$；

而剩余反应物的量≤0.1%，即 $[Ox_1]\leq 0.1\%$；$[Red_2]\leq 0.1\%$；

即有

$$\frac{C_{Red_1}}{C_{Ox_1}} \geqslant 10^3, \quad \frac{C_{Ox_2}}{C_{Red_2}} \geqslant 10^3$$

将上述关系代入式(6-7),整理得到下式。

$$\lg K' = \lg\left[\left(\frac{C_{Red_1}}{C_{Ox_1}}\right)^m \cdot \left(\frac{C_{Ox_2}}{C_{Red_2}}\right)^n\right] \geqslant \lg[(10^3)^m \cdot (10^3)^n]$$

当 $m=1$,$n=1$ 时,$K' \geqslant 10^6$,则 $\Delta\varphi^{0'} \geqslant 0.35V$;同理,若 $m=1$,$n=2$(或 $m=2$,$n=1$),则 $K' \geqslant 10^9$,则 $\Delta\varphi^{0'} \geqslant 0.27V$;若 $m=2$,$n=2$,则 $K' \geqslant 10^{12}$,则 $\Delta\varphi^{0'} \geqslant 0.18V$。其他以此类推。如果仅考虑反应进行的程度,通常认为 $\Delta\varphi^{0'} \geqslant 0.40V$ 的氧化还原反应可以用于氧化还原滴定法,这是氧化还原反应定量的条件。

6.1.5 氧化还原反应速率及其影响因素

根据氧化还原电对的标准电极电位 φ^0 值或条件电极电位 $\varphi^{0'}$ 值可以判断反应进行的方向及程度,但无法判断反应进行的速率。有些氧化还原反应进行程度很完全,但反应速率慢,不能应用于滴定分析。所以,氧化还原滴定除要考虑反应进行的方向、程度外,还要从反应速率考虑滴定反应的实现性。影响氧化还原反应速率的因素主要有以下几个方面。

1. 氧化剂、还原剂本身的性质

不同性质的氧化剂和还原剂,其反应速率往往相差很大,这与它们的原子结构、反应机理等诸多因素有关。

2. 反应物浓度

根据质量作用定律,反应速率与反应物浓度的乘积成正比。一般来说,反应物浓度越大,反应的速率也越快。

3. 反应温度

升高反应温度,不仅可以增加反应物之间碰撞的几率,而且可以增加活化分子数目。对于绝大多数氧化还原反应,升高反应温度可提高反应速率。一般温度每升高 $10°C$,反应速率可提高 2～4 倍。但在氧化还原滴定过程中需要加热提高反应速率时,应注意温度过高会导致一些试剂分解或挥发。例如在酸性溶液中 MnO_4^- 和 $C_2O_4^{2-}$ 的反应:

$$2MnO_4^- + 5C_2O_4^{2-} + 16H^+ \rightleftharpoons 2Mn^{2+} + 10CO_2 + 8H_2O$$

在室温下反应速度缓慢,如果将溶液加热至 75～85°C 左右,反应速度就大大加快,滴定可以顺利进行。但 $K_2Cr_2O_7$ 与 KI 的反应,则不能用加热的方法来加快反应速度,因为生成产物 I_2 挥发引起的测定结果误差增大。又如,草酸溶液加热的温度过高,时间过长,草酸分解引起的测定结果误差也会增大。

4. 催化剂

催化剂是能改变反应速度而其本身反应前后的组成和质量并不发生改变的物质。催化剂分为正催化剂和负催化剂两类。正催化剂提高反应速率;负催化剂降低反应速率,负催化剂又称"阻化剂"。一般所说的催化剂,通常是指正催化剂。如 MnO_4^- 滴定 $C_2O_4^{2-}$ 的反应,初始速度很慢,若加入少量 Mn^{2+},则反应速度明显加快。Mn^{2+} 在此反应中起催化剂的作用。如果没有加入少量 Mn^{2+},MnO_4^- 与 $C_2O_4^{2-}$ 的反应产生的微量 Mn^{2+} 也能起催化反应。但滴定开始时,加入的第一滴 $KMnO_4$ 溶液褪色很慢,所以开始滴定要慢些。等最初几滴 $KMnO_4$ 溶液已经反应生成 Mn^{2+},反应速率逐渐加快之后,滴定速度就可以稍快些。

5. 诱导作用

在氧化还原反应中,一种反应(主要反应)的进行,能够诱发反应速率极慢或本来不能进行的另一反应的现象,称为诱导作用。如:MnO_4^- 氧化 Cl^- 的反应进行得很慢,但当溶液中存在 Fe^{2+} 时,由于 MnO_4^- 与 Fe^{2+} 反应的进行,诱发 MnO_4^- 与 Cl^- 反应加快进行。这种原来难以进行或进行很慢,但在另一反应的诱导下得以进行或加速进行的反应,称为受诱反应,简称诱导反应,如下列反应:

$$MnO_4^- + 5Fe^{2+} + 8H^+ \rightleftharpoons Mn^{2+} + 5Fe^{3+} + 4H_2O \quad (初级反应或主反应)$$

$$2MnO_4^- + 10Cl^- + 16H^+ \rightleftharpoons 2Mn^{2+} + 5Cl_2 + 8H_2O \quad (受诱反应)$$

其中,MnO_4^- 称为作用体;Fe^{2+} 称为诱导体;Cl^- 称为受诱体。

在催化反应中,催化剂在反应后组成和质量不发生改变;而在诱导反应中,诱导体反应后变成其他物质。另外,诱导反应增加了作用体的消耗量,使测定结果的误差偏高。

6.1.6 化学计量点电位

对于 $mOx_1 + nRed_2 \rightleftharpoons mRed_1 + nOx_2$ 一类的氧化还原反应,与上述氧化还原反应相关的氧化还原半反应和电对的电极电位为

$$Ox_1 + me \rightleftharpoons Red_1 \qquad \varphi_{Ox_1/Red_1} = \varphi_{Ox_1/Red_1}^{0'} + \frac{0.0592}{m}\lg\frac{C_{Ox_1}}{C_{Red_1}} \qquad (6-11)$$

$$Ox_2 + ne \rightleftharpoons Red_2 \qquad \varphi_{Ox_2/Red_2} = \varphi_{Ox_2/Red_2}^{0'} + \frac{0.0592}{n}\lg\frac{C_{Ox_2}}{C_{Red_2}} \qquad (6-12)$$

当达到化学计量点时,两电对的电位相等,即 $\varphi_{sp} = \varphi_{Ox_1/Red_1} = \varphi_{Ox_2/Red_2}$,将式(6-11)乘以 m,式(6-12)乘以 n,并且相加得到

$$(m+n)\varphi_{sp} = m\varphi_1^{0'} + n\varphi_2^{0'} + 0.0592\lg\frac{[Ox_1] \cdot [Ox_2]}{[Red_1] \cdot [Red_2]}$$

因为化学计量点时,存在下述的平衡关系:

$$[Ox_1]/[Red_2] = m/n; \qquad [Ox_2]/[Red_1] = n/m$$

则

$$\lg\frac{[Ox_1] \cdot [Ox_2]}{[Red_1] \cdot [Red_2]} = 0$$

所以化学计量点电位为

$$\varphi_{sp} = \frac{m\varphi_{Ox_1/Red_1}^{0'} + n\varphi_{Ox_2/Red_2}^{0'}}{m+n} \qquad (6-13)$$

式(6-13)是 $m \neq n$ 非对称电对的氧化还原滴定化学计量点时电位的计算公式。若 $m = n = 1$,则

$$\varphi_{sp} = \frac{\varphi_1^{0'} + \varphi_2^{0'}}{2} \qquad (6-14)$$

6.2 基本原理

6.2.1 滴定曲线

以氧化还原反应电对的电极电位为纵坐标,以加入滴定剂的体积或百分数为横坐标绘制的曲线称为氧化还原滴定曲线。氧化还原滴定曲线一般用实验的方法测绘,对于可逆氧化还原电对也可根据 Nernst 方程式计算滴定曲线上任意一点的电位值。化学计量点之前,用被滴定物电对的 Nernst 方程式计算;化学计量点之后,用滴定剂电对的 Nernst 方程式计算。如果两电对是对称电对(氧化型与还原型的系数相同的电对),化学计量点电位按式(6-14)计算。

以 $0.1000\text{mol}\cdot\text{L}^{-1}\text{Ce}^{4+}$ 标准溶液滴定 20.0ml $0.1000\text{mol}\cdot\text{L}^{-1}\text{Fe}^{2+}$ 溶液为例(1mol·L^{-1} H$_2$SO$_4$ 溶液中)说明滴定曲线的绘制。$\text{Fe}^{3+}/\text{Fe}^{2+}$ 和 $\text{Ce}^{4+}/\text{Ce}^{3+}$ 两个电对的半反应如下:

$$\text{Ce}^{4+}+\text{e} \rightleftharpoons \text{Ce}^{3+} \qquad \varphi^{0'}_{\text{Ce}^{4+}/\text{Ce}^{3+}}=1.44\text{V}$$

$$\text{Fe}^{3+}+\text{e} \rightleftharpoons \text{Fe}^{2+} \qquad \varphi^{0'}_{\text{Fe}^{3+}/\text{Fe}^{2+}}=0.68\text{V}$$

滴定反应为 $\qquad \text{Ce}^{4+}+\text{Fe}^{2+} \rightleftharpoons \text{Ce}^{3+}+\text{Fe}^{3+}$

滴定过程中相关电对的电极电位根据 Nernst 方程式计算如下。

1. 滴定前(V=0)

由于空气中氧气可氧化 Fe^{2+} 为 Fe^{3+},不可避免地存在少量 Fe^{3+},然而 Fe^{3+} 的浓度难以确定,故此时电极电位无法根据 Nernst 方程式进行计算。

2. 滴定开始至化学计量点前($V<V_0$)

这个阶段体系存在 $\text{Fe}^{3+}/\text{Fe}^{2+}$、$\text{Ce}^{4+}/\text{Ce}^{3+}$ 两个电对。但由于 Ce^{4+} 在此阶段的溶液中存在极少且难以确定其浓度,故只能用被滴定物电对 $\text{Fe}^{3+}/\text{Fe}^{2+}$ 计算该阶段的电极电位。

$$\varphi_{\text{Fe}^{3+}/\text{Fe}^{2+}}=\varphi^{0'}_{\text{Fe}^{3+}/\text{Fe}^{2+}}+0.0592\lg\frac{C_{\text{Fe}^{3+}}}{C_{\text{Fe}^{2+}}}$$

因 $C_{\text{Fe}^{3+}}$、$C_{\text{Fe}^{2+}}$ 在数值上等于二者物质的量与滴定溶液总体积的比值,由于是在同一溶液中,上述 Nernst 方程式中的浓度比用物质的量之比代替。

(1) 若加入 Ce^{4+} 标准溶液 10.00ml(溶液中 Fe^{2+} 的有 50% 被氧化为 Fe^{3+}。此时距化学计量点 50%)。

$$n_{\text{Fe}^{3+}}=10.00\times 0.1000=1.000(\text{mmol})$$

$$n_{\text{Fe}^{2+}}=(20.00\times 0.1000-10.00\times 0.1000)=1.000(\text{mmol})$$

$$\varphi_{\text{Fe}^{3+}/\text{Fe}^{2+}}=0.68+0.0592\lg\frac{1.000}{1.000}=0.68(\text{V})$$

(2) 若加入 Ce^{4+} 标准溶液 19.98ml(溶液中 Fe^{2+} 的有 99.9% 被氧化为 Fe^{3+}。此时距化学计量点 0.1%)。

$$n_{\text{Fe}^{3+}}=19.98\times 0.1000=1.998(\text{mmol})$$

$$n_{\text{Fe}^{2+}}=(20.00-19.98)\times 0.1000=0.002000(\text{mmol})$$

$$\varphi_{Fe^{3+}/Fe^{2+}} = 0.68 + 0.0592 \lg \frac{1.998}{0.002000} = 0.86(V)$$

3. 化学计量点($V=V_0$)

此时加入 Ce^{4+} 标准溶液 20.00ml，根据化学计量点电位计算式(6-14)得

$$\varphi_{sp} = \frac{1.44 + 0.68}{1+1} = 1.06(V)$$

4. 化学计量点后($V>V_0$)

此阶段因 Fe^{2+} 已被 Ce^{4+} 氧化完全，虽然可能尚有少量 Fe^{2+} 存在，但其浓度难以确定。此时应用滴定剂电对 Ce^{4+}/Ce^{3+} 计算这个阶段体系的电极电位：

$$\varphi_{Ce^{4+}/Ce^{3+}} = \varphi^{0'}_{Ce^{4+}/Ce^{3+}} + 0.0592 \lg \frac{C_{Ce^{4+}}}{C_{Ce^{3+}}}$$

若加入 Ce^{4+} 标准溶液 20.02ml（溶液中的 Ce^{4+} 过量 0.1%。此时超过化学计量点 0.1%）

$$n_{Ce^{4+}} = 0.02 \times 0.1000 = 0.002000(mmol)$$
$$n_{Ce^{3+}} = 20.00 \times 0.1000 = 2.000(mmol)$$
$$\varphi_{Ce^{4+}/Ce^{3+}} = 1.44 + 0.0592 \lg \frac{0.002000}{2.000} = 1.26(V)$$

用同样的方法可计算出该阶段其他各点相应的电位值，将滴定过程中计算出的结果见表 6-1，滴定曲线如图 6-2 所示。由表 6-1 及图 6-2 可以看出，该滴定反应的突跃范围为 0.86~1.26V。研究滴定突跃范围的目的主要是为氧化还原指示剂的选择提供理论依据。对于氧化还原反应 $mOx_1 + nRed_2 = mRed_1 + nOx_2$，若用 Ox_1 滴定 Red_2，化学计量点前后，滴定相对误差为±0.1%范围内电位突跃区间为：

$$\left(\varphi^{0'}_{Ox_2/Red_2} + \frac{3 \times 0.0592}{m}\right) \sim \left(\varphi^{0'}_{Ox_1/Red_1} - \frac{3 \times 0.0592}{n}\right) \quad (6-15)$$

表 6-1　0.1000mol·L^{-1}Ce^{4+} 滴定 20.00ml 0.1000mol·L^{-1} Fe^{2+} 溶液电极电位变化

加入 Ce^{4+}/ml	反应进行的百分率	φ 值/V
1.00	5.0	0.60
2.00	10.0	0.62
4.00	20.0	0.64
8.00	40.0	0.67
10.00	50.0	0.68
18.00	90.0	0.74
19.80	99.0	0.80
19.98	99.9	0.86 ⎫ 突
20.00	100.0	1.06 ⎬ 跃范围
20.02	100.1	1.26 ⎭
22.00	110.0	1.38
40.00	200.0	1.44

由式(6-15)可知，氧化还原滴定电位突跃范围的主要影响因素为：①两个氧化还

电对的条件电位差值 $\Delta\varphi^{0'}$，此值越大，突跃范围越大，同时也与两电对的电子转移数有关；②滴定突跃范围随滴定介质的改变而改变。在选择指示剂时，应使氧化还原指示剂的条件电极电位尽可能与反应的化学计量点电位一致，以减小终点误差。

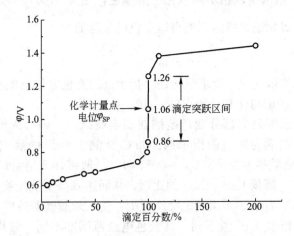

图 6-2　$0.1000\ mol\cdot L^{-1}Ce^{4+}$ 溶液滴定 $20.00ml\ 0.1000mol\cdot L^{-1}Fe^{2+}$ 溶液的滴定曲线

6.2.2　指示剂（自身指示剂、特殊指示剂、氧化还原指示剂）

氧化还原滴定终点的确定方法有电位法和指示剂法。以下是常用的几种指示剂类型。

1. 自身指示剂

有些标准溶液或被滴定的组分本身有颜色，反应后变为无色或浅色物质，这类滴定则可用标准溶液或被滴定物质作指示剂。如 $KMnO_4$、I_2 等。当 $KMnO_4$ 的浓度在 2×10^{-6} $mol\cdot L^{-1}$ 时，即可使溶液呈现明显的淡红色，从而指示滴定终点。

2. 特殊指示剂

某些物质本身不具有氧化性和还原性，但它能与氧化剂或还原剂发生可逆的显色反应，引起颜色变化，从而可以指示终点。如：可溶性淀粉遇 I_3^- 时即可发生显色反应，生成蓝色的吸附配合物；当 I_3^- 被还原为 I^- 后，则蓝色的吸附配合物不复存在，蓝色亦消失。所以可溶性淀粉是碘量法的专属指示剂。

3. 氧化还原指示剂

指示剂本身是具有氧化还原性质的有机试剂，其氧化型和还原型具有明显不同的颜色。在滴定过程中指示剂被氧化或还原，在计量点附近发生颜色改变指示终点。指示剂的氧化还原半反应如下：

$$In_{Ox} + ne \rightleftharpoons In_{Red}$$
氧化型颜色　　　还原型颜色

In_{Ox} 为其氧化型，In_{Red} 为还原型。随着氧化还原滴定过程中溶液电位的变化，指示剂的氧化型和还原型浓度的比值 $\dfrac{C_{In_{Ox}}}{C_{In_{Red}}}$ 按 Nernst 方程式的关系改变：

$$\varphi_{In_{Ox}/In_{Red}} = \varphi^{0'}_{In_{Ox}/In_{Red}} + \frac{0.0592}{n}\lg\frac{C_{In_{Ox}}}{C_{In_{Red}}} \tag{6-16}$$

当 $\frac{C_{In_{Ox}}}{C_{In_{Red}}} \geqslant 10$ 时，溶液呈现指示剂氧化型的颜色；当 $\frac{C_{In_{Ox}}}{C_{In_{Red}}} \leqslant \frac{1}{10}$ 时，溶液呈现指示剂还原型的颜色。因此，氧化还原指示剂的理论变色电位范围为：

$$\varphi^{0'}_{In_{Ox}/In_{Red}} \pm \frac{0.0592}{n} \tag{6-17}$$

在选择氧化还原指示剂时，要求氧化还原指示剂的变色电位范围在滴定突跃电位范围内，最好使指示剂的 φ^0 值与化学计量点的 φ_{sp} 值一致。

若可供选择的指示剂只有部分变色范围在滴定突跃内，则必须设法改变滴定突跃范围，使所选用的指示剂成为适宜的指示剂。如 Ce^{4+} 测定 Fe^{2+} 的滴定突跃范围为 $0.86\sim 1.26V$，若用二苯胺磺酸钠为指示剂（$\varphi^0 = 0.84V$），一般需加入适量的磷酸，使之与 Fe^{3+} 形成稳定的 $FeHPO_4^+$，降低 $C_{Fe^{3+}}/C_{Fe^{2+}}$ 的比值，从而达到降低滴定突跃起点电位值（即化学计量点前 0.1% 处电位值），增大滴定突跃范围，使二苯胺磺酸钠成为适合的指示剂。

不同的氧化还原指示剂 $\varphi^{0'}$ 值不同，其变色电位范围亦不同。常用氧化还原指示剂的 $\varphi^{0'}$ 值及其颜色变化见表 6-2。

表 6-2　常用氧化还原指示剂的 $\varphi^{0'}$ 值及颜色变化

指示剂	$\varphi^{0'}/V$ $[H^+]=1mol\cdot L^{-1}$	颜色变化	
		氧化型	还原型
次甲基蓝	0.36	蓝色	无色
二苯胺	0.76	紫色	无色
二苯胺磺酸钠	0.84	紫红	无色
邻苯氨基苯甲酸	0.89	紫红	无色
邻二氮菲-亚铁	1.06	浅蓝	红
硝基邻二氮菲-亚铁	1.25	浅蓝	紫红

6.3　碘　量　法

6.3.1　基本原理

碘量法（iodimetry）是以 I_2 作氧化剂或以 I^- 作还原剂的氧化还原滴定法。I_2 在水中的溶解度很小，室温下仅约为 $0.00133mol\cdot L^{-1}$，为了增大 I_2 在水中的溶解度并减少其挥发损失，常将 I_2 溶解在 KI 溶液中，此时 I_2 以 I_3^- 形式存在。碘量法的基本反应如下：

$$I_3^- + 2e \rightleftharpoons 3I^- \quad \varphi^0_{I_3^-/I^-} = 0.545V$$

从 $\varphi^0_{I_3^-/I^-}$ 值可以看出，I_2 是较弱的氧化剂，能氧化具有较强还原性的物质；I^- 是中等强度的还原剂，可以与许多具有氧化性的物质作用。因此，碘量法是应用广泛的重要氧化还原滴定法之一。碘量法分为直接碘量法和间接碘量法。

1. 直接碘量法

以 I_2 标准溶液为滴定剂滴定 φ^0 值低于 $\varphi^0_{I_3^-/I^-}$ 值的电对的还原型的滴定分析方法，称为直接碘量法，或称碘滴定法。

由于 I_2 的氧化性不强，因此，直接碘量法只能测定还原性较强的物质。例如，S^{2-}、SO_3^{2-}、$S_2O_3^{2-}$、Sn^{2+}、AsO_3^{3-}、SbO_3^{3-} 及含有二烯醇基（如维生素 C）、硫基（如硫基乙酸）等组分的含量。

该方法只能在酸性、中性、弱碱性中进行。如果 pH>9，发生如下副反应：
$$3I_2 + 6OH^- \rightleftharpoons IO_3^- + 5I^- + 3H_2O$$

2. 间接碘量法

间接碘量法或称滴定碘法。凡 φ^0 值高于 $\varphi^0_{I_3^-/I^-}$ 值的电对，其氧化型可将溶液中的 I^- 氧化析出 I_2，再用 $Na_2S_2O_3$ 标准溶液滴定所生成的 I_2，从而间接地测定氧化性物质的含量。这种滴定方式属于置换滴定。

该方法的滴定反应为 $I_2 + 2S_2O_3^{2-} \rightleftharpoons S_4O_6^{2-} + 2I^-$

有的还原性物质，可先使之与过量的 I_2 标准溶液反应（反应可以是氧化还原反应，也可以是有机物的碘代反应），待反应完后，再用 $Na_2S_2O_3$ 标准溶液滴定剩余的 I_2，这种方法属于返滴定法。

间接碘量法应用广泛。可以用来测定的组分有 ClO_3^-、ClO^-、CrO_4^{2-}、$Cr_2O_7^{2-}$、IO_3^-、BrO_3^-、SbO_4^{3-}、MnO_4^-、AsO_4^{3-}、NO_3^-、NO_2^-、Cu^{2+} 及 H_2O_2 等；也可以测定还原性的糖类、甲醛及硫脲等；能与 I_2 发生碘代反应的有机酸、有机胺类；某些能与 $Cr_2O_7^{2-}$ 定量生成难溶性化合物的生物碱类（如盐酸小檗碱等）。

在间接碘量法测定中，必须注意以下几点。

(1) I_2 与 $Na_2S_2O_3$ 的反应必须在弱酸或中性条件下进行。在碱性溶液中，I_2 与 $Na_2S_2O_3$ 发生如下副反应使测定结果产生误差：
$$S_2O_3^{2-} + 4I_2 + 10OH^- \rightleftharpoons 2SO_4^{2-} + 8I^- + 5H_2O$$

而且在碱性溶液中，I_2 又会发生歧化反应，生成 IO^- 及 IO_3^-。在强酸性溶液中，$S_2O_3^{2-}$ 发生分解：
$$S_2O_3^{2-} + 2H^+ \rightleftharpoons SO_2\uparrow + S\downarrow + H_2O$$

(2) 在酸性溶液中，$Na_2S_2O_3$ 发生分解。同时，在酸性溶液中，I^- 很容易被空气中的氧气氧化产生 I_2，使测定结果产生误差。此反应随光照的增加而加快。光照能促进 I^- 的氧化，因此 I^- 应避光保存。
$$4I^- + 4H^+ + O_2 \rightleftharpoons 2I_2 + 2H_2O$$

(3) 为了减少 I^- 与空气的接触和 I_2 的挥发，滴定时不应过度摇荡。

现以 $B^+ \cdot Cl^- \cdot 2H_2O$ 表示生物碱类物质盐酸小檗碱（$C_{20}H_{18}ClNO_4 \cdot 2H_2O$），其测定方法以反应式表示如下：
$$2B^+ + Cr_2O_7^{2-}（定量、过量）= B_2Cr_2O_7\downarrow$$
$$Cr_2O_7^{2-}（剩余）+ 6I^- + 14H^+ \rightleftharpoons 2Cr^{3+} + 3I_2 + 7H_2O$$
$$I_2 + 2S_2O_3^{2-} \rightleftharpoons S_4O_6^{2-} + 2I^-$$

由反应方程式可知

$$2B^+ \sim 1Cr_2O_7^{2-} \sim 6S_2O_3^{2-}$$

实际与盐酸小檗碱反应所消耗的 $K_2Cr_2O_7$ 物质的量 $n_{Cr_2O_7^{2-}}^{实际}$ 为：

$$n_{Cr_2O_7^{2-}}^{实际}=n_{Cr_2O_7^{2-}}^{总量}-n_{Cr_2O_7^{2-}}^{剩余}$$

$$n_{Cr_2O_7^{2-}}^{实际}=C_{Cr_2O_7^{2-}} \cdot V_{Cr_2O_7^{2-}}-\frac{1}{6}C_{S_2O_3^{2-}} \cdot V_{S_2O_3^{2-}}$$

盐酸小檗碱含量计算式

$$B^+ \cdot Cl^- \cdot 2H_2O\% = \frac{\left[C_{Cr_2O_7^{2-}} \cdot V_{Cr_2O_7^{2-}}-\frac{1}{6}C_{S_2O_3^{2-}} \cdot V_{S_2O_3^{2-}}\right] \times \frac{2M_{B^+ \cdot Cl^- \cdot 2H_2O}}{1000}}{W} \times 100\%$$

6.3.2 误差来源及措施

碘量法误差来源主要有两个方面：一是 I_2 易挥发；二是 I^- 在酸性条件下易被空气中的 O_2 氧化。可采取如下措施减少碘量法的测定误差。

1. 防止 I_2 的挥发

对于直接碘量法，配制碘标准溶液时，应将 I_2 溶解在 KI 溶液中；对于间接碘量法，应加入过量 KI（一般比理论值大 2～3 倍）。反应需在室温条件下进行。温度升高，不仅会增大 I_2 的挥发损失，也会降低淀粉指示剂的灵敏度，并能加速 $Na_2S_2O_3$ 的分解。反应容器应使用碘量瓶，且应在加水封的情况下使氧化剂与 I^- 反应。滴定时不必剧烈振摇。

2. 防止 I^- 被空气中 O_2 氧化

溶液酸度不宜太高。酸度越高，空气中 O_2 氧化 I^- 的速率越大。I^- 与氧化性物质反应的时间不宜过长。用 $Na_2S_2O_3$ 滴定 I_2 的速度可适当快些。Cu^{2+}、NO_2^- 等对空气中 O_2 氧化 I^- 起催化作用，应设法消除。因为光对空气中 O_2 氧化 I^- 有催化作用，滴定时应避免阳光长时间照射。

6.3.3 指示剂

淀粉是碘量法中最常用的指示剂。淀粉与 I_2 生成明显的蓝色吸附配合物，反应灵敏且可逆性好，可根据蓝色的出现或消失判断滴定终点。在使用淀粉指示剂时应注意以下几点。

(1) 在直接碘量法分析样品时，淀粉指示剂可在滴定前加入待测溶液中；而在间接碘量法分析样品时，则应在临近终点时加入，否则会有较多的 I_2 被淀粉吸附，使滴定终点滞后。

(2) 淀粉指示剂在弱酸性介质中最灵敏。pH<2 时，淀粉易水解成糊精，糊精遇 I_2 显红色，该显色反应可逆性差。pH>9 时，I_2 易发生歧化反应，生成不与淀粉发生显色效应的 IO^- 和 IO_3^-。

(3) 直链淀粉遇 I_2 显蓝色，且显色反应可逆性好；支链淀粉遇 I_2 显紫色，且显色反应不敏锐。

(4) 醇类的存在会降低指示剂的灵敏度。在50%以上乙醇溶液中，I_2 与淀粉甚至不发生显色反应。

(5) 淀粉指示剂适宜在室温下使用。温度升高会降低指示剂的灵敏度。

(6) 淀粉指示剂应在使用前新配制而且不宜久放储存。配制时将淀粉悬浊液煮至半透明，且加热时间不宜过长，并应迅速冷却至室温。

6.3.4 标准溶液的配制与标定

1. I_2 标准溶液

1) 0.1mol·L^{-1} I_2 标准溶液的配制

用升华法制得的纯 I_2，可用直接法配制标准溶液，但碘易挥发而且对分析天平有一定的腐蚀作用。一般先用近似法配成需要的浓度，然后再进行标定。

2) 0.1mol·L^{-1} I_2 标准溶液的标定

(1) 比较法：用已标定好的 $Na_2S_2O_3$ 标准溶液滴定待标定的 I_2 溶液。二者的反应式为

$$I_2 + 2S_2O_3^{2-} \Longleftrightarrow S_4O_6^{2-} + 2I^-$$

由反应式可知

$$c_{I_2} = \frac{c_{S_2O_3^{2-}} \cdot V_{S_2O_3^{2-}}}{2V_{I_2}}$$

(2) 用基准物标定：常用 As_2O_3 基准物（本品剧毒！使用时应谨慎!）标定 I_2 溶液。As_2O_3 难溶于水，可溶于碱溶液生成 AsO_3^{3-}，在弱碱性溶液中 I_2 可以定量氧化 AsO_3^{3-} 为 AsO_4^{3-}。

$$As_2O_3 + 6OH^- \Longleftrightarrow 2AsO_3^{3-} + 3H_2O$$
$$I_2 + AsO_3^{3-} + H_2O \Longleftrightarrow AsO_4^{3-} + 2I^- + 2H^+$$

碘标准溶液的浓度为

$$c_{I_2} = \frac{2 \times m_{As_2O_3}}{\frac{M_{As_2O_3}}{1000} \times V_{I_2}}$$

2. $Na_2S_2O_3$ 标准溶液

1) 配制

$Na_2S_2O_3 \cdot 5H_2O$ 易风化和潮解，且含少量 S、S^{2-}、SO_3^{2-}、CO_3^{2-}、Cl^- 等杂质，不能用直接法配制，只能用间接法配制。0.1mol/L $Na_2S_2O_3$ 溶液的配制方法为：在 500ml 新煮沸并冷却的蒸馏水中加入 0.1g Na_2CO_3（除去 CO_2 和 O_2，杀死细菌和抑制细菌生长），溶解后加入 12.5g $Na_2S_2O_3 \cdot 5H_2O$，充分混合溶解后转入棕色试剂瓶中，放置一段时间（7~10天）后标定。

2) 配制 $Na_2S_2O_3$ 溶液时应注意的问题

(1) 蒸馏水中有 CO_2 时会促使 $Na_2S_2O_3$ 分解：

$$S_2O_3^{2-} + CO_2 + H_2O \Longleftrightarrow HSO_3^- + HCO_3^- + S\downarrow$$

此外，$S_2O_3^{2-}$ 发生歧化反应生成 SO_3^{2-} 和 S。虽然 SO_3^{2-} 也具有还原性，但它与 I_2 的反

应却不同于 $S_2O_3^{2-}$：

$$SO_3^{2-} + I_2 + H_2O \rightleftharpoons SO_4^{2-} + 2I^- + 2H^+$$

1mol SO_3^{2-} 与 1mol I_2 作用，而 $Na_2S_2O_3$ 与 I_2 作用时却是 2∶1 的摩尔比。

(2) 空气中 O_2 氧化 $S_2O_3^{2-}$，使 $Na_2S_2O_3$ 浓度降低：

$$O_2 + 2S_2O_3^{2-} \rightleftharpoons 2SO_4^{2-} + 2S\downarrow$$

(3) 蒸馏水中嗜硫菌等微生物作用，促使 $Na_2S_2O_3$ 分解：

$$Na_2S_2O_3 \xrightarrow{\text{细菌}} Na_2SO_3 + S\downarrow$$

另外，蒸馏水中若含有微量的 Cu^{2+}、Fe^{3+}，也会促使 $Na_2S_2O_3$ 分解。

3) 标定

常用于标定 $Na_2S_2O_3$ 溶液的基准物质有：$K_2Cr_2O_7$、KIO_3 和 $KBrO_3$ 等，其中以 $K_2Cr_2O_7$ 基准品最为常用。标定方法：准确称取一定量的 $K_2Cr_2O_7$ 基准品(于 120℃ 干燥至恒重)，在酸性溶液中与过量的 KI 作用析出 I_2。以淀粉为指示剂，待标定的 $Na_2S_2O_3$ 溶液滴定析出的 I_2。根据消耗 $Na_2S_2O_3$ 体积和 $K_2Cr_2O_7$ 质量，计算出 $Na_2S_2O_3$ 浓度。

$$Cr_2O_7^{2-} + 6I^- + 14H^+ \rightleftharpoons 2Cr^{3+} + 3I_2 + 7H_2O$$

$$I_2 + 2S_2O_3^{2-} \rightleftharpoons S_4O_6^{2-} + 2I^-$$

由反应方程式可知 1mol $K_2Cr_2O_7$ ~ 6mol $Na_2S_2O_3$

$$C_{Na_2S_2O_3} = \frac{6 \times m_{K_2Cr_2O_7}}{\frac{M_{K_2Cr_2O_7}}{1000} \times V_{Na_2S_2O_3}}$$

6.3.5 应用与示例

1. 维生素 C 含量的测定——**直接碘量法**

维生素 C，又称抗坏血酸。其结构中含有二烯醇基($-\overset{OH}{\underset{}{C}}=\overset{OH}{\underset{}{C}}-$)结构。$I_2$ 可以将具有较大还原性的二烯醇基定量地氧化为二羰基($-\overset{O}{\underset{}{C}}-\overset{O}{\underset{}{C}}-$)。滴定反应方程式如下：

维生素 C 的还原性很强，易被空气中 O_2 氧化，特别在碱性溶液中更为严重。另外，在碱性溶液中，I_2 发生歧化反应。所以在滴定时加入适量稀 HAc，使溶液保持弱酸性，避免空气氧化。

2. 胆矾中铜含量的测定——**间接碘量法**

胆矾是农药波尔多液的主要原料，所含铜的含量常用间接碘量法测定，方法如下。在弱酸性介质中(pH=3.0~4.0)溶解试样胆矾，并加入过量 KI，发生如下反应：

$$2Cu^{2+} + 5I^- \rightleftharpoons 2CuI\downarrow + I_3^-$$

加入的过量 KI 既是还原剂、沉淀剂，又是配位剂(与 I_2 生成 I_3^-)；同时增大 I^- 浓度，可提高 φ_{Cu^{2+}/Cu^+} 值、降低 φ_{I_2/I^-} 值，使反应向右进行完全。以淀粉为指示剂，用 $Na_2S_2O_3$ 标准溶液滴定反应析出一定量的 I_2。因 CuI 沉淀强烈吸附 I_2，导致结果偏低。可在近终点时加入适量 NH_4SCN，使 CuI 沉淀转化为 CuSCN 沉淀。CuSCN 沉淀对 I_2 的吸附作用很弱，这样可减小测定误差。

滴定反应 $\qquad\qquad I_2 + 2S_2O_3^{2-} \rightleftharpoons S_4O_6^{2-} + 2I^-$

沉淀转化反应 $\qquad\qquad CuI + KSCN \rightleftharpoons CuSCN\downarrow + KI$

但是 KSCN 只能在接近终点时加入，否则 SCN^- 可直接还原 Cu^{2+} 而使结果偏低：

$$6Cu^{2+} + 7SCN^- + 4H_2O = 6CuSCN\downarrow + SO_4^{2-} + HCN + 7H^+$$

滴定反应必须在酸性溶液中进行(一般控制 pH 在 3～4 之间)，以防止 Cu^{2+} 水解。酸度过高，则 I^- 被空气氧化为 I_2 的反应被 Cu^{2+} 催化而加速，使结果偏高。酸度过低，反应速度慢，终点拖长，大量 Cl^- 会与 Cu^{2+} 配位。因此，应采用 H_2SO_4 而不能用 HCl(少量 HCl 不干扰)。应防止共存离子的干扰。例如，Fe^{3+} 能氧化 I^- 反应干扰铜的测定。加入掩蔽剂 NH_4HF_2 可消除 Fe^{3+} 干扰。F^- 和 Fe^{3+} 形成稳定的配位离子，降低 Fe^{3+}/Fe^{2+} 电对的电极电位，达到防止 Fe^{3+} 氧化 I^- 的目的。同时，NH_4HF_2 还能控制溶液 pH 约为 3～4。

由反应方程式可知，被测组分 $CuSO_4 \cdot 5H_2O$ 与滴定剂 $Na_2S_2O_3$ 的物质量的关系为

$$CuSO_4 \cdot 5H_2O \sim Na_2S_2O_3$$

铜含量计算公式如下：

$$CuSO_4\% = \frac{C_{Na_2S_2O_3} \times V_{Na_2S_2O_3} \times \dfrac{M_{CuSO_4}}{1000}}{W} \times 100\%$$

此法还可测定铜矿、炉渣、电镀液和合金等样品中的铜含量。

6.4 高锰酸钾法

6.4.1 基本原理

$KMnO_4$ 法(potassium permanganate method)是以 $KMnO_4$ 标准溶液为滴定剂的氧化还原滴定法。可用直接滴定法测定还原性物质，也可采用返滴定法测定一些氧化性的物质，还可以采用间接滴定法测定一些不具有氧化性或还原性的物质。$KMnO_4$ 是一种强氧化剂，其氧化能力和还原产物随酸度的变化而不同。

在强酸性溶液中，$KMnO_4$ 与还原剂作用时被还原为 Mn^{2+}：

$$MnO_4^- + 8H^+ + 5e \rightleftharpoons Mn^{2+} + 4H_2O \qquad \varphi^0_{MnO_4^-/Mn^{2+}} = 1.51V$$

在弱酸、弱碱或中性溶液中，MnO_4^- 一般被还原为褐色的水合二氧化锰沉淀：

$$MnO_4^- + 3e + 2H_2O \rightleftharpoons MnO_2 + 4OH^- \qquad \varphi^0_{MnO_4^-/MnO_2} = 0.59V$$

在强碱性溶液中，$[OH^-] > 2mol/L$ 时，很多有机物能与 $KMnO_4$ 反应，$KMnO_4$ 被还

原为绿色的 MnO_4^{2-}：

$$MnO_4^- + e \rightleftharpoons MnO_4^{2-} \quad \varphi^0_{MnO_4^-/MnO_4^{2-}} = 0.564V$$

高锰酸钾在强酸性溶液中的氧化能力最强，而且还原产物 Mn^{2+} 接近无色，容易观察滴定终点。所用强酸为 $1mol \cdot L^{-1}$ 的硫酸溶液。不应使用具有还原性的 HCl，以免发生副反应，导致测定结果误差大；也不宜使用具有氧化性的 HNO_3。

在使用 $KMnO_4$ 法时，可根据被测组分的性质，选择不同的酸度条件和不同的滴定方法。

1. 直接滴定法

许多还原性较强的物质，如 Fe^{2+}、Sb^{3+}、AsO_3^{3-}、H_2O_2、$C_2O_4^{2-}$ 和 NO_2^- 等均可用 $KMnO_4$ 标准溶液直接滴定。

2. 返滴定法

某些氧化性物质不能用 $KMnO_4$ 溶液直接滴定，但可用返滴定法测定。例如，MnO_2、PbO_2、CrO_4^{2-}、ClO_3^- 和 BrO_3^- 等。如测定 MnO_2，可在 H_2SO_4 溶液中加入一定量过量的 $Na_2C_2O_4$ 标准溶液，MnO_2 与 $Na_2C_2O_4$ 反应完全后，再用 $KMnO_4$ 标准溶液滴定剩余的 $Na_2C_2O_4$。

3. 间接滴定法

某些非氧化还原性物质，例如 Zn^{2+}、Ca^{2+} 和 Ba^{2+} 等可以用间接滴定法测定。如测定 Ca^{2+}，可向其中加入一定量过量的 $Na_2C_2O_4$ 溶液，使 Ca^{2+} 全部沉淀为 CaC_2O_4。沉淀经过滤洗涤后，再用稀 H_2SO_4 溶解，然后用 $KMnO_4$ 标准溶液滴定沉淀溶解释放出的 $C_2O_4^{2-}$，从而求出 Ca^{2+} 的含量。另外，还可用间接法测定某些有机物。MnO_4^- 在强碱性溶液中与某些有机化合物反应，还原成绿色的 MnO_4^{2-}。利用这一反应可以测定某些有机化合物，例如甲醇、甲醛、甲酸、甘油、乙醇酸、酒石酸、柠檬酸和葡萄糖等。测定时，在强碱性溶液中进行。以测定甲醇为例，首先向试样中加入一定量过量的 $KMnO_4$ 标准溶液，反应如下：

$$6MnO_4^- + CH_3OH + 8OH^- \rightleftharpoons CO_3^{2-} + 6MnO_4^{2-} + 6H_2O$$

待反应完全后，溶液酸化，MnO_4^{2-} 歧化为 MnO_4^- 和 MnO_2；再加入一定量的 $FeSO_4$ 标准溶液，将反应剩余的 MnO_4^-、歧化反应生成的 MnO_4^- 和 MnO_2 全部还原为 Mn^{2+}；最后以 $KMnO_4$ 标准溶液返滴剩余的 $FeSO_4$。根据 $KMnO_4$ 两次的用量和 $FeSO_4$ 的用量及各反应物之间的关系，可求出试样中甲醇的含量。

6.4.2 指示剂

$KMnO_4$ 自身可作指示剂，利用自身颜色的变化指示终点。但所用 $KMnO_4$ 标准溶液浓度低于 $0.002mol \cdot L^{-1}$ 时，应使用二苯胺磺酸钠等氧化还原指示剂，同时注意尽量使溶液酸度与指示剂变色的 $\varphi^{0'}$ 值对应的酸度相符合。用 $KMnO_4$ 作自身指示剂时，以粉红色30秒不褪为终点。

6.4.3 标准溶液的配制与标定

1. 配制

$KMnO_4$ 不易制纯,含有少量杂质,而且蒸馏水中常含有微量还原性物质等,需用间接法配制标准溶液。一般先配成近似需要的浓度,然后再进行标定。为了配制较稳定的 $KMnO_4$ 溶液,常采取以下措施:称取稍多于理论量的 $KMnO_4$,溶于一定体积的蒸馏水中;将配好的 $KMnO_4$ 溶液加热至沸,并保持微沸约 1 小时,然后放置 2~3 天;用垂熔玻璃漏斗过滤,去除沉淀;过滤后的 $KMnO_4$ 溶液贮存在棕色瓶中,置阴凉干燥处存放,待标定。

2. 标定

标定 $KMnO_4$ 溶液常用的基准物有 $Na_2C_2O_4$、$H_2C_2O_4 \cdot 2H_2O$ 等。在酸性溶液中,$KMnO_4$ 与 $Na_2C_2O_4$ 的反应如下:

$$2MnO_4^- + 5C_2O_4^{2-} + 16H^+ = 2Mn^{2+} + 10CO_2\uparrow + 8H_2O$$

$KMnO_4$ 标准溶液浓度按下式计算:

$$c_{KMnO_4} = \frac{2}{5} \times \frac{m_{Na_2C_2O_4}}{V_{KMnO_4} \times M_{Na_2C_2O_4} \times 10^{-3}}$$

用上述方法标定 $KMnO_4$ 溶液时,应注意以下几点。

(1) 温度:为了提高滴定反应的速度,一般将滴定溶液加热至 70~80℃。但温度不宜过高,温度高于 90℃时,会导致 $H_2C_2O_4$ 分解。

$$H_2C_2O_4 \longrightarrow CO_2\uparrow + CO\uparrow + H_2O$$

(2) 酸度:应保持适宜、足够的酸度,一般控制开始滴定时 [H^+] 约为 1mol/L。酸度太低时,$KMnO_4$ 分解为 MnO_2;酸度太高时,$H_2C_2O_4$ 发生分解。

(3) 滴定速度。开始滴定时速度不宜太快,否则会使来不及反应的 $KMnO_4$ 在热酸性溶液中分解。

$$4MnO_4^- + 12H^+ = 4Mn^{2+} + 5O_2\uparrow + 6H_2O$$

(4) 催化剂。Mn^{2+} 的存在可提高反应速率,可以在滴定前加几滴 $MnSO_4$ 溶液作为催化剂。

(5) 指示剂。$KMnO_4$ 自身可作指示剂,以粉红色 30 秒不褪为终点。

6.4.4 示例

H_2O_2 的测定 H_2O_2 可用 $KMnO_4$ 标准溶液在酸性条件下直接进行滴定,反应如下:

$$2MnO_4^- + 5H_2O_2 + 6H^+ = 2Mn^{2+} + 5O_2\uparrow + 8H_2O$$

滴定反应在室温下进行。开始滴定时速度不宜太快,这是因为此时 MnO_4^- 与 H_2O_2 反应速率较慢。但随着滴定产物 Mn^{2+} 的生成,反应速率逐渐加快。也可预先加入少量 Mn^{2+} 作催化剂。由滴定反应可知

$$KMnO_4 \sim \frac{5}{2}H_2O_2$$

$$H_2O_2\% = \frac{C_{KMnO_4} \times V_{KMnO_4} \times \frac{5}{2} \times \frac{M_{H_2O_2}}{1000}}{V} \times 100\%$$

6.5 其他氧化还原滴定法

6.5.1 重铬酸钾法

$K_2Cr_2O_7$ 法(potassium dichromate method)是以 $K_2Cr_2O_7$ 的标准溶液为滴定剂的一种氧化还原滴定法。在酸性介质中 $K_2Cr_2O_7$ 与还原性物质作用时，本身还原为 Cr^{3+}，半电池反应如下：

$$Cr_2O_7^{2-} + 14H^+ + 6e \rightleftharpoons 2Cr^{3+} + 7H_2O \quad \varphi^0_{Cr_2O_7^{2-}/Cr^{3+}} = 1.33V$$

$K_2Cr_2O_7$ 法与 $KMnO_4$ 法比较，有如下特点：

(1) $K_2Cr_2O_7$ 容易制备纯品。纯品在 120℃ 干燥到恒重后，直接准确称取一定量的 $K_2Cr_2O_7$ 配制标准溶液，无需再行标定。

(2) $K_2Cr_2O_7$ 标准溶液非常稳定，可长期保存使用。

(3) $K_2Cr_2O_7$ 的氧化能力较 $KMnO_4$ 弱，在 1mol/L HCl 溶液中的 $\varphi^{0'} = 1.00V$，室温下不与 Cl^- 作用($\varphi^{0'}_{Cl_2/Cl^-} = 1.33V$)。可在 HCl 溶液中用 $K_2Cr_2O_7$ 标准溶液滴定 Fe^{2+}。

(4) $Cr_2O_7^{2-}/Cr^{3+}$ 的 $\varphi^{0'}$ 值随酸的种类和浓度不同而异。

	1mol·L^{-1} HCl	3mol·L^{-1} HCl	1mol·L^{-1} HClO$_4$	2mol·L^{-1} H$_2$SO$_4$	4mol·L^{-1} H$_2$SO$_4$
$\varphi^{0'}$:	1.00V	1.08V	1.025V	1.10V	1.15V

(5) 常用二苯胺磺酸钠作指示剂，虽然 $K_2Cr_2O_7$ 本身显橙色，但其还原产物 Cr^{3+} 显绿色，对橙色的观察有严重影响，不能用自身颜色变化指示终点。

(6) $K_2Cr_2O_7$ 氧化性比高锰酸钾弱，$K_2Cr_2O_7$ 法应用范围较窄。

$K_2Cr_2O_7$ 法可以应用于铁矿石中全铁的测定，水样中的化学耗氧量(COD)测定以及土壤中有机质的测定等。

6.5.2 亚硝酸钠法

亚硝酸钠法(sodium nitrite method)分为重氮化滴定法和亚硝基化滴定法。

(1) 重氮化滴定法 (diazotization titration)：是以 $NaNO_2$ 的标准溶液为滴定剂，在酸性条件下滴定芳伯胺类化合物的滴定分析法。其滴定反应如下：

$$ArNH_2 + NaNO_2 + 2HCl \rightleftharpoons [Ar\overset{+}{N}\equiv N]\ Cl^- + NaCl + 2H_2O$$

由于这类反应为重氮化反应，因此，此法称重氮化滴定法。反应产物为芳伯胺的重氮盐。

进行重氮化滴定时，应注意以下几点：

① 酸的种类和浓度：各种酸性介质中的反应速度为，HBr＞HCl＞H₂SO₄，HNO₃。虽然 HBr 反应速度最快，但由于 HBr 价格高，而且芳伯胺盐酸盐的溶解度比硫酸盐溶解度大。因此，选用 1～2mol·L⁻¹ HCl 作为反应介质，但可以加入适量的 HBr 催化反应速率慢的反应。

② 反应温度和滴定速度：重氮化反应的速率随温度升高而加快，但温度的升高加速亚硝酸的分解。一般规定在 15℃以下滴定。2010 年版的《中国药典》规定可在室温（15～30℃）下采用"快速滴定法"滴定。

③ 苯环上取代基团的影响：苯环上，特别是胺基对位上有亲电子基团，如—NO₂、—SO₃H、—COOH、—X 等，可使反应加快；如果是斥电子基团，如—CH₃、—OH、—OR 等，则降低反应速率。

（2）亚硝基化滴定法（nitrosation titration）：是以 NaNO₂ 的标准溶液为滴定剂，滴定芳仲胺类化合物的分析方法。滴定反应不是重氮化反应，而是亚硝基化反应，故称亚硝基化滴定法，其反应如下：

$$ArNHR + HNO_2 \rightleftharpoons ArN(NO)R + H_2O$$

亚硝酸钠法终点的确定有两种指示剂方法：一是外指示剂法，即 KI-淀粉试纸法。外指示剂法在化学剂量点附近，用玻棒取少量溶液，在外面与指示剂接触，如果立刻出现蓝色则为终点。二是内指示剂法。内指示剂法是在滴定之前，将指示剂加入待测组分的溶液中，终点时发生颜色变化。应用较多的是橙黄 IV-亚甲蓝，其次是中性红、二苯胺、亮甲酚蓝等。另外，还有一种永停滴定法。它是依据滴定过程中电流的变化确定终点。

亚硝酸钠标准溶液可采用间接法配制，标定所用的基准物为对氨基苯磺酸。亚硝酸钠容易被光分解，需要在棕色试剂瓶中贮存。

重氮化滴定法应用于芳伯胺类化合物的测定。例如，磺胺类药物和盐酸普鲁卡因。亚硝酸钠滴定法应用于芳仲胺类化合物的测定。例如，磷酸伯胺喹和盐酸丁卡因。

6.5.3 溴酸钾法及溴量法

1. 溴酸钾法

溴酸钾法（potassium bromate method）是以 KBrO₃ 为滴定剂，滴定还原性物质的分析方法。在酸性溶液中，KBrO₃ 是一种强氧化剂，易被一些还原性物质还原为 Br⁻，半电池反应为

$$BrO_3^- + 6H^+ + 6e \rightleftharpoons Br^- + 3H_2O \quad \varphi^0_{BrO_3^-/Br^-} = 1.44V$$

滴定反应到达化学计量点后，稍过量的 BrO_3^- 与 Br^- 作用产生浅黄色的 Br_2，指示终点的到达：

$$BrO_3^- + 5Br^- + 6H^+ \rightleftharpoons 3Br_2 + 3H_2O$$
（浅黄色）

但这种指示终点的方法灵敏度不高，常用甲基橙或甲基红作为指示剂。化学计量点之前，指示剂在酸性溶液中显红色；滴定至化学计量点后有微量的 Br_2 时，甲基橙或甲基红被氧化，红色迅速消失指示终点到达。

溴酸钾标准溶液可采用直接配制法配制,也可以采用基准物(As_2O_3)或间接碘量法标定。

溴酸钾法可以测定亚铁盐、亚铜盐和亚砷酸盐等无机盐,亚胺类及肼类等有机化合物。

2. 溴量法

溴量法(bromimetry)是以溴的氧化作用和溴代作用为基础的滴定分析方法。

许多有机物可与 Br_2 定量地发生取代反应或加成反应,利用此类反应,可先向试液中加入一定量、过量的 Br_2 标准溶液,待反应进行完全后,再加入过量 KI,析出与剩余 Br_2 等物质的量的 I_2,最后用 $Na_2S_2O_3$ 标准溶液滴定 I_2。根据 Br_2 和 $Na_2S_2O_3$ 两种标准溶液的浓度和用量,可求出被测组分的含量。

由于 Br_2 易挥发而且有腐蚀性,常将一定量的 $KBrO_3$ 与过量 KBr(质量比为 1∶5)配制为"溴液","溴液"加到酸性溶液中后即生成一定量的 Br_2。

溴量法可测定能与 Br_2 发生取代和加成反应的有机物,如酚类及芳胺类化合物。

6.5.4 铈量法

铈量法(cerium sulphate method)是以硫酸铈标准溶液在酸性溶液中测定具有还原性物质的含量的氧化还原滴定法。Ce^{4+} 的氧化还原半反应为

$$Ce^{4+} + e \rightleftharpoons Ce^{3+} \quad \varphi^{0'}_{Ce^{4+}/Ce^{3+}} = 1.61V\ (1mol \cdot L^{-1}\ HNO_3\ 溶液)$$

酸的种类和浓度不同,Ce^{4+}/Ce^{3+} 的 $\varphi^{0'}$ 值亦不同。因为在 $1mol \cdot L^{-1}$ HCl 溶液中,Ce^{4+} 可缓慢氧化 Cl^-,故一般很少用 HCl 作滴定介质,常用 H_2SO_4 和 $HClO_4$。一般能用 $KMnO_4$ 溶液滴定的物质,都可用 $Ce(SO_4)_2$ 溶液滴定,与 $KMnO_4$ 法相比,铈量法具有以下特点:

(1) $Ce(SO_4)_2$ 标准溶液很稳定,虽经长时间曝光、加热、放置,均不会导致浓度改变。

(2) 标准溶液可以直接配制。

(3) Ce^{4+} 还原为 Ce^{3+} 只有一个电子转移,无中间价态的产物,反应简单且无副反应。

(4) 一般用邻二氮菲-Fe(Ⅱ)为指示剂。

采用 $Ce(SO_4)_2$ 法可以直接滴定 Fe^{2+} 等一些金属的低价离子、H_2O_2 和甘油醛等;间接滴定法可以测定某些氧化性物质,如过硫酸盐等,也可测定一些还原性物质,例如,羟胺等。

6.5.5 高碘酸钾法

高碘酸钾法(Potassium periodate method)是基于以高碘酸钾为氧化剂测定一些还原性物质的滴定法。

高碘酸 H_5IO_6 (periodic acid),为一中等强度的二元酸。

$$H_5IO_6 \rightleftharpoons H^+ + H_4IO_6^- \quad K_{a_1} = 2.3 \times 10^{-2}$$

$$H_4IO_6^- \rightleftharpoons H^+ + H_3IO_6^{2-} \quad K_{a_2}=4.4\times10^{-9}$$

$H_4IO_6^-$ 能够脱水，生成高碘酸离子：

$$H_4IO_6^- \rightleftharpoons IO_4^- + 2H_2O \quad K_a=40$$

高碘酸盐在酸性溶液中的主要形式为 H_5IO_6 和 IO_4^-，溶液的 pH 越低，H_5IO_6 的分布系数就越大。

在酸性溶液中，高碘酸盐是一个很强的氧化剂，它能得到两个电子被还原成碘酸盐：

$$H_5IO_6 + H^+ + 2e \rightleftharpoons IO_3^- + 3H_2O \quad \varphi^0=1.60V$$

高碘酸盐标准溶液可选用 H_5IO_6、KIO_4 或 $NaIO_4$ 配制。由于 $NaIO_4$ 溶解度大，易于纯制，最为常用。一般无需对高碘酸盐标准溶液的浓度进行标定，只要在测定样品的同时做一空白溶液滴定，由样品滴定与空白滴定消耗硫代硫酸钠标准溶液的体积差，即可求出氧化样品消耗的高碘酸盐的物质的量，进而计算出测定结果。如需标定时，可准确量取一定体积的高碘酸盐标准溶液，加入含过量碘化钾的酸性溶液中，反应方程式如下：

$$IO_4^- + 7I^- + 8H^+ \rightleftharpoons 4I_2 + 4H_2O$$

析出的 I_2 用 $Na_2S_2O_3$ 标准溶液滴定。

高碘酸盐不但可以直接滴定一些还原性物质，还可以测定一些有机化合物，如 α-羟基醇、α-羰基醇、α-胺基醇和多羟基醇等。

本 章 小 结

(1) Nernst 方程式：可逆的氧化还原电对的电极电位大小可根据 Nernst（能斯特）方程式计算：

$$\varphi_{Ox/Red} = \varphi^0_{Ox/Red} + \frac{0.0592}{n}\lg\frac{a_{Ox}}{a_{Red}}$$

(2) 条件电极电位：它是在特定条件下，电对的氧化型、还原型分析浓度均为 $1mol\cdot L^{-1}$ 时或其比值为 1 时，校正了离子强度和副反应后的实际电位。当介质的种类或浓度发生很大改变时，条件电位也将随之改变。当已知相关电对的条件电位 $\varphi^{0'}_{Ox/Red}$ 值时，电对的电极电位应用下式计算：

$$\varphi_{Ox/Red} = \varphi^{0'}_{Ox/Red} + \frac{0.0592}{n}\lg\frac{C_{Ox}}{C_{Red}}$$

(3) 条件平衡常数：反应的条件平衡常数 K' 越大，反应进行越完全。

对于 $mOx_1 + nRed_2 \rightleftharpoons mRed_1 + nOx_2$ 一类的氧化还原反应。由两电对的条件电位和氧化还原反应的电子转移总数（$m\times n$）可以计算反应的条件平衡常数。两个氧化还原电对的条件电极电位之差（即 $\Delta\varphi^{0'}$）越大，以及滴定反应的电子转移总数（$m\times n$）越大，反应的平衡常数 K' 越大。当没有相关电对的条件电极电位时，可利用相应的标准电极电位代替条件电位进行计算：

$$\lg K' = \frac{m\cdot n(\varphi^{0'}_{Ox_1/Red_1} - \varphi^{0'}_{Ox_2/Red_2})}{0.0592}$$

(4) 氧化还原滴定曲线：滴定过程中，以电对的电极电位变化对加入滴定剂的百分数作图，即为氧化还原滴定曲线。

（5）化学计量点电位：在选择指示剂时，应使氧化还原指示剂的条件电极电位尽可能与反应的化学计量点电位一致，以减小终点误差。$m \neq n$ 对称电对的氧化还原滴定化学计量点时电位的计算公式为：

$$\varphi_{sp} = \frac{n\varphi^{0'}_{Ox_1/Red_1} + m\varphi^{0'}_{Ox_2/Red_2}}{m+n}$$

若 $m=n=1$，使用以下公式计算：

$$\varphi_{sp} = \frac{\varphi^{0'}_1 + \varphi^{0'}_2}{2}$$

（6）滴定的电位突跃范围。化学计量点前后±0.1%范围内的电对的电极电位急剧变化范围称为滴定的电位突跃范围，计算公式如下：

$$\left(\varphi^{0'}_{Ox_2/Red_2} + \frac{3 \times 0.0592}{m}\right) \sim \left(\varphi^{0'}_{Ox_1/Red_1} - \frac{3 \times 0.0592}{n}\right)$$

（7）氧化还原指示剂的理论变色电位范围。在选择氧化还原指示剂时，要求氧化还原指示剂的变色电位范围在滴定突跃电位范围内，最好使指示剂的 $\varphi^{0'}_{InOx/InRed}$ 值与化学计量点的 φ_{sp} 值一致。氧化还原指示剂的理论变色电位范围的计算公式为：

$$\varphi^{0'}_{InOx/InRed} \pm \frac{0.0592}{n}$$

（8）常用的氧化还原滴定法的指示剂：自身指示剂、特殊指示剂和氧化还原指示剂。

① **自身指示剂**：有些标准溶液或被滴定的组分本身有颜色，反应后变为无色或浅色物质，这类滴定可用标准溶液或被滴定物质作指示剂。

② **特殊指示剂**：某些物质本身不具有氧化性和还原性，但它能与氧化剂或还原剂发生可逆的显色反应，引起颜色变化，从而可以指示终点。

③ **氧化还原指示剂**：指示剂本身是具有氧化还原性质的有机试剂，其氧化型和还原型具有明显不同的颜色。在滴定过程中指示剂被氧化或还原，在计量点附近发生颜色改变指示终点。

（9）常见的氧化还原滴定方法有：碘量法、高锰酸钾法、重铬酸钾法、亚硝酸钠法、溴酸钾法及溴量法、铈量法和高碘酸钾法等。

习　题

一、问答题

1. 什么是条件电位？它与标准电极电位有何差别？外界条件对条件电位有何影响？
2. 如何判断一个氧化还原反应能否进行完全？影响氧化还原反应速率的因素有哪些？
3. 什么是氧化还原反应的滴定突跃？哪些因素影响突跃的大小？氧化还原指示剂为什么能指示滴定终点？

4. 为什么在强酸介质中,砷酸能氧化 I^- 成 I_2,但在碱性介质中,I_2 却能氧化亚砷酸为砷酸?

5. MnO_2 在 HCl 介质中能氧化 I^- 析出 I_2,可采用碘量法测定软锰矿中的 MnO_2 含量。但 Fe^{3+} 有干扰。但用磷酸代替 HCl 时,为什么 Fe^{3+} 无干扰?

6. 碘量法差的主要误差来源?如何减少碘量法的测定误差?

7. 为什么 $KMnO_4$ 滴定 Fe^{2+} 时,不能用盐酸酸化?

8. $KMnO_4$ 标准溶液滴定 $C_2O_4^{2-}$ 时,应注意哪些滴定条件?

二、计算题

1. 计算在 $1mol \cdot L^{-1}$ HCl 溶液中,当 $[Cl^-]=1.0 mol \cdot L^{-1}$ 时,Ag^+/Ag 电对的条件电位。

(0.22V)

2. 在 $0.10 mol \cdot L^{-1}$ HCl 介质中,用 $0.2000 mol \cdot L^{-1} Fe^{3+}$ 滴定 $0.20 mol \cdot L^{-1} Sn^{2+}$,试计算在化学计量点时的电位及其突跃范围。已知在此条件下,Fe^{3+}/Fe^{2+} 电对的 $\varphi^{0'}=0.73V$,Sn^{4+}/Sn^{2+} 电对的 $\varphi^{0'}=0.07V$。

(0.29V, 0.16V~0.55V)

3. 根据电极电位计算下列反应的平衡常数:

$$IO_3^- + 5I^- + 6H^+ \rightleftharpoons 3I_2 + 3H_2O$$

$\varphi^0_{IO_3^-/I_2}=1.20V$, $\varphi^0_{I_2/I^-}=0.535V$。

(2.3×10^{56})

4. 测血液中的 Ca^{2+},一般是将 Ca^{2+} 沉淀为 CaC_2O_4,用 H_2SO_4 溶解 CaC_2O_4,游离出的 $C_2O_4^{2-}$,再用 $KMnO_4$ 溶液滴定。今将 5.00ml 血样稀释至 50.00ml,取此血样 10.00ml,经上述处理后,用 $0.00200 mol \cdot L^{-1}$ 的 $KMnO_4$ 溶液滴定至终点用去 1.15ml,求 50 毫升血样中 Ca^{2+} 的毫克数。($M_{Ca}=40.08$)

(11.52mg)

5. 称取含有苯酚的试样 0.5000g,溶解后加入 $0.1000 mol \cdot L^{-1} KBrO_3$ 溶液(其中含有过量 KBr) 25.00ml,并加 HCl 酸化,放置。待反应完全后,加入 KI,滴定析出的 I_2 消耗了 $0.1000 mol \cdot L^{-1}$ $Na_2S_2O_3$ 溶液 28.85ml。计算试样中苯酚的质量分数。$[Mr(C_6H_5OH)=94.11]$

(38.02%)

6. 取 10 片盐酸黄连素粗称,研细并精密称取相当于 3 片量的样品,溶解,定量转移至 250ml 容量瓶中,精密加入 $0.01667 mol \cdot L^{-1} K_2Cr_2O_7$ 溶液 50.00ml,加入至刻度,摇匀。过滤,弃去初滤液,精密移取续滤液 100ml 于 250ml 碘量瓶中,加入过量 KI 和 HCl 溶液(1→2)10ml,密封,暗处放置 10min 后,用 $0.1098 mol \cdot L^{-1} Na_2S_2O_3$ 滴定至终点,用去 10.25ml,计算每片样品中盐酸小檗碱($C_{20}H_{18}ClNO_4 \cdot 2H_2O$)的含量。若其标示量为 0.1g/片,《药典》规定其含量应为标示量的 93.0%~107.0%,问该产品是否合格?$[Mr(C_{20}H_{18}ClNO_4 \cdot 2H_2O)=407.85]$

(99.11%,合格)

7. 精密移取 25.00ml 的葡萄糖溶液,置 250ml 的碘量瓶中,精密加入 $0.05000 mol \cdot L^{-1}$ 的 I_2 标准溶液 25.00ml,在不断振摇的情况下,滴加 $0.1 mol \cdot L^{-1}$ 的 NaOH 40.00ml,密闭,在黑暗处放置 10min,然后加入 $0.5 mol \cdot L^{-1} H_2SO_4$ 6ml,摇匀,用 $0.1054 mol \cdot L^{-1}$ $Na_2S_2O_3$ 标准溶液滴定,终点用淀粉做指示剂,滴定至蓝色消失,用去 $Na_2S_2O_3$ 标准溶液

13.24ml；取相同体积的 I_2 溶液作空白试验，用去 0.1054mol·L^{-1} $Na_2S_2O_3$ 标准溶液 31.15ml，求 100ml 葡萄糖溶液中含葡萄糖的质量。[$Mr(C_6H_{12}O_6·H_2O)$=198.17]

(0.7482g)

8. 现有胆矾试样(含 $CuSO_4·5H_2O$)0.5580g，用碘量法测定，滴定至终点时消耗 $Na_2S_2O_3$ 标准溶液(0.1020mol·L^{-1})20.58ml。求试样中 $CuSO_4·5H_2O$ 的质量分数。($M_{CuSO_4·5H_2O}$=249.69)

(93.90%)

9. 称取基准物 $K_2Cr_2O_7$ 0.5012g，用水溶解并稀释至 100ml，移取此 $K_2Cr_2O_7$ 溶液 20.00ml，加入 H_2SO_4 和 KI，用待标定 $Na_2S_2O_3$ 标准溶液滴定至终点，消耗 20.25ml。求 $Na_2S_2O_3$ 标准溶液的浓度。[$Mr(K_2Cr_2O_7)$=294.18，$Mr(KI)$=166.01，$Mr(Na_2S_2O_3)$=158.11，$Mr(I_2)$=127]

(0.1020mol·L^{-1}L)

10. 将 0.5000g 含锌试样灰化，其残渣溶解于硫酸中，稀释后使锌转化为 ZnC_2O_4 沉淀，过滤洗涤后再用稀硫酸溶解沉淀，以 0.02500mol·L^{-1} $KMnO_4$ 标准溶液滴定，用去了 35.00ml，计算 ZnO 的百分含量。

(35.60%)

第7章
重量分析法与沉淀滴定法

> **本章教学要求**
>
> ● 掌握：重量分析法的基本原理；重量分析法结果的计算；银量法中3种确定滴定终点方法的基本原理、滴定条件和应用范围；沉淀溶解度及其影响因素，沉淀的完全程度及其影响因素，溶度积与溶解度，条件溶度积及其计算。
> ● 熟悉：沉淀重量分析法对沉淀形式和称量形式的要求，晶形沉淀和无定形沉淀的沉淀条件；银量法滴定曲线、标准溶液的配制和标定。
> ● 了解：沉淀的形态和形成过程，沉淀重量分析法的操作过程，挥发法，干燥失重。

2002年2月15日，西班牙东北部城市萨瓦德尔近百名2岁到8岁的儿童正在上游泳课(图7-1)，他们突然感到喉咙、眼睛和皮肤刺痛，并出现恶心、红眼和呼吸困难等症状，随即被赶来的警察和医护人员送往医院。初步调查表明，事故原因是游泳池管理人员在池水中加入了过量的含氯消毒剂，结果导致形成有毒氯气雾团，并通过通风系统扩散到游泳池、更衣室和其他区域。

含氯的消毒药剂因其价廉效高、操作方便，深受欢迎，是应用最为广泛的消毒剂之一。目前，世界上超过80%的水厂用含氯消毒药剂对自来水消毒。因此，自来水中保持着一定量的余氯，以确保饮用水

图7-1

的微生物指标安全。但是，氯对细菌细胞杀灭效果好，同样对其他生物体细胞、人体细胞也有严重影响。自来水中氯的含量必须严格控制在合适的范围内。我国《生活饮用水卫生标准》(GB 5749—2006)规定自来水中氯含量≤250mg·L^{-1}，并在《生活饮用水标准检验法》GB/T 5750—1985中规定用硝酸银滴定分析法对氯含量进行测定。

7.1 重量分析法

重量分析法(gravimetric analysis)是以沉淀反应为基础，通过物理或化学反应将试样中的被测组分与其他组分分离后，转化成一定的称重形式，然后用称重方法测定该组分含量的一种化学分析方法。在重量分析中，分析结果直接来自于称量的数据，一般不需要基

准物质和容量器皿校准，分析结果准确度较高，相对误差一般为 0.1%～0.2%。但重量分析法操作繁琐、费时、灵敏度不高、不适于微量及痕量组分的测定、不适于生产的控制分析。尽管如此，在某些工业生产中，重量分析法仍被广泛使用。根据被测组分分离方法不同，重量分析法一般分为沉淀重量法、挥发法、萃取法、电解法等。目前以沉淀重量法应用较多，下面主要讨论沉淀重量法。

7.1.1 沉淀重量法

沉淀重量法(precipitation analysis)是利用沉淀反应，使被测组分形成难溶的沉淀，再将沉淀过滤、洗涤、烘干或灼烧、称量，根据称得的重量计算出被测组分含量的分析方法。

1. 沉淀重量法的基本操作过程

沉淀重量法的基本操作过程：称取一定量的试样，将其溶解，加入适当的沉淀剂使被测组分沉淀，再经过滤、洗涤、烘干或灼烧至恒重，称量求得被测组分的含量。

(1) 溶解。溶解试样的方法很多，有水溶法、酸溶法、碱溶法和熔融法。具体操作时根据试样的性质和分析要求选用适当的溶解方法。

(2) 沉淀。选取合适的沉淀剂，将待测组分沉淀出来。

(3) 过滤。将沉淀和母液分离，要进行过滤和洗涤两个过程。过滤常使用滤纸或玻璃砂芯滤器。进行过滤时，滤纸应紧贴漏斗，并在漏斗颈部能形成液柱，这样可以缩短过滤时间。沉淀剂采用有机沉淀剂时，一般采用玻璃砂芯滤器进行减压抽滤。如果沉淀的溶解度随温度变化较少，以趁热过滤较好。

(4) 洗涤。洗涤是为了洗去沉淀表面吸附的杂质。选择洗涤液的原则是：①溶解度较小又不易生成胶体的沉淀，可用蒸馏水洗涤；②溶解度较大的晶形沉淀，可用沉淀剂(干燥或灼烧可除去)稀溶液或沉淀的饱和溶液洗涤；③溶解度较小的非晶形沉淀，需用热的挥发性电解质(如 NH_4NO_3)的稀溶液进行洗涤，用热洗涤液洗涤，以防止形成胶体。

过滤和洗涤时，通常采用"倾泻法"，即让沉淀放置澄清后，将上层溶液沿玻棒先倾入滤器中，让沉淀尽可能留在杯底，然后再根据少量多次的原则洗涤沉淀。采用此法既可使滤纸或滤器不被沉淀堵塞，缩短过滤时间，同时又可使沉淀洗涤干净。

(5) 烘干与灼烧。洗涤后的沉淀，除吸附有大量水分外，还可能含有其他挥发性物质，需用适当的干燥方法使其转化成固定的称量形式。若沉淀只需除去其中的水分或一些挥发性物质，则经烘干处理即可，通常为 110℃～120℃烘 40～60min 即可，冷却，称量至恒重；若为有机沉淀，则干燥温度还需视具体情况而定。若沉淀的水分不易除去(如 $BaSO_4$)或沉淀形式组成不固定(如 $Fe(OH)_3 \cdot xH_2O$)，干燥后不能称量，则需经高温灼烧后转变成组成固定的形式(如 $BaSO_4$ 或 Fe_2O_3)才能进行称量。具体操作是：将滤有沉淀的定量滤纸卷好，置于已灼烧至恒重的瓷坩埚中，先于低温下使滤纸炭化，再于马弗炉中高温灼烧，然后冷却到适当温度后，取出，放入干燥器中继续冷至室温，称量，直至恒重。

2. 沉淀重量法对沉淀的要求

在分析过程中，加入沉淀剂使被测组分沉淀出来，所得的沉淀称为沉淀形式，再经过滤、洗涤、烘干或灼烧后得到的沉淀称为称量形式。称量形式和沉淀形式可以相同，也可以不同。例如，被测对象为 Cl^- 时，沉淀形式为 $AgCl$，称量形式也为 $AgCl$；而在测量溶液中的 Mg^{2+} 时，沉淀形式为 $MgNH_4PO_4$，经过滤、洗涤、烘干或灼烧后称量形式变为 $Mg_2P_2O_7$。沉淀重量法的关键是要得到纯净的沉淀形式和理想的称量形式。对于沉淀形式、称量形式以及沉淀剂，分别有以下要求。

(1) 对沉淀形式的要求：①沉淀的溶解度必须很小，以保证被测组分沉淀完全，要求沉淀完全程度大于 99.9%。一般要求沉淀在溶液中溶解损失量小于分析天平的称量误差（±0.2mg）；②沉淀纯度要高，易于转变为称量形式；③要易于过滤、洗涤，避免杂质的沾污。

(2) 对称量形式的要求：①组成要恒定，并与化学式相符合，否则将失去定量的依据；②称量形式必须稳定，不受空气中水分、CO_2 和 O_2 等的影响；③有较大的摩尔质量，减少称量误差，提高分析的准确度。

(3) 对沉淀剂的要求：理想的沉淀剂应根据上述对沉淀形式和称量形式的要求来考虑，应该具备以下条件。①具有较好的选择性，只与待测组分发生反应，与试液中其他组分不反应；②沉淀剂要易挥发，过量的沉淀剂易在烘干或灼烧时除去；③有机沉淀剂具有相对分子质量大、沉淀溶解度小、沉淀组成恒定、选择性好、易挥发等优点，得到广泛应用。常见有机沉淀剂见表 7-1。

表 7-1 常见有机沉淀剂

有机沉淀剂	一些可沉淀的离子
丁二酮肟	Ni^{2+}，Pd^{2+}，Pt^{2+}
铜铁试剂	Fe^{3+}，VO_2^+，Ti^{4+}，Zr^{4+}，Ce^{4+}，Ga^{3+}，Sn^{4+}
8-羟基喹啉	Mg^{2+}，Zn^{2+}，Cu^{2+}，Cd^{2+}，Pb^{2+}，Al^{3+}，Fe^{3+}，Bi^{3+}，Ga^{3+}，Th^{4+}，Zr^{4+}，UO_2^{2+}，TiO^{2+}
水杨醛肟	Cu^{2+}，Pb^{2+}，Bi^{3+}，Zn^{2+}，Ni^{2+}，Pd^{2+}
1-亚硝基-2-萘酚	Co^{2+}，Fe^{3+}，Pd^{2+}，Zr^{4+}
硝酸灵	NO_3^-，ClO_4^-，BF_4^-，WO_4^{2-}
四苯基硼酸钠	K^+，Rb^+，Cs^+，NH_4^+，Ag^+，有机铵离子

3. 沉淀的形成机理及条件

(1) 沉淀的类型：按沉淀的结构，可粗略地分为晶形沉淀和非晶形沉淀两大类。晶形沉淀直径大小为 $0.1\sim1\mu m$，内部离子排列规律，结构紧密，体积小，易于过滤和洗涤；而非晶形沉直径小于 $0.02\mu m$，内部离子排列规律无序，体积庞大，结构疏松含水量大，容易吸附杂质，难于过滤和洗涤。

$$\text{沉淀类型}\begin{cases}\text{晶形沉淀}\begin{cases}\text{粗晶形沉淀} & \text{如 }MgNH_4PO_4\\ \text{细晶形沉淀} & \text{如 }BaSO_4\end{cases}\\ \text{非晶形沉淀}\begin{cases}\text{凝胶状沉淀} & \text{如 }AgCl\\ \text{胶状沉淀} & \text{如 }Fe(OH)_3\cdot XH_2O\end{cases}\end{cases}$$

(2) 沉淀的形成：沉淀的形成是一个复杂的过程，有关这方面的理论尚不成熟，现仅对沉淀的形成过程做定性解释，以经验公式简单描述。

① 聚集速度和定向速度。当向试液中加入沉淀剂时，构晶离子浓度的乘积超过该条

件下沉淀的 K_{sp} 时，离子通过相互碰撞聚集成微小的晶核，晶核形成后溶液中的构晶离子向晶核表面扩散，并聚积在晶核上，晶核逐渐长大成沉淀微粒。这种由离子聚集成晶核，再进一步积聚成沉淀微粒的速度称为聚集速度，又称为晶核生成速度。在聚集的同时，构晶离子在静电引力作用下又能够按一定的晶格进行排列，这种定向排列的速度称为定向速度，又称为晶核成长速度。

② 晶形沉淀和非晶形沉淀。若一种晶核生成速度很慢，而定向速度很快，即离子较缓慢地聚集成沉淀，有足够的时间进行晶格排列，得到的是晶形沉淀。反之若晶核生成速度很快，而定向速度很慢，即离子很快地聚集成沉淀微粒，来不及进行晶格排列，新的沉淀又已生成，这样得到的沉淀为非晶形沉淀。

③ 影响聚集速度和定向速度的因素。聚集速度主要由沉淀条件决定，其中最重要的是溶液中生成沉淀物质的过饱和度。聚集速度与溶液中微溶化合物的相对过饱和度成正比，可用冯·韦曼（Von Weimarn）经验公式简单表示，即：

$$V = K \frac{(Q-S)}{S} \tag{7-1}$$

式中：V 为聚集速度；K 为比例常数；Q 为加入沉淀剂瞬间生成沉淀物质的浓度；S 为沉淀的溶解度；$Q-S$ 为沉淀物质的过饱和度；$(Q-S)/S$ 为相对过饱和度。

由式（7-1）可看出：聚集速度与相对过饱和度成正比，若想降低聚集速度，必须设法减小溶液的相对过饱和度，即要求沉淀的溶解度（S）大，加入沉淀剂瞬间生成沉淀物质的浓度（Q）要小，这样就可能获得晶形沉淀。反之，若沉淀的溶解度很小，瞬间生成沉淀物质的浓度又很大，则形成无定形沉淀，甚至形成胶体。

定向速度主要决定于沉淀物质的本性。一般极性强，溶解度较大的盐类，如 $MgNH_4PO_4$、$BaSO_4$、CaC_2O_4 等，都具有较大的定向速度，以形成晶形沉淀；而高价金属的氢氧化物溶解度较小，聚集速度很大，定向速度小。例如，氢氧化物沉淀一般均为非晶形沉淀或胶体沉淀，如 $Fe(OH)_3$、$Al(OH)_3$ 是胶状沉淀。

不同类型的沉淀，在一定条件下可以相互转化。例如常见的 $BaSO_4$ 晶形沉淀，若在浓溶液中沉淀，很快地加入沉淀剂，也可以生成非晶形沉淀。可见，沉淀究竟是哪一种类型，不仅决定于沉淀本质，也决定于沉淀进行时的条件。

4. 影响沉淀纯度的因素

在重量分析中，影响测量结果最关键的因素是获得的沉淀是否纯净。但是，当沉淀从溶液中析出时，总会或多或少地夹杂溶液中的其他组分。因此，必须了解沉淀在生成过程中混入杂质的各种原因，找出减少杂质混入的方法，以获得符合重量分析要求的沉淀。影响沉淀纯度的主要因素有共沉淀和后沉淀两种现象。

1）共沉淀

共沉淀是指一种难溶化合物沉淀时，某些可溶性其他组分同时沉淀下来混杂于沉淀之中。引起共沉淀的原因主要有以下几方面：

（1）表面吸附：由于静电引力，表面上的离子具有吸引带相反电荷离子能力的现象，称之为表面吸附。在沉淀的晶格中，正负离子按一定的晶格顺序排列，处在内部的离子都被带相反电荷的离子所包围，如图 7-2 所示，所以晶体内部处于静电平衡状态，而处于表面的离子至少有一个面未被包围，由于静电引力，表面上的离子具有吸引带相反电荷离子的能力，尤其是棱角上的离子更为显著。例如，用过量的 $BaCl_2$ 溶液与 Na_2SO_4 溶液作用时，生成的 $BaSO_4$ 沉淀表面首先吸附过量的 Ba^{2+}，形成第一吸附层，使晶体表面带正电荷。第一吸附层中的 Ba^{2+} 又吸附溶液中共存的阴离子 Cl^-，$BaCl_2$ 过量越多，被共沉淀的也越多。如果用 $Ba(NO_3)_2$ 代替一部分 $BaCl_2$，并使二者过量的程度相同时，共存阴离子有 Cl^- 和 NO_3^-，由于 $Ba(NO_3)_2$ 的溶解度小于 $BaCl_2$ 的溶解度，第二步吸附的是 NO_3^-，形成第二吸附层，第一、二吸附层共同组成沉淀表面的双电层，双电层里的电荷是等衡的。

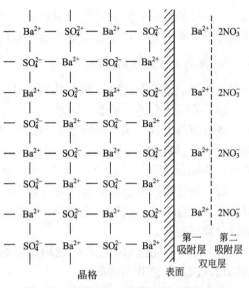

图 7-2　$BaSO_4$ 晶体表面吸附作用示意图

从静电引力的作用来说，在溶液中任何带相反电荷的离子都同样有被吸附的可能性，但实际上表面吸附是有选择性的，沉淀对不同杂质离子的吸附能力，主要决定于沉淀和杂质离子的性质，其一般规律是：沉淀优先吸附过量的构晶离子；杂质离子的电荷越高越容易被吸附；与构晶离子生成化合物的溶解度越小，离解度越小越容易被吸附。

此外，沉淀对同一种杂质的吸附量，与下列因素有关。

① 沉淀颗粒越小，比表面积越大，吸附杂质量越多。因为吸附发生在沉淀表面，其吸附量与沉淀表面积密切相关。

② 杂质离子浓度越大，被吸附的量也越多。

③ 溶液的温度越高，吸附杂质的量越少，由于吸附过程是一放热过程，提高温度可减少或阻止吸附作用。

吸附作用是一个可逆过程，洗涤可使沉淀上吸附的杂质进入溶液，从而净化沉淀，所选的洗涤剂必须是灼烧或烘干时容易挥发除去的物质。

(2) 混晶：如果溶液中存在与构晶离子电荷相同、半径相近的杂质离子，晶格中构晶离子就可能部分地被杂质离子取代而形成混晶。例如，Pb^{2+} 和 Ba^{2+} 的电荷和半径满足生成混晶的条件，只要有 Pb^{2+} 存在，$BaSO_4$ 沉淀过程中难以避免生成 $BaSO_4$-$PbSO_4$ 混晶。以混晶方式存在的杂质不能通过洗涤方法除去，陈化的方法也不奏效。如果有这种杂质，只能在沉淀操作之前预先分离。

(3) 吸留或包藏：吸留是指被吸附的杂质离子机械地嵌入沉淀之中；包藏常指母液机械地包藏在沉淀之中。沉淀生成速率太快，导致表面吸附的杂质离子或者母液来不及离开沉淀表面，而被后来沉淀上去的离子覆盖在沉淀内部。洗涤方法不能除去由吸留或包藏造成玷污，除去这类杂质一般通过改变沉淀条件、陈化或重结晶的途径实现。

2) 后沉淀

一种本来难以析出沉淀的物质，在溶液中某一组分的沉淀析出之后，也在沉淀表面逐渐沉积的现象，称为后沉淀。后沉淀多出现在陈化过程中。沉淀完全后，让初生的沉淀与母液在一起共置一段时间，这个过程称为陈化。例如，在 Mg^{2+} 存在下沉淀 CaC_2O_4 时，由于草酸镁能形成稳定的过饱和溶液而不立即析出,当草酸钙析出后,在陈化过程中,草酸镁慢慢在草酸钙上产生后沉淀。要消除后沉淀现象,必须缩短陈化时间。

5. 提高沉淀纯度的方法

为了提高沉淀的纯度,减少共沉淀及后沉淀现象,可采用下列措施:

(1) 采用适当的分析程序和沉淀方法:如果溶液中同时存在含量相差很大的两种离子,需要沉淀分离,为了防止含量少的离子因共沉淀而损失,应该先沉淀含量少的离子。例如分析烧结菱镁矿(含MgO90%以上,CaO1%左右)时,应该先沉淀Ca^{2+}。可在大量乙醇介质中用稀硫酸将Ca^{2+}沉淀成$CaSO_4$而与Mg^{2+}分离。

(2) 降低易被吸附离子的浓度:对于易被吸附的杂质离子,必要时应先分离除去或加以掩蔽。例如,将SO_4^{2-}沉淀成$BaSO_4$时,溶液中若有较多的Fe^{3+}、Al^{3+}等离子,就必须加以分离或掩蔽。

(3) 针对不同类型的沉淀,选用适当的沉淀条件。沉淀条件包括溶液浓度、温度、试剂的加入次序、陈化与否等。

(4) 在沉淀分离后,用适当的洗涤剂洗涤沉淀。

(5) 必要时进行再沉淀(或第二次沉淀),即将沉淀过滤、洗涤、溶解后,再进行一次沉淀。再沉淀时由于杂质浓度大为降低,共沉淀现象也可以减色。

6. 沉淀条件的选择

(1) 晶形沉淀的条件:①在适当稀的溶液中进行沉淀以降低相对过饱和度;②在不断搅拌下缓慢加入沉淀剂,这样可避免由局部过浓而产生大量晶核;③在热溶液中进行沉淀,通常,难溶化合物的溶解度随温度升高而增大,而沉淀对杂质的吸附量随温度升高而减小。沉淀完全后,应冷却至室温再进行过滤和洗涤;④陈化。陈化能使细晶体溶解而粗大的结晶长大。

(2) 非晶形沉淀的条件:①在较浓溶液中进行沉淀、迅速加入沉淀剂,使生成较为紧密的沉淀。同时沉淀作用完毕后,应立刻加入大量的热水稀释并搅拌;②在热溶液中进行沉淀,这样可以防止生成胶体,并减少杂质的吸附作用,使生成的沉淀更加紧密、纯净;③加入适当的电解质以破坏胶体。常使用在干燥或灼烧中易挥发的电解质,如铵盐等;④不必陈化,沉淀完毕后,立即趁热过滤洗涤。

(3) 均相沉淀法:也称均匀沉淀法,是利用化学反应使溶液中缓慢地产生沉淀剂,从而使沉淀在整个溶液中均匀地、缓慢地析出的方法。这种方法可以消除局部过浓的缺点,生成的沉淀颗粒较粗、结构紧密、纯净而易于过滤。例如,在酸性条件下加热水解硫代乙酰胺。

$$(CH_3CSNH_2 + 2H_2O \xrightleftharpoons[\triangle]{H^+} CH_3COO^- + NH_4^+ + H_2S)$$

在反应过程中,均匀地、缓慢地放出H_2S,与金属离子缓慢生成硫化物沉淀,沉淀结构紧密、易于过滤。

7. 重量分析法的计算

(1) 换算因子的计算。重量分析法,是根据沉淀的称量形式与试样的质量来计算获得待测组分的含量。而在重量分析中,称量形式与待测组分的形式通常不一样,这需要将称量形式的质量换算成被测组分的质量。待测组分的摩尔质量与称量形式的摩尔质量之比值为一常数,通常称之为换算因素,又称化学因素,以F表示。计算换算因数时,必须注意

给被测组分的摩尔质量及称量形成的摩尔质量乘以适当系数,使分子分母中待测成分的原子数或分子数相等。换算因素表达式如下:

$$\text{换算因素(F)} = \frac{a \times \text{待测组分的摩尔质量}}{b \times \text{称量形式的摩尔质量}} \tag{7-2}$$

式中,a,b 是使使分子分母中待测成分的原子数或分子数相等需乘的系数。换算因素是无量纲的值,常要求保留 4 位有效数字。几种常见沉淀的换算因素见表 7-2。

表 7-2 几种常见沉淀的换算因素

被测组分	沉淀形式	称量形式	换算因数
Fe	$Fe(OH)_3 \cdot xH_2O$	Fe_2O_3	$2M_{Fe}/M_{Fe_2O_3}$
MgO	$MgNH_4PO_4$	$Mg_2P_2O_7$	$2M_{MgO}/M_{Mg_2P_2O_7}$
$K_2SO_4 \cdot Al_2(SO_4)_3 \cdot 24H_2O$	$BaSO_4$	$BaSO_4$	$\dfrac{M_{K_2SO_4} \cdot M_{Al_2(SO_4)_3 \cdot 24H_2O}}{4M_{BaSO_4}}$

例 1 沉淀重量法测铝时,计算 Al_2O_3 的质量,利用 8-羟基喹啉将 Al^{3+} 沉淀为 8-羟基喹啉铝$(C_9H_6NO)_3Al$,然后再干燥恒重称量,计算换算因素。

解:由式(7-2)得 $F = \dfrac{M_{Al_2O_3}}{M_{(C_9H_6NO)_3Al} \times 2} = \dfrac{101.96 \text{g} \cdot \text{mol}^{-1}}{243.25 \text{g} \cdot \text{mol}^{-1} \times 2} = 0.2096$

(2) 试样称取量的计算。根据所得沉淀的类型及被测组分的大致含量,推算试样的称取量。

例 2 欲测含硫约 4% 的煤中硫的含量,沉淀称量形式为 $BaSO_4$,应称取试样多少克?

解:$BaSO_4$ 晶形沉淀,若使称量形式在 $0.3 \sim 0.5$g 之间,则煤样中硫的含量

$$m = m_{\text{称量形式}} \times \frac{M_S}{M_{BaSO_4}} = (0.3 \sim 0.5) \times \frac{32.06 \text{g} \cdot \text{mol}^{-1}}{233.39 \text{g} \cdot \text{mol}^{-1}} = 0.04 \sim 0.07 (\text{g})$$

故煤试样应称量 $(0.04 \sim 0.07) \div 4\% = 1 \sim 1.8$(g)。

(3) 沉淀剂用量计算。

例 3 欲使 0.3g $AgNO_3$ 试样中的 Ag^+ 完全沉淀为 AgCl,需要 $0.5 \text{mol} \cdot L^{-1}$ 的 HCl 溶液多少毫升?

解:$AgNO_3 + HCl = AgCl \downarrow + HNO_3$

由 $n_{HCl} = C_{HCl} \times V_{HCl}$ $n_{AgNO_3} = \dfrac{m_{AgNO_3}}{M_{nAgNO_3}}$ $n_{HCl} = n_{AgNO_3}$

得 $V_{HCl} = \dfrac{m_{AgNO_3}}{M_{AgNO_3} \times C_{HCl}} = \dfrac{0.3}{169.87 \times 0.5} \approx 4 \times 10^{-3} (\text{L}) = 4(\text{ml})$

因为 HCl 易挥发,可过量 100%,所以需 HCl 溶液 8ml。

(4) 分析结果的计算。

例 4 称取含有 NaCl 和 NaBr 的试样 1.000g 溶于水,加入沉淀剂 $AgNO_3$ 溶液,得到干燥的 AgCl 和 AgBr 沉淀 0.5260g。若将此沉淀在氯气流中加热,使 AgBr 转化为 AgCl,再称其重量为 0.4260g,计算试样中 NaCl 和 NaBr 的质量分数。

解:设 NaCl 质量为 xg,NaBr 为 yg,则

$$m_{AgCl} = x \times \frac{M_{AgCl}}{M_{NaCl}} \quad m_{AgBr} = y \times \frac{M_{AgBr}}{M_{NaBr}}$$

$$\left(x \times \frac{M_{AgCl}}{M_{NaCl}}\right) + \left(y \times \frac{M_{AgBr}}{M_{NaBr}}\right) = 0.5260\text{g}$$

即 $\left(x \times \dfrac{143.3\text{g} \cdot \text{mol}^{-1}}{58.44\text{g} \cdot \text{mol}^{-1}}\right) + \left(y \times \dfrac{187.8\text{g} \cdot \text{mol}^{-1}}{102.9\text{g} \cdot \text{mol}^{-1}}\right) = 0.5260\text{g}$

经氯气处理后，AgCl 质量等于

$$\left(x \times \frac{M_{AgCl}}{M_{NaCl}}\right) + \left(y \times \frac{M_{AgBr}}{M_{NaBr}} \times \frac{M_{AgCl}}{M_{AgBr}}\right) = 0.4260\text{g}$$

$$\left(x \times \frac{M_{AgCl}}{M_{NaCl}}\right) + \left(y \times \frac{M_{AgCl}}{M_{NaBr}}\right) = 0.4260\text{g}$$

$$\left(x \times \frac{143.32\text{g} \cdot \text{mol}^{-1}}{58.443\text{g} \cdot \text{mol}^{-1}}\right) + \left(y \times \frac{143.32\text{g} \cdot \text{mol}^{-1}}{102.9\text{g} \cdot \text{mol}^{-1}}\right) = 0.4260\text{g}$$

$$2.452x + 1.393y = 0.4260\text{g}$$

联立解方程可得　　$x = 0.04223\text{g}$　　$y = 0.2315\text{g}$

$\omega_{NaCl} = 4.22\%$　　$\omega_{NaBr} = 23.15\%$

8. 重量分析法应用示例

(1) 可溶性硫酸盐中硫的测定(氯化钡沉淀法)。将试样溶解酸化后，以 $BaCl_2$ 溶液为沉淀剂，将试样中的 SO_4^{2-} 沉淀成硫酸钡沉淀，陈化后，沉淀经过滤、洗涤和灼烧至恒重。根据所得硫酸钡的质量，可计算试样中含硫的质量分数。注意，必须在热的稀盐酸溶液中，不断搅拌情况下缓缓滴加沉淀剂 $BaCl_2$ 稀溶液，陈化后，才能得到较粗颗粒的硫酸钡沉淀。

(2) 钢铁中镍含量的测定(丁二酮肟重量法)。丁二酮肟是对 Ni^{2+} 具有较高选择性的试剂，测定钢铁中的镍时，将试样用酸溶解，然后加入酒石酸，并用氨水调节成 pH=8～9 的氨性缓冲溶液，加入丁二酮肟有机沉淀剂，就生成丁二酮肟镍红色螯合物沉淀。该沉淀溶解度很小，经过滤、洗涤后，在 110℃烘干、称量，直至恒重。根据所得沉淀的质量计算出镍的含量。

7.1.2 挥发法

挥发法(volatilization method)是利用加热或者蒸馏的方法使试样中挥发性组分气化逸出，称量试样减失的重量，或用适宜的吸收剂吸收直至恒重，称量吸收剂增加的重量来计算该组分含量的一种分析方法。例如，测定氯化钡晶体($BaCl_2 \cdot 2H_2O$)中的结晶水。一种方法是将一定量的 $BaCl_2 \cdot 2H_2O$ 试样加热，使水分挥发掉，氯化钡试样减少的重量即为结晶水的含量，称为干燥失重法。另外一种方法是将一定量的 $BaCl_2 \cdot 2H_2O$ 试样，加热至适当温度，用高氯酸镁等吸收剂吸收逸出的水分，高氯酸镁增加的质量即是固体样品中结晶水的质量，称为吸收法。

7.2 沉淀滴定法

沉淀滴定法(precipitation analysis)是以沉淀反应为基础的一种滴定分析方法。用作沉淀滴定的沉淀反应必须满足以下条件：①反应速度快，生成沉淀的溶解度足够小；②反应按一定的化学式定量进行；③有准确确定理论终点的方法。尽管沉淀反应很多，同时满足以上3个条件的沉淀反应却很少，因此用沉淀滴定所能测量的物质远不如其他3类滴定那样广泛。能用于沉淀滴定的主要是生成难溶性银盐的反应，因此，沉淀滴定法也称为银量法。本法可用来测定含 Cl^-、Br^-、I^-、SCN^- 及 Ag^+ 等的化合物。

7.2.1 滴定曲线

银量法是以硝酸银标准溶液，测定能与 Ag^+ 生成沉淀的物质的含量，它的反应原理是

$$Ag^+ + X^- = AgX \downarrow$$

其中 X^- 代表 Cl^-、Br^-、I^-、CN^- 及 SCN^- 等离子。

下面以 $0.1000 mol \cdot L^{-1} AgNO_3$ 溶液滴定 $20.00ml$ $0.1000 mol \cdot L^{-1} NaCl$ 溶液为例，来讨论沉淀滴定曲线。滴定原理为

$$Ag^+ + Cl^- = AgCl \downarrow （白色）$$

滴定开始前，溶液中氯离子浓度为溶液的原始浓度：

$$[Cl^-] = 0.1000 mol \cdot L^{-1} \qquad pCl = -\lg 0.1000 = 1.00$$

滴定至化学计量点前，溶液中的氯离子浓度，取决于剩余的氯化钠的浓度。若加入 $AgNO_3$ 溶液 Vml 时，溶液中 Cl^- 浓度为

$$[Cl^-] = \frac{(20.00 - V) \times 10^{-3} \times 0.1000}{(20.00 + V) \times 10^{-3}} (mol \cdot L^{-1})$$

当加入 $AgNO_3$ 溶液 19.98ml 时，溶液中剩余的氯离子浓度为

$$[Cl^-] = \frac{(20.00 - 19.98) \times 10^{-3} \times 0.1000}{(20.00 + 19.98) \times 10^{-3}} = 5.0 \times 10^{-5} (mol \cdot L^{-1})$$

$$pCl = 4.30 \qquad pAg = 5.51$$

化学计量点时，溶液是 AgCl 的饱和溶液，溶液中 Cl^- 浓度为

$$pCl = pAg = \frac{1}{2} pK_{sp} = 4.91$$

化学计量点后，当滴入 $AgNO_3$ 溶液 20.02ml 时，溶液的 Ag^+ 浓度由过量的 $AgNO_3$ 浓度决定，则

$$[Ag^+] = \frac{(20.02 - 20.00) \times 10^{-3} \times 0.1000}{(20.02 + 20.00) \times 10^{-3}} = 5.0 \times 10^{-5} (mol \cdot L^{-1})$$

$$pAg = 4.30 \qquad pCl = 5.51$$

化学计量当点前后溶液中 pAg 及 pX 的变化值见表 7-3。

表 7-3 以 $0.1000 mol \cdot L^{-1} AgNO_3$ 溶液滴定 $20.00ml$ $0.1000 mol \cdot L^{-1} NaCl$ 溶液或 $0.1000 mol \cdot L^{-1} KBr$ 溶液等当点前后 pAg 及 pX 的变化

加入 $AgNO_3$ 溶液的体积		滴定 Cl^-		滴定 Br^-	
ml	%	pCl	pAg	pBr	pAg
0.00	0	1.0		1.0	
18.00	90	2.3	7.5	2.3	10.0

(续)

加入 AgNO₃ 溶液的体积		滴定 Cl⁻		滴定 Br⁻	
19.60	98	3.0	6.8	3.0	9.3
19.80	99	3.3	6.5	3.3	9.0
19.96	99.8	1.0	5.8	4.0	8.3
19.98	99.9	4.3	5.5	4.3	8.0
20.00	100	4.9	4.9	6.2	6.2
20.02	100.1	5.5	4.3	8.0	4.3
20.04	100.2	5.8	4.0	8.3	4.0
20.20	101	6.5	3.3	9.0	3.3
20.40	102	6.8	3.0	9.3	3.0
22.00	110	7.5	2.3	10.0	2.5

用这些数据描绘成的滴定曲线如图 7-3 和图 7-4 所示。

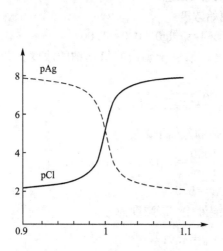 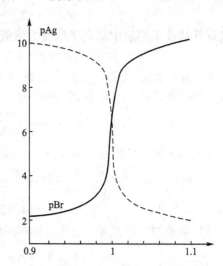

图 7-3　AgNO₃ 溶液(0.1000mol·L⁻¹)　　　图 7-4　AgNO₃ 溶液(0.01000mol·L⁻¹)
　　　滴定 NaCl 溶液的滴定曲线　　　　　　　　　滴定 KBr 溶液的滴定曲线

由图 7-3、7-4 可见：①pX 与 pAg 两条曲线与等当点对称。表明随着滴定的进行，溶液中 Ag^+ 浓度增加时，X^- 以相同的比例减小；而化学计量点时，两条曲线在化学计量点相交，即两种离子浓度相等；②突跃范围的大小，取决于沉淀的溶度积常数 K_{sp} 和溶液的浓度 C。K_{sp} 越小，突跃范围越大，如 $K_{sp(AgBr)} < K_{sp(AgCl)}$，所以相同浓度的 Br^- 和 Cl^- 与 Ag^+ 的滴定曲线，Br^- 比 Cl^- 的突跃范围大。若溶液的浓度较低，则突跃范围变小，这与酸碱滴定法相同。

7.2.2　指示终点的方法

根据指示剂显色原理的不同，沉淀滴定法可分为以下 3 种：①形成有色沉淀；②形成有色络合物；③吸附指示颜色。根据银量法所用指示剂不同，按照创立者名字命名，主要介绍以下 3 种沉淀滴定法。

1. 莫尔(Mohr)法

1) 测定原理

在中性或弱碱性溶液中,以铬酸钾为指示剂,用硝酸银标准溶液滴定氯化物或溴化物的一种滴定方法,因为是以铬酸钾为指示剂,故又称为铬酸钾指示剂法。以滴定氯化物为例,测定原理如下:

滴定反应和指示剂的反应分别为:

终点前　　$Ag^+ + Cl^- \rightleftharpoons AgCl \downarrow$(白色)

终点时　　$2Ag^+ + CrO_4^{2-} \rightleftharpoons Ag_2CrO_4 \downarrow$(砖红色)

由于 AgCl 的溶解度小于 Ag_2CrO_4 溶解度,根据分步沉淀原理,在滴定过程中,Ag^+ 首先和 Cl^- 生成 AgCl 沉淀,而此时 $[Ag^+]^2 \cdot [CrO_4^{2-}] < K_{sp}(Ag_2CrO_4)$,所以不能形成沉淀。随着滴定的进行,溶液中 Cl^- 浓度不断降低,Ag^+ 浓度不断增大,在计量后,$[Ag^+]^2 \cdot [CrO_4^{2-}] > K_{sp}(Ag_2CrO_4)$,于是出现砖红色 Ag_2CrO_4 沉淀,指示滴定终点的到达。

2) 滴定条件

(1) 指示剂的用量。为准确地测定,必须控制 K_2CrO_4 的浓度。若 K_2CrO_4 浓度过高,Cl^- 尚未沉淀完全,即有砖红色的铬酸银沉淀生成,使终点提前,造成负误差;若 K_2CrO_4 浓度过低,滴定至化学计量点后,稍加入过量 $AgNO_3$ 仍不能形成铬酸银沉淀,使终点推迟,造成正误差。因此,K_2CrO_4 溶液的浓度应控制在一个合适范围内,使得到达化学计量点时,Ag_2CrO_4 沉淀刚好出现。

以 $0.1000 mol \cdot L^{-1} AgNO_3$ 溶液滴定 $20.00 ml\ 0.1000 mol \cdot L^{-1} NaCl$ 溶液为例,化学计量点时 $[Ag^+]$ 为:

$$[Ag^+] = \sqrt{K_{sp}^{\theta}(AgCl)} = \sqrt{1.8 \times 10^{-10}} = 1.3 \times 10^{-5} mol \cdot L^{-1}$$

Ag_2CrO_4 沉淀刚好出现时,溶液中 CrO_4^{2-} 浓度为:

$$[CrO_4^{2-}] = \frac{K_{sp}^{\theta}}{[Ag^+]^2} = \frac{1.12 \times 10^{-12}}{(1.3 \times 10^{-5})^2} = 6.6 \times 10^{-3} mol \cdot L^{-1}$$

从计算可知,在到达化学计量点时,Ag_2CrO_4 沉淀刚好出现时需要 CrO_4^{2-} 浓度为 $6.6 \times 10^{-3} mol \cdot L^{-1}$。要析出 Ag_2CrO_4 沉淀,CrO_4^{2-} 的浓度要稍大一点。而 K_2CrO_4 溶液本身呈黄色,要在黄色背景下观察到微量的砖红色的 Ag_2CrO_4 沉淀,是不明显的。实验证明,CrO_4^{2-} 浓度为 $5.0 \times 10^{-3} mol \cdot L^{-1}$(相当于每 50~100ml 溶液中,加入 5% 铬酸钾指示剂约 0.5~1.0ml),才能从浅黄色中辨别出砖红色沉淀,滴定误差小于 0.1%。

(2) 溶液的酸度。溶液酸度应控制在 pH=6.5~10.5。若 pH<6.5,溶液中有下列反应:

$$2CrO_4^{2-} + 2H^+ \rightleftharpoons 2HCrO_4^- \rightleftharpoons Cr_2O_7^{2-} + H_2O$$

若 pH>10.5,则有黑色 Ag_2O 沉淀析出。

$$Ag^+ + OH^- \rightleftharpoons AgOH$$
$$2AgOH = Ag_2O \downarrow + H_2O$$

因此,莫尔法适宜的酸度范围为 pH=6.5~10.5。

当溶液中有铵盐存在时,pH 较高会形成 NH_3,这时 AgCl 和 Ag_2CrO_4 均可形成 $[Ag(NH_3)_2]^+$ 配离子而溶解。因此,如果溶液中有氨或铵盐存在时,要避免溶液中生成

NH_3，pH 以控制在 6.5～7.5 为宜。

(3) 滴定时应充分振摇。因 AgCl 沉淀能吸附 Cl^-，溶液中过量构晶离子 Cl^-，AgBr 沉淀能吸附 Br^-，并且吸附力较强，使吸附的 Cl^- 和 Br^- 不易和 Ag^+ 作用，致使在计量点前，溶液中的 Cl^- 或 Br^- 沉淀不完全，Ag^+ 和 CrO_4^{2-} 作用提前产生 Ag_2CrO_4 沉淀，滴定终点过早出现，使结果偏低。因此在滴定过程中必须充分振摇，使被吸附的 Cl^- 或 Br^- 及时释放出来。

(4) 预先分离干扰离子。溶液中不应含有能与 CrO_4^{2-} 生成沉淀的阳离子(如 Ba^{2+}、Pb^{2+}、Bi^{3+} 等)或与 Ag^+ 生成沉淀的阴离子(如 PO_4^{3-}、S^{2-}、CO_3^{2-}、AsO_3^{3-} 等)，也不能含有大量有色离子(如 Cu^{2+}、Co^{2+}、Ni^{2+} 等)及在中性或微碱性溶液中易发生水解的离子(如 Fe^{3+}、Al^{3+} 等)。如含上述离子，应预先分离排除干扰离子。

3) 误差的校正

在滴定过程中，不可避免地存在终点判断误差。为此，必要时可利用指示剂空白消耗值来校正。校正方法是将 1ml 指示剂，加至 50ml 水中，或加到 50ml 无 Cl^- 含少许$CaCO_3$的混悬液中，然后用 $AgNO_3$ 滴定液滴定至空白溶液的颜色与被滴定样品溶液的颜色相同。再从试样所消耗的硝酸银标准溶液的体积中扣除空白消耗值。

4) 应用范围

本法主要用于直接测定 Cl^- 和 Br^-，在弱碱性溶液中也可测定 CN^-，但不宜测定 I^- 和 SCN^-，因为 AgI、AgSCN 沉淀对 I^- 和 SCN^- 有强烈吸附作用，使终点提前，造成较大误差。

2. 佛尔哈德(Volhard)法

1) 测定原理

在酸性溶液中，以铁铵矾 $[NH_4Fe(SO_4)_2 \cdot 12H_2O]$ 为指示剂，用 NH_4SCN 或 KSCN 以及 $AgNO_3$ 为标准溶液测定银盐和卤素化合物的滴定方法称为佛尔哈德法。由于是用铁铵矾 $[NH_4Fe(SO_4)_2 \cdot 12H_2O]$ 为指示剂，所以又称为铁铵矾指示剂法。按测定对象不同，可分为直接滴定法和返滴定法。

(1) 直接法：在稀硝酸溶液中，以铁铵矾作指示剂，用 NH_4SCN 或 KSCN 为标准溶液滴定 Ag^+。滴定反应和指示剂反应如下：

$$Ag^+ + SCN^- = AgSCN \downarrow (白色)$$
$$Fe^{3+} + SCN^- = [Fe(SCN)]^{2+} (红色)$$

在滴定过程中 SCN^- 首先与 Ag^+ 生成 AgSCN 沉淀，滴定至终点时，由于 Ag^+ 浓度很小，滴入少量的 SCN^- 与铁铵矾中的 Fe^{3+} 反应，生成 $[Fe(SCN)]^{2+}$ 离子使溶液呈红色，以此指示滴定终点的到达。在滴定过程中，由于 AgSCN 沉淀很容易吸附 Ag^+，导致终点提前出现，因此在滴定过程中需要剧烈摇晃锥形瓶，释放出被吸附的 Ag^+。

(2) 返滴法：此法用于测定卤化物。先向样品溶液中加入准确且过量的 $AgNO_3$ 滴定液，等 $AgNO_3$ 与卤素离子完全反应后，再加入铁铵矾作指示剂，用 NH_4SCN 标准溶液滴定剩余的 $AgNO_3$，滴定反应和指示剂反应如下：

$$Ag^+(准确过量) + X^- = AgX \downarrow$$
$$Ag^+(剩余) + SCN^- = AgSCN \downarrow$$
$$Fe^{3+} + SCN^- = Fe(SCN)^{2+} \downarrow (红色)$$

2) 滴定条件

(1) 指示剂的用量：实验证明，终点时要观察到明显的微红色，Fe(SCN)$^{2+}$ 最低浓度应达到 $6×10^{-6}$mol·L^{-1}，此时，Fe^{3+} 的浓度为 0.04mol·L^{-1}，由于 Fe^{3+} 在浓度较高时溶液呈较深的橙黄色，妨碍终点的观察，综合考虑 Fe^{3+} 的浓度一般控制在 0.015mol·L^{-1}，就可以得到满意的结果，滴定误差为 0.2%。

(2) 溶液的酸度。佛尔哈德法适宜于 0.1~1.0mol·L^{-1} 的 HNO$_3$ 溶液介质中进行。溶液的酸度不宜过高，否则会使得 SCN$^-$ 浓度降低。在中性或弱碱性溶液中，Fe^{3+} 将水解成红棕色的 Fe(OH)$_3$ 沉淀，降低 Fe^{3+} 的浓度，Ag$^+$ 在碱性溶液中会生成 Ag$_2$O 褐色沉淀，影响终点的判断。由于佛尔哈德法要求在酸性介质中进行，许多弱酸根离子如 PO$_4^{3-}$、CO$_3^{2-}$、AsO$_4^{3-}$、SO$_3^{2-}$、C$_2$O$_4^{2-}$ 等都不会与 Ag$^+$ 反应，也可免除某些形成氢氧化物的阳离子的干扰，故此法的选择性较好。

(3) 注意的问题。用佛尔哈德法测定时，应先加入过量的 AgNO$_3$ 滴定液，待定量沉淀完全后，再加入铁铵矾试剂，以可避免发生氧化反应，导致测定结果偏低。另外，因溶液中同时有 AgCl 和 AgSCN 两种难溶性银盐存在，若用力振摇，将会使已生成的 Fe(SCN)$^{2+}$ 配位离子的红色消失。因 AgSCN 的溶解度小于 AgCl 的溶解度。当剩余的 Ag$^+$ 被滴完后，SCN$^-$ 就会将 AgCl 沉淀中的 Ag$^+$ 转化为 AgSCN 沉淀而使 Cl$^-$ 重新释放出来，可发生如下反应：

$$SCN^- + AgCl \rightleftharpoons AgSCN + Cl^-$$

为了避免上述转化反应的进行，可以采取下列措施。一种方法是将生成的 AgCl 沉淀滤出，再用 NH$_4$SCN 标准溶液滴定滤液，但这一方法需要过滤、洗涤等操作，过程较繁琐，且如操作不当，将造成较大误差。另一种方法是在用 NH$_4$SCN 标准溶液返滴之前，于待测 Cl$^-$ 溶液中加入 1~3ml 硝基苯，并用力振摇，使硝基苯包裹在 AgCl 的表面上，减少 AgCl 与 SCN$^-$ 的接触，防止转化。

用返滴法测定 Br$^-$ 和 I$^-$ 时，因为 AgBr 和 AgI 溶解度都比 AgSCN 的溶解度小，不会发生沉淀转化现象。

3) 应用范围

由于本法在酸性溶液中进行滴定，许多弱酸根离子如 PO$_4^{3-}$、CO$_3^{2-}$、AsO$_4^{3-}$ 等都不与 Ag$^+$ 生成沉淀，因此干扰离子少，选择性高，这是本法的最大优点，故应用范围比较广。采用直接滴定法可测定 Ag$^+$ 等，采用返滴定或间接滴定法可测定 Cl$^-$、Br$^-$、I$^-$、SCN$^-$、PO$_4^{3-}$、AsO$_4^{3-}$ 等离子。

3. 法扬斯(Fajans)法

1) 测定原理

本方法是用 AgNO$_3$ 为标准溶液来测定卤化物，以吸附指示剂指示终点的方法。又称为吸附指示剂法。吸附指示剂是一类有机染料，在溶液中能被胶体沉淀表面吸附，发生结构的改变，从而引起颜色的变化。例如，用 AgNO$_3$ 标准溶液测定 Cl$^-$，用荧光黄作吸附指示剂。荧光黄是一种有机弱酸，用 HFIn 表示。HFIn = H$^+$ + FIn$^-$（黄绿色）

滴定反应为 Ag$^+$ + Cl$^-$ = AgCl ↓

指示剂在终点前后的吸附情况 [(AgCl)$_n$]·Cl$^-$ + FIn$^-$ = [(AgCl)$_n$] Ag$^+$·FIn$^-$

　　　　　　　　　　　黄绿色　　　　　　　　　　　　　　　　粉红色

终点前，AgCl胶粒沉淀的表面吸附未被滴定的Cl^-，带有负电荷($[(AgCl)_n]Cl^-$)，荧光黄的阴离子FIn^-受排斥而不被吸附，溶液呈现荧光黄阴离子的黄绿色。终点后，Ag^+过量，AgCl胶体沉淀表面吸附Ag^+，带正电荷，荧光黄的阴离子FIn^-被带正电荷胶体吸引，呈现粉红色。

2) 滴定条件

(1) 因吸附指示剂的颜色变化发生在沉淀的表面，应尽可能使卤化银沉淀呈胶体状态，具有较大的比表面积。为此，在滴定前应将溶液稀释并加入糊精、淀粉等亲水性高分子化合物以形成保护胶体，同时应避免大量中性盐存在，因为它能使胶体凝聚。

(2) 胶体颗粒对指示剂的吸附力，应略小于对被测离子的吸附力，否则指示剂将在计量点前变色，但对指示剂离子的吸引力也不能太小，否则计量点后也不能立即变色。滴定卤化物时，卤化银对卤素离子和几种常用吸附指示剂吸附力的大小依次如下：$I^->$二甲基二碘荧光黄$>Br^->$曙红$>Cl^->$荧光黄。因此在测定Cl^-时应选用荧光黄为指示剂；在测定Br^-时，选用曙红作指示剂。

(3) 溶液的pH要适当，常用吸附指示剂多为有机弱酸，而起指示剂作用是其阴离子。因此，溶液的pH应有利于吸附指示剂阴离子的存在，也就是说，K_a值小的吸附指示剂，溶液pH就要偏高些；对于K_a值较大的吸附指示剂，则溶液的pH可低些。例如：荧光黄的K_a为10^{-8}，可在pH为7～10的中性或弱碱性条件下使用；曙红的K_a为10^{-2}，则可用在pH为2～10的溶液中使用。在强碱性溶液，虽然有利于指示剂的电离，但会生成氧化银沉淀，故滴定不能在强碱性溶液中进行。

(4) 滴定应避免在强光照射下进行，因为卤化银会感光分解析出金属银，使沉淀变灰或变黑，影响终点观察。

吸附指示剂的种类很多，现将常用的见表7-4。

表7-4 常用的吸附指示剂

指示剂名称	待测离子	滴定剂	适用的pH范围
荧光黄	Cl^-	Ag^+	pH=7～10
二氯荧光黄	Cl^-	Ag^+	pH=4～10
曙红	Br^-、I^-、SCN^-	Ag^+	pH=2～10
甲基紫	Ag^+	Cl^-	酸性溶液
橙黄素IV/氨基苯磺酸/溴酚蓝	Hg_2^{2+}	Cl^-、Br^-	酸性
二甲基二碘荧光黄	I^-	Ag^+	中性

3) 应用范围

能与Ag^+生成微溶性化合物或配合物的阴离子或配体均可干扰测定。如S^{2-}、PO_4^{3-}、AsO_4^{3-}、SO_4^{2-}、$C_2O_4^{2-}$、CO_3^{2-}和NH_3。本法可用于测定Cl^-、Br^-、I^-、SCN^-和Ag^+等。

7.2.3 应用与示例

1. 标准溶液的配制与标定

银量法常用的标准溶液是$AgNO_3$和NH_4SCN溶液。

1) $AgNO_3$ 标准溶液

若有很纯的 $AgNO_3$ 固体,则可在干燥后直接用来配制 $AgNO_3$ 标准溶液。但 $AgNO_3$ 固体往往含有杂质,需用标定法配制。标定 $AgNO_3$ 溶液常用的基准物质是 NaCl 固体。在配制 $AgNO_3$ 溶液时,应用不含 Cl^- 的纯净水,用于配制溶液的固体 $AgNO_3$ 以及配制好的 $AgNO_3$ 溶液都应保存在密闭的棕色试剂瓶中。另外,NaCl 固体在使用前应放在干净的坩埚内加热到 400℃~500℃,直到不再有爆裂声为止。然后,将其放在干燥器中备用。

2) NH_4SCN 标准溶液

NH_4SCN 固体往往含有杂质,又易潮解,只能用标定法配制。标定时,可用铁铵矾作指示剂,取一定量已标定过的 $AgNO_3$ 标准溶液,用 NH_4SCN 溶液直接滴定,这一方法最为简单。

2. 银量法的应用示例及计算

1) 自来水中 Cl^- 离子含量的测定

自来水中 Cl^- 含量一般采用 Mohr 法进行测定:准确量取一定量的水样于锥形瓶中,加入适量的 K_2CrO_4 指示剂,用 $AgNO_3$ 标准溶液(约 $0.005 mol·L^{-1}$)滴定到体系由黄色混浊(AgCl 沉淀在黄色的 K_2CrO_4 溶液中的颜色)变为浅红色(有少量砖红色的 Ag_2CrO_4 沉淀产生),即为终点。分析结果可按下式计算:

$$Cl(g·ml^{-1}) = \frac{C_{AgNO_3} \times V_{AgNO_3} \times 10^{-3} \times M(Cl)}{V_t}$$

式中:$C_{AgNO_3} \times V_{AgNO_3}$ 为 $AgNO_3$ 的物质的量,量纲为 mmol,V_t 为水样的体积,量纲为 ml。

2) 有机卤化物中卤素的测定

有机物中所含卤素多以共价键结合,需经预处理使之转化为卤素离子后再用银量法测定。以农药"六六六"(六氯环己烷)为例,先将试样与 KOH 的乙醇溶液一起加热回流,使有机氯转化为 Cl^- 离子而进入溶液:

$$C_6H_6Cl_6 + 3OH^- = C_6H_3Cl_3 + 3Cl^- + 3H_2O$$

待溶液冷却后,加入 HNO_3 调至溶液呈酸性,用 Volhard 法测得其中 Cl^- 离子的含量。

3) 银合金中银的测定

将银合金溶于 HNO_3 中,制成溶液,溶液中有如下反应

$$Ag + NO_3^- + 2H^+ = Ag^+ + NO_2\uparrow + H_2O$$

在溶解试样时,必须煮沸以除去氮的低价氧化物,因为它能与 SCN^- 作用生成红色化合物,而影响终点的观察

$$HNO_2 + H^+ + SCN^- = NOSCN(红色) + H_2O$$

试样溶解之后,加入铁铵矾指示剂,用标准 NH_4SCN 溶液滴定。根据试样的质量、滴定用去 NH_4SCN 标准溶液的体积,计算银的百分含量。

4) 计算示例

例 5 称取试样 0.5000g,经一系列步骤处理后,得到纯 NaCl 和 KCl 共 0.1803g。将此混合氯化物溶于水后,加入 $AgNO_3$ 沉淀剂,得 AgCl 0.3904g,计算试样中 NaCl 的质量分数。

解：设 NaCl 的质量为 x，则 KCl 的质量为 $0.1803\text{g}-x$。

于是
$$\left(\frac{x}{M_{NaCl}}+\frac{0.1803-x}{M_{KCl}}\right)\times M_{AgCl}=0.3094$$

解方程得
$$x=0.0828\text{g}$$

$$\omega_{NaCl}=\frac{0.0828}{0.5000}\times 100\% =16.56\%$$

本 章 小 结

(1) 重量分析法和沉淀滴定法是以沉淀反应为基础的分析方法。沉淀的形成、沉淀的纯净及选择合适的方法确定滴定终点是重量分析法和沉淀滴定法准确定量测定的关键。

(2) 沉淀重量分析法对沉淀形式和称量形式均应有严格要求，同时对沉淀的纯度和沉淀条件进行选择。分析结果的计算需注意以下方面。

① 多数情况下需要将称得的称量形式的质量换算成被测组分的质量，换算因素用 F 表示：

$$\text{换算因素}(F)=\frac{a\times \text{待测组分的摩尔质量}}{b\times \text{称量形式的摩尔质量}}$$

② 由称得的称量形式的质量 m，试样的质量 m_s 及换算因数 F，即可求得被测组分的百分质量分数：

$$\omega \% =\frac{m\times F}{m_s}\times 100\%$$

(3) 沉淀滴定法又名银量法，本法可用来测定含 Cl^-、Br^-、I^-、SCN^- 及 Ag^+ 等的化合物。根据指示重点的方法不同分为莫尔法（铬酸钾指示剂法）、佛尔哈德法（铁铵矾指示剂法）、法扬斯法（指示剂吸附法）。

莫尔法是在中性或弱碱性溶液中（pH=6.5~10.5），用 $K_2Cr_2O_4$ 作指示剂，测定 Cl^-、Br^- 和 CN^-，不能测定 I^- 和 SCN^-。佛尔哈德法是用铁铵矾为指示剂，终点为红色，分为直接滴定法和返滴定法两种：① 直接滴定法在 HNO_3 酸性条件下，直接测定 Ag^+；② 返滴定法是在 HNO_3 溶液中，测定 Cl^-、Br^-、I^-、SCN^-、PO_4^{3-}、AsO_4^{3-} 等离子。法扬斯法是用吸附剂指示终点来测定卤化物，根据电离常数来选择具体的指示剂。

习 题

一、问答题

1. 简述重量法的主要操作过程。
2. 沉淀形式和称量形式各应满足什么要求？

3. 影响沉淀溶解度的因素有哪些？

4. 在重量分析法中，要想得到大颗粒的晶形沉淀，应采取哪些措施？

5. 何谓均匀沉淀法？其有何优点？

6. 莫尔法中铬酸钾指示剂的作用原理是什么？K_2CrO_4 指示剂的用量过多或过少对滴定有何影响？

7. 用佛尔哈德法测定氯化物时，为了防止沉淀的转化可采取哪些措施？

8. 应用法扬斯法要掌握的条件有哪些？

二、计算题

1. 计算下列换算因数。

（1）从 $Mg_2P_2O_7$ 的质量计算 $MgSO_4 \cdot 7H_2O$ 的质量。

（2）从 $(NH_3)_3PO_4 \cdot 12MoO_3$ 的质量计算 P 和 P_2O_5 的质量。

（3）从 $Cu(C_2H_3O_2)_2 \cdot 3Cu(AsO_2)$ 的质量计算 As_2O_3 和 CuO 的质量。

（4）从丁二酮肟镍 $Ni(C_4H_8N_2O_2)_2$ 的质量计算 Ni 的质量。

（5）从 8-羟基喹啉铝 $(C_9H_6NO)_3Al$ 的质量计算 Al_2O_3 的质量。

2. 有纯的 AgCl 和 AgBr 混合物 0.8800g，在 Cl_2 气流中加热，使 AgBr 转化为 AgCl，则原试样的质量减轻了 0.1650g，计算原试样中氯的质量分数。 (4.53%)

3. 某试样含 35% 的 $Al_2(SO_4)_3$ 和 60% 的 $KAl(SO_4)_2 \cdot 12H_2O$，若用沉淀重量法使之生成 $Al_2O_3 \cdot xH_2O$，灼烧后欲得 0.15g Al_2O_3，应取试样多少克？ (0.64g)

4. 称取大青盐 0.2000g，溶于水后，以荧光黄作指示剂，用 $0.1100 mol \cdot L^{-1} AgNO_3$ 溶液滴定至终点，用去 30.00ml，计算大青盐中 NaCl 的百分含量。 (96.53%)

5. 取尿样 10.00ml，加入 $0.1200 mol \cdot L^{-1} AgNO_3$ 溶液 30.00ml，过剩的 $AgNO_3$ 用 $0.1000 mol \cdot L^{-1} NH_4SCN$ 溶液滴定，用去 6.00ml，计算 1500ml 尿液中含有 NaCl 多少克？

(2.6325g)

6. KCN 溶液 25.00ml 置于 100ml 容量瓶中，滴加 $0.1100 mol \cdot L^{-1}$ 的 $AgNO_3$ 溶液 50.00ml，稀释至刻度。取此溶液（滤出）50.00ml，加硫酸铁铵溶液 2ml 及硝酸 2ml 后，用 $0.1000 mol \cdot L^{-1}$ 的 NH_4SCN 溶液滴定，消耗 10.00ml。求 KCN 溶液的物质的量浓度。

$(0.1600 mol \cdot L^{-1})$

7. 称取含有 NaCl 和 NaBr 的试样 0.5000g，溶解后用 $0.1000 mol \cdot L^{-1} AgNO_3$ 溶液滴定，终点时消耗 22.00ml，另取 0.5000g 试样，溶解后用 $AgNO_3$ 溶液处理，得到干燥的 AgCl 和 AgBr 沉淀 0.4020g。计算试样中 NaCl 和 NaBr 的质量分数。

(2.93%，40.14%)

8. 将 40.00ml $0.1120 mol \cdot L^{-1}$ 的 $AgNO_3$ 溶液加到 25.00ml 的 $BaCl_2$ 溶液中，剩余的 $AgNO_3$ 溶液需用 20.00ml $0.1000 mol \cdot L^{-1} NH_4SCN$ 溶液返滴定，问 25.00ml 的 $BaCl_2$ 溶液含 $BaCl_2$ 质量为多少？

(0.2579g)

9. 称取一纯盐 KIO_X 0.5000g，经还原为碘化物后，用 $0.1000 mol \cdot L^{-1}$ 的 $AgNO_3$ 溶液滴定，用去 23.36ml，求该盐的化学式。

(KIO_3)

第8章
电位法和永停滴定法

本章教学要求

● 掌握：pH 的测定方法及原理，各类指示电极和参比电极及其原理，电位滴定法和永停滴定法的原理和确定终点方法。
● 熟悉：离子选择电极的测量条件和方法离子选择电极的结构及工作原理。
● 了解：电化学分析法的分类和作用原理。

电位法和永停滴定法属于电化学分析（electrochemical analysis）方法。电化学分析法是测量溶液或其他介质中待测组分的电化学性质及其变化规律的一种仪器分析方法。电化学分析法根据所测电量的不同可粗略地分为 4 类：电位分析法、伏安法、电导法和电解法。

电位分析法（potentiometric analysis），以测量电池电动势为基础的分析方法，由一指示电极（或采用两个指示电极）和一参比电极与试液组成电池，根据电池电动势（或指示电极电极电位）的变化来进行分析的方法称为电位分析法，分为直接电位法（direct potentiometry）和电位滴定法（potentiometric titration）。

伏安法（voltammetry），由工作电极和参比电极组成电解池，电解被测物质的溶液，根据所得的电流-电压曲线来进行分析的方法称为伏安法。根据工作电极不同分为极谱法（polarography，液态电极为工作电极，如滴汞电极）和伏安法（voltammetry，固定或固态电极为工作电极，如石墨电极、玻碳电极、铂电极、悬汞滴电极等）。电流滴定法（amperometric titration）是从极谱分析法发展起来的，包括单指示电极电流滴定法和双指示电极电流滴定法，后者又称永停滴定法。

电导法（conductometry），根据溶液的电导值（或电阻）与被测离子浓度的关系进行分析的方法称为电导分析法，分为直接电导法（direct conductometry）和电导滴定法（conductometric titration）。

电解法（electrdytic process）是建立在电解基础上的一种电化学分析方法。利用外加电源电解试液，称量沉积于电极表面的被测物质的质量进行分析的方法称为电重量分析法（electrogravimetry），根据电解过程中所消耗的电量进行分析的方法称为库仑法（coulometry）。库仑法又分为电流库仑分析和控制电流库仑分析，后者也称为库仑滴定法（coulometric titration）。

电化学分析法是最早的仪器分析方法，具有准确度和灵敏度高，手段多样，分析浓度范围宽等优点，因而得到了迅速的发展。它在成分分析（定量与定性）、生产控制及科学研究等方面具有重要的作用，广泛应用于电化学基础理论、化学反应机理、生物医药、临床、环境生态等领域的研究。

电位法和永停滴定法具有分析速度快,试样用量少,所需仪器设备简单,携带及操作方便,不受试样颜色、浊度等因素的干扰等优点。直接电位法可用于连续测定和遥控测定,易于实现自动化且不破坏试样;电位滴定法和永停滴定法是用仪器显示的电位或电流信号变化替代指示剂颜色变化确定滴定终点的滴定分析法,它们的应用扩大了滴定分析法的适用范围,并使对滴定终点的判断更为客观准确。

8.1 基本原理

8.1.1 电化学池

1. 电化学池的类型

电化学池(electrochemical cells)也简称电池。它是化学能与电能互相转化的一种反应体系。通常分为原电池(galvanic cell)和电解池(electrolytic cell),它们是两种相反的能量转换装置。原电池中的电极反应是自发进行的,是将化学能转变为电能,常见的有不可充电的一次电池,如锌锰电池,可充电的二次电池,如铅蓄电池。电解池是由外加电源强制发生电池反应,是将电能转变成化学能,如常见的电解、电镀和铅蓄电池的充电过程等。在电位法中使用的测量电池均为原电池;而在永停电流滴定法使用的测量电池均为电解池。

电化学池都由两个称之为电极(electrode)的导体和至少一种电解质体系构成。一支电极和与其相接触的电解质溶液构成一个半电池(half-cell),两个半电池构成一个电化学池。在电化学池中,根据电极反应的性质分为阳极和阴极,发生氧化反应的电极称为阳极(anode),发生还原反应的电极称为阴极(cathode)。此外,根据同一电池中电极电动势的高低程度分为正极和负极,电位较高的为正极,电位较低的为负极。

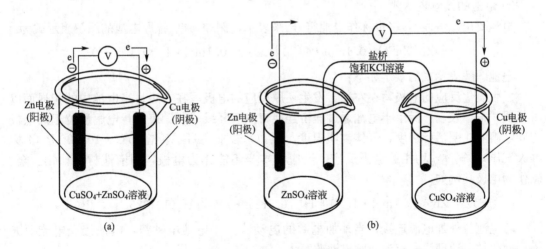

图 8-1 铜-锌原电池示意图

图 8-1(a)和(b)是典型的铜-锌原电池。在图 8-1(a)铜棒和锌棒插入 $CuSO_4$ 和 $ZnSO_4$ 的混合溶液中,是一种无液体接界的自发电池,图 8-1(b)铜棒和锌棒分别插入处于两个烧杯的电解质溶液中,通过 KCl 盐桥(氯化钾-琼脂凝胶)连接,构成了有液体接界的自发电池。两电极间有导线相连,自发电池中发生氧化还原反应,电流计有电流通过。发生的氧化还原反应如下:

$$阳极(锌极、负极) \quad Zn \rightleftharpoons Zn^{2+} + 2e$$
$$阴极(铜极、正极) \quad Cu^{2+} + 2e \rightleftharpoons Cu$$

锌电极发生氧化反应,锌棒上的 Zn 原子由固相进入液相成为 Zn^{2+};铜电极发生还原反应,溶液中的 Cu^{2+} 由液相进入固相成为 Cu 原子。电子由锌极流向铜极,故铜极为正极,锌极为负极,因此可知,在原电池中阳极为负极,阴极为正极。

电极发生氧化还原反应时,Zn^{2+} 烧杯中溶液富正电荷,Cu^{2+} 烧杯中溶液富负电荷,这时盐桥中的 Cl^- 向 $ZnSO_4$ 溶液中迁移,K^+ 向 $CuSO_4$ 溶液中迁移,由此构成电流回路。

$$电池总反应为 \quad Cu^{2+} + Zn \rightleftharpoons Cu + Zn^{2+} (自发的氧化还原反应)$$

此电池是原电池,电动势为正值。

在自发的电池中,两个电极与其溶液界面之间存在一定的电位差,称为电极电位(electrode potential),溶液与溶液界面间存在的电位差称为液体接界电位,简称液接电位(liquid junction potential)。液接电位的数值较小,使用盐桥可以减小或消除液接电位。由于两个相界出存在电位差,自发电池都会有一定值的电动势。

2. 电化学池的图解表达式

1) 电位符号

IUPAC 推荐电极的电位符号以如下方式表示:

$$半反应写成还原过程 \quad O + ne \rightleftharpoons R$$

电极的电位符号为该电极与标准氢电极组成电池时,该电极所带的静电荷的符号,如 Zn 和 Zn^{2+} 组成的电极与标准氢电极组成电池时,金属 Zn 带负电荷,所以其电极电位为负值。

2) 电池的图解表达式

电池要用图解表示式(也称作电池符号)来表示,例如,铜-锌原电池的图解表示式为

$$(-)Zn|ZnSO_4(0.1mol \cdot L^{-1})\|CuSO_4(0.1mol \cdot L^{-1})|Cu(+)$$

电池图解表示式的规定如下:

发生氧化反应的电极写在左边,发生还原反应的电极写在右边;半电池中的相界面以单竖线"|"表示;两个半电池通过盐桥连接时以双竖线"‖"表示;电解质位于两电极之间,溶液注明活(浓)度,气体注明温度、压力,若不注明,系指 25℃、101325 Pa(1 标准大气压);气体或均相的电极反应,反应物本身不能作为电极,用惰性材料如铂、金、碳作为电极,例如

$$(-)Zn|Zn^{2+}(0.1mol \cdot L^{-1})\|H^+(0.1mol \cdot L^{-1})|H_2(101325Pa), Pt(+)$$

若电池与外加电源连接,当外加电源的电动势大于电池电动势,电池接受电能而充电,此化学电池即为电解池。则电池改写为

$$(-)Cu|CuSO_4(1mol \cdot L^{-1})\|ZnSO_4(1mol \cdot L^{-1})|Zn(+)$$

电池半反应为

$$\text{阳极(铜极、正极)} \quad Cu^{2+} \rightleftharpoons Cu + 2e$$
$$\text{阴极(锌极、负极)} \quad Zn + 2e \rightleftharpoons Zn^{2+}$$

电池总反应为 $Cu + Zn^{2+} \rightleftharpoons Cu^{2+} + Zn$ （被动的氧化还原反应）

该电极不能自发进行反应，必须外加能量，此电池为电解池，电动势为负值。

8.1.2 指示电极、参比电极和盐桥

指示电极(indicator electrode)是指电极电位值随待测组分活(浓)度改变而变化，其值大小可以指示待测组分活(浓)度变化的电极。参比电极(reference electrode)是指在一定条件下，电位值在测量过程中几乎不发生变化，仅提供电位测量参考的电极。

1. 指示电极

一般而言，作为指示电极应符合下列条件：①电极电位与待测组分活(浓)度的关系符合 Nernst 公式；②对有关离子的响应快，重现性好；③结构简单，便于耐用。

常见的指示电极主要分为以下几类。

1) 第一类电极

由金属和含有该金属离子的溶液组成的体系，电极电位取决于金属离子的活(浓)度。如 $Ag-Ag^+$ 组成的银电极：$Ag|Ag^+(a)$

电极反应为 $\quad\quad\quad\quad Ag^+ + e \rightleftharpoons Ag$

电极电位(25℃)为 $\quad\quad \varphi = \varphi^0_{Ag^+/Ag} + 0.0592 \lg a_{Ag^+}$ \hfill (8-1)

除了上述银电极外，还有铜、锌、镉、汞和铅等电极。该电极体系用于测定金属离子。

2) 第二类电极

(1) 由金属和金属难溶盐(或络离子)组成的电极体系。该类电极的电极电位能间接反映与金属离子生成难溶盐(或络离子)的阴离子活(浓)度。

如 $Ag-AgCl$ 电极：$Ag, AgCl | KCl(a)$

电极反应为 $\quad\quad\quad\quad Ag^+ + e \rightleftharpoons Ag + Cl^-$

电极电位(25℃)为 $\quad\quad \varphi = \varphi^0_{AgCl/Ag} - 0.0592 \lg a_{Cl^-}$ \hfill (8-2)

该电极能指示待测溶液中氯离子的活度。此外，第二类电极如上述的银-氯化银电极，还有甘汞(Hg/Hg_2Cl_2)电极，常用作参比电极。

(2) 由金属和金属难溶氧化物组成。如锑电极，由高纯锑镀一层 Sb_2O_3 制成：$Sb, Sb_2O_3|H^+(a)$

其电极反应与电极电位(25℃)为

$$Sb_2O_3 + 6H^+ + 6e \rightleftharpoons 2Sb + 3H_2O$$

$$\varphi = \varphi^0_{Sb_2O_3/Sb} + 0.0592 \lg a_{H^+} = \varphi^0_{Sb_2O_3/Sb} - 0.0592 pH \quad (8-3)$$

由式(8-3)知，锑电极是 pH 指示电极。因 Sb_2O_3 能溶于强酸性或强碱性溶液，所以锑电极应在 pH=3~12 的溶液中使用。

3) 第三类电极

指金属离子与具有相同阴离子的两种难溶盐(或络离子)组成的电极体系，例如硫离子

与银离子和镉离子生成的难溶盐，$Ag|Ag_2S$，$CdS|Cd^{2+}$。

此电极能反应镉离子的活（浓）度。

由难溶盐溶度积得

$$a_{Ag^+} = \left[\frac{K_{sp1}}{a_{S^{2-}}}\right]^{\frac{1}{2}}$$

$$a_{S^{2-}} = \frac{K_{sp2}}{a_{Cd^{2+}}}$$

$$a_{Ag^+} = \left[\frac{K_{sp1}}{K_{sp2}}a_{Cd^{2+}}\right]^{\frac{1}{2}}$$

代入银电极的 Nernst 公式，$\varphi = \varphi^0_{Ag^+/Ag} + 0.0592\lg a_{Ag^+}$，得

电极电位（25℃）为 $\quad \varphi = \varphi^0_{Ag^+/Ag} + \frac{0.0592}{2}\lg\frac{K_{sp1}}{K_{sp2}} + \frac{0.0592}{2}\lg a_{Cd^{2+}}$

$$\varphi = 常数 + \frac{0.0592}{2}\lg a_{Cd^{2+}} \tag{8-4}$$

此外 EDTA 与金属离子 M^{n+} 形成络合物的第三类电极，在电位滴定中常用 Hg/Hg^{2+}-EDTA 电极（pM）来做指示电极。如测定 Ca^{2+} 的电极

$$Hg|HgY^{2-}(a_1), CaY^{2-}(a_2), Ca^{2+}(a_3)$$

该电极体系涉及 3 步反应：

① $Hg^{2+} + 2e \rightleftharpoons Hg$；② $Hg^{2+} + Y^{4-} \rightleftharpoons HgY^{2-}$；③ $Ca^{2+} + Y^{4-} \rightleftharpoons CaY^{2-}$。

电极电位（25℃）为 $\quad \varphi = \varphi^0_{Hg^{2+}/Hg} + \frac{0.0592}{2}\lg a_{Hg^{2+}} \tag{8-5}$

根据配位平衡，可以得到以下 Nernst 方程表达式：

$$\varphi = \varphi^0_{Hg^{2+}/Hg} + \frac{0.0592}{2}\lg\frac{K_{CaY^{2-}}\cdot a_{HgY^{2-}}}{K_{HgY^{2-}}\cdot a_{CaY^{2-}}} + \frac{0.0592}{2}\lg a_{Ca^{2+}} \tag{8-6}$$

在实际中，该电极体系被用于 EDTA 滴定 Ca^{2+}。在试样溶液中加入少量 HgY^{2-}（使其浓度约在 10^{-4} mol·L^{-1}），插入汞电极和饱和甘汞电极，用 EDTA 标准溶液滴定，近计量点时 $a_{HgY^{2-}}/a_{CaY^{2-}}$ 可视为定值，所以

$$\varphi = 常数 + \frac{0.0592}{2}\lg a_{Ca^{2+}} \tag{8-7}$$

该类电极的电极电位（25℃）与金属离子 M^{n+} 活（浓）度关系的通式为

$$\varphi = 常数 + \frac{0.0592}{n}\lg a_{M^{n+}} = 常数 - \frac{0.0592}{n}pM \tag{8-8}$$

4）零类电极

由惰性金属（Pt 或 Au）作为电极，也称为惰性金属电极。能指示溶液中的氧化态和还原态活度的比值，也可用于气体参与的电极反应，此类电极本身不参与电极反应，仅起传递电子的作用。

如 $Pt|Fe^{3+}$，Fe^{2+}，电极反应为 $\quad Fe^{3+} + e \rightleftharpoons Fe^{2+}$

电极电位（25℃）为 $\quad \varphi = \varphi^0_{Fe^{3+}/Fe^{2+}} + 0.0592\lg\frac{a_{Fe^{3+}}}{a_{Fe^{2+}}} \tag{8-9}$

5）离子选择电极（ion selective electrode，ISE）

离子选择电极也称为膜电极（membrane electrode）。敏感膜对于特定的离子有显著的交换作用，但膜电极上没有电子交换反应，此类电极的电极电位与试液中待测离子活（浓）

度的关系符合 Nernst 公式：

$$\varphi = K \pm \frac{2.303RT}{nF} \lg a \tag{8-10}$$

式中，K 为电极常数，阳离子取"+"，阴离子取"−"。

ISE 是电位法中最常用的指示电极，此类电极种类繁多，例如常见 pH 玻璃电极、钾电极、钠电极、钙电极、氟电极和在药学研究领域中使用的多种药物电极等。

2. 参比电极

指在一定条件下，电位值已知且基本恒定的电极。

电位测量时，参比电极质量的优劣往往是分析工作成败的重要因素，因此参比电极应具备 3 个基本性质：①可逆性好；②电极电位稳定；③重现性好，使用寿命长。常见的参比电极有以下几种。

(1) 标准氢电极(standard hydrogen electrode，SHE)是确定电极电位的基准(一级标准)电极，也就是理想的参比电极。IUPAC 还规定，在任何温度下，标准氢电极的电位为零。

电极组成　　Pt(镀铂黑)│H_2(101325Pa)H^+(1mol·L^{-1})

电极反应　　　　　　　$2H^+ + 2e \rightleftharpoons H_2$

电极电位　　$\varphi = \varphi_{SHE}^0 + \frac{2.303RT}{2F} \lg \frac{a_{H_2}^2}{P_{H_2}}$ (8-11)

氢电极装配比较麻烦，使用条件苛刻，使用寿命短(7~20 天)，所以在实际测量中不常使用。

(2) 银-氯化银电极(silver-silver chloride electrode，SSE)：银丝镀上一层氯化银沉淀，浸在一定浓度的氯化钾溶液中即构成银-氯化银电极，如图 8-2 所示。

电极组成　　　　　　Ag, AgCl│KCl(a)

电极反应　　　　　　$Ag^+ + e \rightleftharpoons Ag + Cl^-$

电极电位　　$\varphi = \varphi_{AgCl/Ag}^0 - \frac{2.303RT}{F} \lg a_{Cl^-}$ (8-12)

当 Cl^- 活(浓)度和温度一定时，银-氯化银电极的电位为恒定不变值，见表 8-1。由于银-氯化银电极的重现性和稳定性仅次于氢电极，且制作简单，常用作离子选择性电极的内参比电极，以及复合电极的内、外参比电极。此外，银-氯化银电极可以制成很小的体积，并且还可以在高于 60℃ 的体系中使用。

表 8-1　银-氯化银电极的电极电位(25℃)

电极	KCl 溶液浓度/mol·L^{-1}	电极电位(vs. SHE)/V
0.1mol·L^{-1} Ag-AgCl 电极	0.1	0.2880
标准 Ag-AgCl 电极	1	0.2223
饱和 Ag-AgCl 电极	饱和(≥3.5)	0.2000

(3) 饱和甘汞电极(saturated calomel electrode，SCE)：属于金属、金属难溶盐电极。将铂丝浸入金属汞和甘汞(Hg_2Cl_2)的糊状物中，以 KCl 溶液作为内充液组成甘汞电极，若内充液是饱和的 KCl 溶液，则为饱和甘汞电极，如图 8-3 所示。饱和甘汞电极构造简单，电位稳定，使用方便，是常用的参比电极。温度高于 70℃ 时应换用 Ag/AgCl 电极。

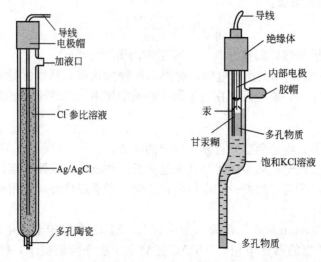

图 8-2 银-氯化银电极　　图 8-3 甘汞电极图

电极组成　　　　　　　　$Hg, Hg_2Cl_2 | KCl(x\,mol \cdot L^{-1})$

电极反应　　　　　　　　$Hg_2Cl_2 + 2e \rightleftharpoons 2Hg + 2Cl^-$

电极电位　　　　　　　　$\varphi = \varphi^0_{Hg_2Cl_2/Hg} - \dfrac{2.303RT}{F}\lg a_{Cl^-}$ 　　　　(8-13)

由式(8-13)可知，甘汞电极的电极电位与电极内的 Cl^- 活(浓)度及温度有关，当 KCl 溶液浓度及温度一定时，其电极电位为一固定值，见表 8-2。

表 8-2　甘汞电极的电极电位(25℃)

电极	KCl 溶液浓度/mol·L^{-1}	电极电位(vs. SHE)/V
0.1mol·L^{-1}甘汞电极	0.1	0.33
标准甘汞电极	1.0	0.28
饱和甘汞电极	饱和(≥3.5)	0.24

3. 盐桥

盐桥(salt bridge)是"连接"和"隔离"不同电解质的重要装置，一般内充琼脂和电解质，如饱和氯化钾(或饱和硝酸铵)溶液构成。其作用是在两种溶液中转移电子，接通电路，消除或减小液接电位。

使用盐桥时需注意：①盐桥中电解质不能含有被测离子，且不与电池中溶液发生化学反应；②盐桥中的电解质的正负离子的迁移率应基本相等；③要保持盐桥内离子强度5～10倍于被测溶液。

8.1.3　原电池电动势的测量

原电池是由浸在溶液中的两电极(指示电极与参比电极)和电解液构成，测量过程中参比电极的电位几乎不发生变化，测量的电池电动势的变化就直接反映出指示电极的电极电位的变化，因此知道指示电极的电极电位，就可计算出待测组分的活度，或氧化型和还原型电对的活度比。规定电池符号中的右边的电极电位减去左边的电极电位为电池电动势。即

$$E = \varphi_+ - \varphi_- \tag{8-14}$$

当测量电流较大或溶液电阻较高时，应当注意由溶液引起电池内阻引起的压降 iR。电池电动势(electromotive force，EMF 或 E)可表示为：

$$E = \varphi_+ - \varphi_- + \varphi_j - iR \tag{8-15}$$

式中，"φ_+"表示原电池正极(阴极)的电极电位，"φ_-"表示原电池负极(阳极)的电极电位，φ_j 为液接电位，i 为通过电池的电流强度，iR 为在电池内阻(R)产生的电压降，一般要求测量电池电动势在零电流或仅有微弱电流通过的条件下进行，即 $i \to 0$，则 $iR \to 0$。

例如，用锑电极和 SCE 测定葡萄糖注射液的 pH，若 SCE 为正极，测量电池为

$$(-) Sb, Sb_2O_3 | H^+(a) \| KCl(sat.) | Hg_2Cl_2, Hg \ (+)$$

$$\qquad \varphi_{Sb} \qquad\qquad\quad \varphi_j \qquad\qquad \varphi_{SCE}$$

$$E = \varphi_{SCE} - \varphi_{Sb} + \varphi_j$$

使用饱和 KCl 溶液为盐桥，消除液接电位 $\varphi_j \to 0$。由式(8-15)和(8-3)得

$$E = \varphi_{SCE} - \varphi_{Sb} = \varphi_{SCE}^0 + 0.0592 pH = K + 0.0592 pH \tag{8-16}$$

理论上，测得电池电动势就可知道葡萄糖注射液的 pH。

8.2 直接电位法

根据待测组分的性质，选择专属的指示电极，如离子选择电极，然后和参比电极一起插入试液中组成原电池，待测离子的活(浓)度通过电位计显示为电位(或电动势)读数，由 Nernst 公式求出其活(浓)度的方法称为直接电位法。也可把电位计设计为专用的控制挡，直接显示活度相关的数值，如 pH。

8.2.1 溶液的 pH 测定

电位法测定溶液的 pH 值，常用玻璃电极作为 H^+ 活度的指示电极，饱和甘汞电极作参比电极，浸入待测试液组成原电池，通过测量电池的电动势，根据 Nernst 方程式直接求出待测组分活度的方法。

1. pH 玻璃电极

pH 玻璃电极是应用最早、最广泛的膜电极。1929 年 D. A. Mcinnes 等制成了有使用价值的玻璃膜氢离子选择电极，之后 pH 玻璃电极得到了迅速的发展。

(1) 玻璃电极的构造。由电极腔体(玻璃管)、内参比溶液(KCl 的 pH 缓冲液)、内参比电极(Ag/AgCl 电极)、及敏感玻璃膜组成，而关键部分为敏感玻璃膜，玻璃电极的结构如图 8-4(a)所示。

对溶液中 H^+ 产生选择性响应的是厚度约 30~100μm 的球形玻璃膜，它是由 72%

SiO_2 和 22%Na_2O 及 6%CaO 烧制而成。复合 pH 电极(如图 8-4(b)所示)集玻璃电极(即指示电极)和参比电极于一体,外套管还将玻璃球泡包裹在内,使用起来更为方便牢靠。

(2) 玻璃膜响应原理。内参比电极的电位恒定,与被测溶液的 pH 无关,玻璃电极作为指示电极,当玻璃(glass, Gl)膜浸入被测溶液时,发生玻璃膜的水化、H^+-Na^+(或其他一价阳离子)交换平衡和 H^+ 扩散平衡等三个玻璃电极膜电位的主要过程。由于 SiO_2 与 H^+ 的结合力远大于与 Na^+ 的结合力,玻璃层中的 Na^+ 与溶液中 H^+ 进行下列交换反应:

$$H^+(溶液) + Na^+Gl^-(玻璃膜) \longrightarrow Na^+(溶液) + H^+Gl^-(玻璃膜)$$

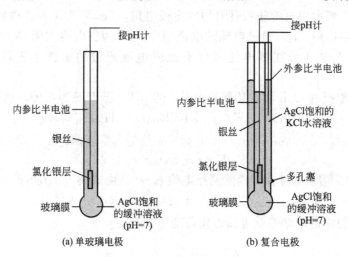

(a) 单玻璃电极　　(b) 复合电极

图 8-4　pH 玻璃电极

该反应平衡常数很大,使玻璃膜表面的 Na^+ 点位几乎全被 H^+ 占据;越进入凝胶层内部,这种点位的交换数目越少,至干玻璃层,几乎全无 H^+,因此水中浸泡的玻璃膜生成三层结构,即中间的干玻璃层和两边的水化硅胶层,如图 8-5 所示。玻璃膜中 Na^+ 起传导电荷的作用,在水化硅胶层中,表面的 $\equiv SiO^-H^+$ 的解离平衡是决定界面电位的主要因素。

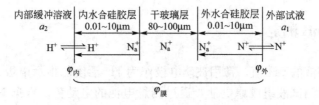

图 8-5　水化敏感玻璃膜的形成示意图

$$\equiv SiO^-H^+ + H_2O \rightleftharpoons \equiv SiO^- + H_3O^+$$

H_3O^+ 也即 H^+ 在溶液中与水化层表面上进行扩散,在内、外两相的相间界面形成双电层结构,产生两个相间电位:

$$\varphi_{外} = K_1 + \frac{2.303RT}{F} \lg \frac{a_1}{a_1'} \tag{8-17}$$

$$\varphi_{内} = K_2 + \frac{2.303RT}{F} \lg \frac{a_2}{a_2'} \tag{8-18}$$

式(8-17)和式(8-18)中，K_1、K_2 为与玻璃膜外、内表面物理性能有关的常数；a_1、a_2 分别为膜外和膜内溶液中 H^+ 活度；a_1'、a_2' 分别为膜外表面和膜内表面水合硅胶层中 H^+ 活度。

当玻璃电极浸入被测溶液时，溶液中 H^+ 经水化层扩散至干玻璃层，干玻璃层的阳离子向外扩散以补偿溶出的离子，于是界面原来正负电荷分布的均匀性被破坏，玻璃膜内、外侧之间的相间电位产生电位差，这种电位差称为玻璃膜电位($\varphi_{膜}$)。对于同一支玻璃电极，玻璃膜内、外表面的性质基本相同，则 $K_1=K_2$，$a_1'=a_2'$，因此，有

$$\varphi_{膜}=\frac{2.303RT}{F}\lg\frac{a_1}{a_2} \tag{8-19}$$

若 $a_1=a_2$，则理论上 $\varphi_{膜}=0$，但实际上 $\varphi_{膜}\neq 0$，也就是还存在一个很小的电位，即不对称电位，产生的原因主要是玻璃膜内外表面含钠量、表面张力以及机械和化学损伤的细微差异。不对称电位的影响只能通过标准缓冲溶液来校正。

玻璃电极的电极电位($\varphi_{玻}$)应为玻璃膜电位和内参比电极电位之和：

$$\varphi_{玻}=\varphi_{内参比}+\varphi_{膜}$$

$$\varphi_{玻}=\varphi_{内参比}+\frac{2.303RT}{F}\lg\frac{a_1}{a_2}$$

由于内参比电极是 Ag-AgCl 电极，其电位大小与 Cl^- 活度有关，而参比电极内的 Cl^- 活度一定，即内参比溶液中的 a_2 是固定的，由此得到 pH 玻璃电极电位与试液中 H^+ 活度的关系：

令

$$K=\varphi_{内参比}-\frac{2.303RT}{F}\lg a_2$$

则有

$$\varphi_{玻}=K+\frac{2.303RT}{F}\lg a_1=K-\frac{2.303RT}{F}pH \tag{8-20}$$

式(8-20)表明，玻璃电极的电位与试液中 H^+ 活度的对数(或 pH)值之间呈线性关系，故可用于溶液 pH 的测量。

(3) pH 玻璃电极的选择性。

① 钠差和酸差：由于组成 pH 玻璃电极的膜材料的影响，玻璃电极的电极电位与溶液 pH 之间的线性只适合一定 pH 范围，即测定范围一般为 pH=1~9，在强酸强碱条件下则会偏离线性。当测定的溶液的 pH 大于10时，pH 测定值低于真实值，产生负误差，这种现象称为碱差(the alkaline error)或钠差。钠差产生的原因是 H^+ 活(浓)度很低，H^+ 没有全部占据水合硅胶层表面的电位，Na^+ 进入胶层代替 H^+ 产生电极响应，结果由电极电位反映出来的 H^+ 活度高于真实值，则 pH 低于真实值。而在 pH<1 的强酸或盐度大的溶液中，测定的 pH 高于真实值，产生正误差，这种现象称为酸差(the acid error)。产生酸差的原因是在强酸性溶液中，水的活度减小。而 H^+ 是靠 H_3O^+ 传递，到达电极表面的 H^+ 减少，则 pH 增高。不同型号的玻璃电极由于玻璃膜成分的差异，pH 测量范围不完全一样。如国产221型玻璃电极 pH 使用范围在 0~10，而国产231型或 E-201型复合 pH 电极的 pH 范围在 0~14。

② pH 玻璃电极的 Nernst 响应斜率：其理论值为 2.303RT/F，用 S 表示，它是温度的函数，温度固定时应为常数，例如25℃时为 59.2mV/pH。但在实际工作中，电极的实际响应斜率与理论 Nernst 响应斜率无固定对应关系，仪器的响应斜率是按理论值设计的，若与电极的实际响应斜率有差别，测量的 pH 就会产生误差。解决这一问题要用双 pH 标

准校准仪器斜率与电极的相同,即可克服由此引起的误差。此外玻璃电极经长期使用会老化,实际响应斜率变小。当25℃时,S低于52mV/pH,该电极就不宜再使用。

2. 原理和方法

(1)测量原理。测量溶液pH的原电池可表示为

(−)Ag, AgCl | HCl(a) | 玻璃膜 | 试液(a_{H^+}) ‖ KCl(sat.) | Hg_2Cl_2, Hg(+)
　　　　　　　$\varphi_{玻}$　　　　　$\varphi_{液接}$　　φ_{SCE}

其电池电动势为　　$E = \varphi_{SCE} - \varphi_{玻} + \varphi_{不对称} + \varphi_{液接}$

除了前面提到的不对称电位,在液体接界面,由于两种电解质溶液浓度或组成不同使其在接触时,接界面上正负离子扩散速度不同,破坏了原来正负电荷的均匀分布而产生扩散电位,也称为液接电位($\varphi_{液接}$)。在电池中通常用盐桥连接使$\varphi_{液接}$减至最小,约为1~2mV,严格来说,在电位测定法中不能忽略这种电位差。

则　　$E = \varphi_{SCE} - \left(K - \dfrac{2.303RT}{F}pH\right) + \varphi_{不对称} + \varphi_{液接} = K' + \dfrac{2.303RT}{F}pH$　　(8-21)

25℃时,　　　　　　　$E = K' + 0.0592pH$　　(8-22)

式(8-22)中,K'是包括外参比电极电位(即饱和甘汞电极电位)、玻璃电极常数、液接电位、不对称电位等的复合常数。电池电动势E与试液pH之间呈线性关系,其斜率为2.303RT/F(V),即溶液pH变化一个单位,电池电动势将改变59.2mV(25℃)。这就是直接电位法测定pH的理论依据。

(2)测量方法。在实际中,由于每一支玻璃电极的电极常数各不相同,同时由于试液组成的变化,利用盐桥消除液接电位也存在着不确定性,即式(8-21)K'中包括的物理量无法准确测量,且会发生变化,所以,一般不能用测得的电动势E直接计算试液pH。在pH测量中,通常采用两次测量法,即以pH玻璃电极为指示电极、SCE电极为参比电极,用pH计分别测定pH已知的缓冲液E_S和待测液的电动势E_X:

25℃时　　　　　　　$E_S = K' + 0.0592pH_S$
　　　　　　　　　　$E_X = K' + 0.0592pH_X$

由于在同样条件下使用同样电极对进行测量,可以认为两个K'近似相同,故有

$$pH_X = pH_S + \dfrac{E_X - E_S}{0.0592} \quad (8-23)$$

由式(8-23)知,只要测出E_X和E_S,即可得到试液的pH_X。

例1　玻璃电极和甘汞电极组成电池,25℃测定pH=6.52的标准缓冲溶液的电动势为0.324V,测得未知试液的电动势的值为0.458V,计算该试液的pH。

解:由公式(8-23)得

$$pH_X = pH + \dfrac{E_X - E_S}{0.059}$$

$$pH_X = 6.52 + \dfrac{0.458 - 0.324}{0.059} = 8.79$$

即试液的pH为8.79。

在两次测量法中,由于SCE在标准缓冲液和试液中的液接电位不可能完全相同,二者之差称为残余液接电位。因此选择标准缓冲液pH_S值应尽可能地接近待测pH_X值,以减少残余液接电位造成的测量误差。通常控制pH_S和pH_X之差在3个pH单位之内。

除了电极和仪器的因素外，pH 测定的准确度取决于标准缓冲溶液的准确度。用电位法以 pH 计测定时，消除了测定准确度的因素后，先用标准缓冲溶液定位后，即可直接在 pH 计上读出 pH_X。

8.2.2 其他离子活(浓)度的测定

前面叙述的是测定氢离子活(浓)度的专属性 pH 玻璃电极，随着科学技术的发展，目前用于测定其他离子活(浓)度的专属性的离子选择电极已多达几十种。

1. 离子选择电极的电极电位

离子选择电极一般都包括电极膜、电极管(支持体)、内参比电极和内参比溶液 4 个基本部分，如图 8-6 所示。各种电极的选择性随电极膜特性而异。当把电极膜浸入试液时，膜内、外有选择性响应的离子通过离子交换或扩散作用在膜两侧产生电位差，平衡后形成膜电位。

由前面推导的 pH 玻璃电极电位公式可知：离子选择电极电位为膜电位与内参比电极电位之和，即 $\varphi_{ISE} = \varphi_{内参比} + \varphi_{膜}$。由于内参比溶液组成恒定，故离子选择电极电位仅与试液中响应离子的活度有关，并符合 Nernst 公式。

$$\varphi_{ISE} = K' \pm \frac{2.303RT}{nF} \lg a_{试} \qquad (8-24)$$

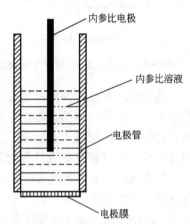

图 8-6 离子选择电极示意图

式(8-24)中，"+"对正离子，"-"对负离子。

2. 离子选择电极的类型

根据 IUPAC 关于离子选择电极命名和分类建议，离子选择电极的名称和分类如下。

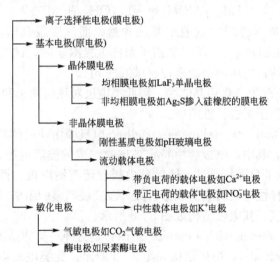

1) 基本电极

基本电极(primary electrode)又称原电极，是电极膜直接响应待测离子的离子选择电极，根据电极膜材料的不同，又分为晶体电极和非晶体电极。

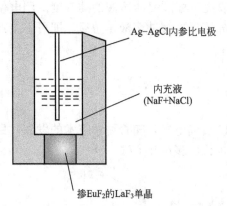

图8-7 晶体膜电极(氟离子选择电极)

(1) 晶体(膜)电极(crystalline electrode):此类电极的功能膜由难溶盐的单晶、多晶或混晶制成,其构造如图8-7所示。根据电极膜的制备方法不同,晶体电极又分为均相膜电极(homogeneous membrane electrode)和非均相膜电极(heterogeneous membrane electrode)。均相膜电极的膜材料由一种化合物的单晶或几种化合物混合均匀的多晶体制成。氟离子选择电极是这类电极的代表,非均相膜是除了电活性物质晶体外,还掺入惰性材料(如硅橡胶、聚氯乙烯、聚苯乙烯或石蜡等)经热压制成。此类电极膜的机械性能较晶体压片电极膜好,但内阻高,不宜在有机介质中使用。

晶体(膜)电极的作用机理是晶格缺陷(空穴)引起离子扩散作用,不同晶体膜,按其空穴的大小、形状、电荷分布,只能容纳特定的离子移动,其他离子不能进入,故此类晶体膜只对特定的待测离子有响应。对晶体膜的干扰主要是晶体表面的化学反应,即共存离子与晶格离子形成难溶盐或络合物,从而改变膜表面的化学性质。

氟电极是由氟化镧单晶制成电极膜封在塑料管的一端制成的氟离子选择电极,通常在氟化镧晶体中掺入微量的 EuF_2,增加晶格缺陷,从而增强导电性。电极管内装 0.001mol/L NaF - 0.1mol/L NaCl 溶液作为内电解液,内参比电极是 Ag/AgCl 电极;F^- 可在氟化镧单晶中可移动(即 F^- 传递电荷),所以,电极电位反映试液中 F^- 活度。

25℃时

$$\varphi_{ISE_{F^-}} = K - \frac{RT}{F} \ln a_{F^-} \qquad (8-25)$$

氟离子选择电极对氟离子响应的线性范围是 $5 \times 10^{-7} \sim 1 \times 10^{-1} mol \cdot L^{-1}$,电极的选择性高,唯一的干扰是 OH^-,因为在电极的膜表面发生

$$LaF_3 + 3OH^- \rightleftharpoons La(OH)_3 + 3F^-$$

反应释放出的氟离子将增加试液中氟的含量。而酸度较高时,F^- 部分形成 HF 或 HF^{2-},降低氟离子的活(浓)度。所以氟离子选择电极测定时,试液 pH 控制在 5~6。在实际工作中采用柠檬酸盐的缓冲溶液来控制试液的 pH。

若将 LaF_3 晶体膜改为卤化银晶体膜,则此类电极对该卤离子和银离子有选择性响应,而硫化银晶体膜对银离子有选择性响应。

(2) 非晶体电极(non-crystalline electrode):电极膜由非晶体材料或化合物均匀分散在惰性支持物中制成。其中,电极膜由特定玻璃吹制成的玻璃电极为刚性基质电极(rigid matrix electrode)。除了前面提到的 pH 玻璃电极,还有钠电极、钾电极、锂电极等。玻璃电极对阳离子的选择性与玻璃膜的成分有关,改变玻璃膜的组成或相对含量(摩尔分数)可使其选择性发生改变。其电极结构如图8-8所示。

流动载体电极(electrode with a mobile carrier)是另外一类非晶体电极,亦称液膜电极(liquid membrane electrode),电极结构如图8-9所示。此类电极以浸有某种液体离子交换剂或中性载体的惰性微孔支撑体作为敏感膜,与被测离子发生作用的活性物质(载体)可在膜内流动。根据流动载体所带电荷的情况,此类电极可分为带正电荷的流动载体电极、带负电荷的流动载体电极和中性流动载体电极。带正电荷的流动载体主要有各种季铵盐、

季鏻盐和碱性染料化合物的阳离子等，已制成的带正电荷的流动载体电极有 NO_3^-、BF_4^-、ClO_4^-、Cl^-、Br^-、I^- 和苦味酸根等离子选择电极。带负电荷的流动载体主要是各种烷基磷酸酯和四苯硼酸阴离子，已制成的带负电荷的流动载体电极有 Ca^{2+}、K^+、Cu^{2+} 和 Pb^{2+} 等离子选择电极。例如常用的钙离子（Ca^{2+}）电极，底部是憎水性的多孔膜，内部装有两种溶液，一是内参比溶液中的 $0.1 mol \cdot L^{-1} CaCl_2$ 水溶液，其中插入内参比电极（Ag‐AgCl 电极），二是内外管之间装的是 $0.1 mol \cdot L^{-1}$ 二癸基磷酸钙（液体离子交换剂）的苯基磷酸二辛酯溶液，钙离子与二癸基磷酸根作用生成二癸基磷酸钙，再溶于苯基磷酸二辛脂有机溶剂中，二癸基磷酸根可以在液膜‐试液两相界面间传递钙离子，直至平衡，以此制得对钙离子有相应的液体敏感膜的电极。

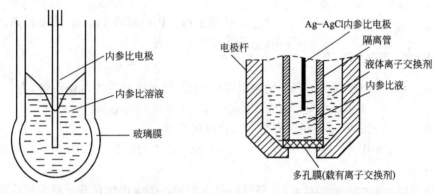

图 8‐8　刚性基质电极（玻璃膜电极）　　图 8‐9　流动载体电极（钙电极）

中性载体是一类电中性、具有空腔结构的有机大分子，此功能膜只对具有适当电荷和原子半径（其大小与空腔相匹配）的离子进行结合，因此选择适当的载体，可使电极具有高的选择性。常用的有缬氨霉素、芳烃衍生物和冠醚等。如商品化的 Li^+、K^+、Na^+、NH_4^+、Ca^{2+}、Mg^{2+}、Ba^{2+}、Cd^{2+} 等离子选择电极，用缬氨霉素作流动载体制成的钾离子液膜电极能在一万倍 Na^+ 存在下测定 K^+。流动载体电极是离子选择电极用作药物电极种类较多的一类。在膜相中采用中性载体是液膜电极的一个重要进展。

2）敏化电极

敏化电极（sensitized ion‐selective electrode）是利用界面反应敏化的离子电极。通过界面反应将待测物质等转化为可供基本电极测定的离子，实现待测物的间接测定。根据界面反应的性质不同，它可分为气敏电极和酶电极。

(1) 气敏电极（gas sensing electrode）：对某些气体敏感的电极。它是由基本电极、参比电极、内电解液（中介液）和憎水性透气膜等组成的复合电极。此类电极包括气敏电极、酶电极。如 CO_2 气敏电极是以 pH 玻璃电极为基本电极，Ag‐AgCl 为参比电极，内电解液为 $0.01 mol \cdot L^{-1}$ NaCl 溶液和 $0.01 mol \cdot L^{-1}$ $NaHCO_3$ 溶液，以微孔聚四氟乙烯薄片为透气膜组合而成，电极结构如图 8‐10 所示。测定时，试液中的 CO_2 通过透气膜向内扩散，平衡后膜内外溶液中 CO_2 气分压相等。按照 Henry 定律，气体分压与其在溶液中的浓度成正比。膜内的 CO_2 与内电解液中的 H_2CO_3 达到平衡。

$$CO_2 + H_2O \rightleftharpoons H_2CO_3$$

反应的平衡常数为 K_s。

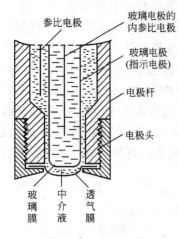

图 8-10 气敏电极

$$K_s = \frac{a_{H_2CO_3}}{p_{CO_2}}$$

$$a_{H_2CO_3} = K_s p_{CO_2} \quad (8-26)$$

碳酸的一级解离平衡为

$$H_2CO_3 \rightleftharpoons HCO_3^- + H^+$$

$$a_{H^+} = \frac{K_{a_1} a_{H_2CO_3}}{a_{HCO_3^-}} \quad (8-27)$$

由式(8-26)和式(8-27)得

$$a_{H^+} = \frac{K_{a_1} K_s p_{CO_2}}{a_{HCO_3^-}} \quad (8-28)$$

K_{a_1}、K_s是常数,内电解液 HCO_3^- 浓度较高,可以认为 $a_{HCO_3^-}$ 固定不变,则有

$$a_{H^+} = K p_{CO_2} \quad (8-29)$$

a_{H^+} 由 pH 玻璃电极指示,25℃时电极电位(CO_2 气敏电极的电池电动势)为

$$\varphi = K + 0.0592 \lg a_{H^+} = K' + 0.0592 \lg p_{CO_2} \quad (8-30)$$

可由式(8-30)和(8-26)间接测得二氧化碳的含量。

除了 CO_2 气敏电极,还有 NH_3、SO_2、H_2S、NO_2、HCN、HAc 和 Cl_2 等气敏电极被研究和应用。

(2) 酶电极(enzyme electrode):与气敏电极相似,酶电极也是基于界面反应敏化的离子电极,是在基本电极上覆盖一层能和待测物发生酶催化反应的生物酶的特定膜制成的,电极结构如图 8-11 所示。酶是生化反应的高效、高选择性的催化剂,所以酶电极的选择性很高。例如,尿素在尿素酶催化下发生以下反应:

$$NH_2CONH_2 + 2H_2O \rightleftharpoons 2NH_4^+ + CO_3^{2-}$$

反应生成的 NH_4^+ 可用氨气敏电极或中性载体铵离子电极测定。若将尿素酶固定在铵离子电极上,则成为尿素酶电极。将此电极插入试液,试液中的尿素进入酶膜,发生上述酶催化反应,由氨气敏电极或铵离子电极产生的电位响应来间接测定尿素的含量。

自 1976 年 IUPAC 推荐离子选择电极分类后,电极品种又有了很大的发展,其中比较重要的有全固态电极、聚氯乙烯(PVC)膜电极、微生物电极、组织电极、离子敏感场效应晶体管器件等。其中有许多离子选择电极作为生物传感器要件在生命科学研究中发挥了重要作用。

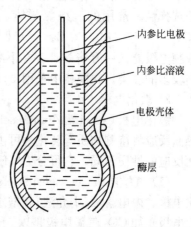

图 8-11 酶电极(尿素酶电极)

3. 离子选择电极的性能参数

(1) Nernst 响应、线性范围和检测限。离子选择电极能选择性地响应试液中待测离子的活度,以其电极电位(或电池电动势)对试液中待测离子活度的对数作图,所得曲线称为校准曲线,在一定活度范围内校准曲线成直线,如图 8-12 所示。此曲线的直线(C—D)部分所对应的离子活度范围称为线性范围。实际测定时,待测离子的活度应在电极的 Nernst 响

应线性范围以内。得到的直线斜率与理论值 $2.303\times 10^3 RT/nF$(mV)基本一致时,称该电极有 Nernst 响应。响应斜率用 S 表示,$S=\dfrac{2.303RT}{nF}$。

电极的检测下限是指可进行有效检测的最低活度。图中 A 点所对应的是待测离子的活度 a_i 即为检测下限。检测下限的高低与电极响应膜的性能有关,同时还与试液的组成和测试温度等因素有关。例如,银电极应用时,即使溶液中未加入银离子,但由于敏感膜的溶解,会产生氯离子浓度约为 $\sqrt{K_{\text{sp,AgCl}}}$,因此电位值保持在 GF 之上,氯化银膜电极的检测下限亦与

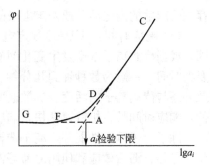

图 8-12 离子选择电极的校正曲线和检测下限

此相当。当测定的离子浓度较高时,膜溶解出的待测离子可以忽略不计,电位值才随外加银离子的活度呈 Nernst 响应。

此外离子选择电极一般不用于测定高浓度(大于 $0.1\text{mol}\cdot\text{L}^{-1}$)的溶液,高浓度的溶液易对敏感膜造成腐蚀或溶解敏感膜,也不易获得稳定的液接电位。

(2) 选择性。理想的离子选择电极只对特定的离子产生电位响应,实际上,离子选择电极对离子的响应并没有绝对的专一性,同一敏感膜,可有多种离子同时进行不同程度的响应。电极对不同离子的选择性可用"电位选择性系数"(potentiometric selectivity coefficient,$K_{A,B}^{\text{pot}}$)来衡量,它表示共存离子对响应离子(或待测离子)的干扰程度,若 A 为待测离子、B 为共存的干扰离子,电位选择性系数可表示为:

$$K_{A,B}^{\text{pot}}=\dfrac{\text{对 B 离子的响应}}{\text{对 A 离子的响应}}=\dfrac{a_A}{a_B^{n_A/n_B}} \tag{8-31}$$

式(8-31)中,n_A 为 A 离子的电荷数,n_B 为 B 离子的电荷数。

考虑到共存离子对待测离子的干扰,离子选择电极电位的 Nernst 方程式应修正为

$$\varphi_{\text{ISE}}=K\pm\dfrac{2.303RT}{n_A F}\lg(a_A+K_{A,B}^{\text{pot}}a_B^{n_A/n_B}) \tag{8-32}$$

当待测试液中共存多种干扰离子 B、C、$\cdots$,并都对 A 离子选择电极有响应时,式(8-32)应改写为:

$$\varphi_{\text{ISE}}=K\pm\dfrac{2.303RT}{n_A F}\lg[a_A+(K_{A,B}^{\text{pot}}a_B^{n_A/n_B}+K_{A,C}^{\text{pot}}a_C^{n_A/n_C}+\cdots)]$$

$$=K\pm\dfrac{2.303RT}{n_A F}\lg(a_A+\sum K_{A,i}^{\text{pot}}a_i^{n_A/n_i}) \tag{8-33}$$

由式(8-32)和式(8-33)知,$K_{A,B}^{\text{pot}}$ 愈小,表明共存离子对 φ_{ISE} 的干扰响应就愈低,该电极对被测离子 A 的选择性就愈高。例如,一支玻璃电极的 $K_{H^+,Na^+}^{\text{pot}}=10^{-11}$,表示此电极对 H^+ 响应比对 Na^+ 的高 10^{11} 倍,或者说 $10^{-11}\text{mol}\cdot\text{L}^{-1}\,H^+$ 与 $1\text{mol}\cdot\text{L}^{-1}\,Na^+$ 在该电极上产生的电位相等。$K_{A,B}^{\text{pot}}$ 还可以用来粗略估计待测离子浓度测定的相对误差:

$$\text{相对误差}\%=\dfrac{\sum K_{A,i}^{\text{pot}}a_i^{n_A/n_i}}{a_A}\times 100\% \tag{8-34}$$

电位选择性系数值与干扰离子浓度和实验条件有关,即选择性系数严格来说不是一个常数,不能用作定量校正。因为在不同离子活度条件下测定的选择性系数值各不相同,通常商品电极在说明书中附有相应数值,可供电极选用时参考。$K_{A,B}^{\text{pot}}$ 仅能用来估计干扰离子

存在时产生的测定误差或确定电极的适用范围。

（3）响应时间：IUPAC 规定电极响应时间是指离子选择电极和参比电极一起接触试液，或当待测离子浓度发生变化时算起，到电池电动势达到稳定值(变化在 1mV)时所需要的时间，一般为数秒钟到几分钟。电极的响应时间长短不仅与敏感膜的结构性质有关，此外还与待测离子的活度、扩散速率、共存离子的种类，溶液温度等因素有关。离子活度低，响应时间长；扩散速率快，响应时间短；搅拌和升高温度可缩短响应时间。

除了上述重要性能外，离子选择电极还有温度系数与等电位点、膜电阻、膜不对称电位、漂移、滞后效应和使用寿命等性能参数。

8.2.3 定量分析的方法

定量测定溶液中待测离子，首先需选择一支对待测离子有 Nernst 响应的指示电极，然后与合适的参比电极(常用 SCE)插入试液中组成电池，测量该电池电动势。例如利用氟离子选择电极测定溶液中 F^- 活度：

（－）SCE ‖ 试液(a_{F^-})｜LaF_3 膜｜NaCl 和 NaF 混合溶液，AgCl(s)｜Ag（＋）

电池的电动势　　　　　　　$E_{电池} = \varphi_{ISE_{F^-}} - \varphi_{SCE}$

25℃时　　　　$E_{电池} = K' - \dfrac{RT}{F}\ln a_{F^-} - \varphi_{SCE} = K - 0.0592\lg a_{F^-}$ 　　　（8-35）

可知，电池电动势在一定实验条件下与待测离子的活度的对数值呈线性关系。所以测得电动势便可测定待测离子的活度。常用的定量方法有以下 3 种。

1. 直接比较法

直接比较法主要用于以活度的负对数(pA)来表示结果的测定，与用玻璃电极测量溶液的 pH 相似，对试样组分较稳定的试液可采用此方法。测量时，首先测定一两个标准溶液(s)以校准仪器，然后测定试液(x)，便可直接读取试液的 pA(或 pH)。

2. 标准曲线法

标准曲线法是仪器分析常用的方法之一。首先将离子选择电极和参比电极一起插入标准溶液，测出电动势的值。在测量时，配制若干个浓度不同的标准溶液(基质应与试液相同)，分别测量电动势 E_s。以测得的 E_s 对 $\lg a_i$($\lg C_i$)作图，可得一条直线，称为标准曲线(或校正曲线)。在同样条件下测量待测试液的 E_x，由标准曲线即可确定试液中待测离子的浓度 C_x，如图 8-13 所示。

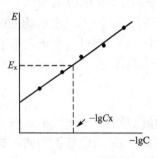

图 8-13　标准曲线图

当测定的溶液浓度较高时，$E - \lg a_i$ 曲线和 $E - \lg C_i$ 曲线会有明显的差异，这是由于 $a_i = \gamma_i \cdot C_i$，在极稀溶液中活度系数 $\gamma_i \approx 1$，而在浓度较高的溶液中 $\gamma_i < 1$。实际测定时，很少通过计算活度系数的方法来求得待测离子的浓度，而是在标准溶液和待测溶液中加入总离子强度调节缓冲溶液(total ionic strength adjustment buffer 简称 TISAB)，以保持溶液的离子强度相对稳定。TISAB 的作用主要有 3 个：①保持较大且相对稳定的离子强度，使活度系数恒定(离子活度系数保持不变时，膜电位才与 $\lg C_i$ 呈线性关系)；②维持溶液在适宜的 pH

范围内，满足离子电极的要求；③掩蔽干扰离子。例如，测 F^- 过程所使用的 TISAB 典型组成：$1mol \cdot L^{-1}$ 的 NaCl，使溶液保持较大稳定的离子强度；$0.25mol \cdot L^{-1}$ 的 HAc 和 $0.75mol \cdot L^{-1}$ 的 NaAc，使溶液 pH 为 5~6；$0.001mol \cdot L^{-1}$ 的柠檬酸钠，掩蔽 Fe^{3+}、Al^{3+} 等干扰离子。

标准曲线法要求标准溶液与试液有相近的组成和离子强度，否则会因为活度系数 γ 值的变化而引起误差，因此适用于较简单的样品体系。其优点是即使响应斜率 S 偏离理论值，也能得到较满意的结果，此外标准曲线法适用于批量试样的分析。

3. 标准加入法

标准加入法又称增量法或添加法，是将小体积（约为试样体积的 1/100 倍）、高浓度（约为试液浓度 100 倍）的标准溶液加入到试样溶液中，通过测量加入标准溶液前和加入标准溶液后的电池电动势，得到待测离子浓度。

例如 测定某未知溶液，以 SCE 为参比电极，设其为正极；未知溶液的体积为 V_x，离子浓度为 C_x，测电池电动势 E_1，则有

$$E_1 = K_1' \mp \frac{2.303RT}{nF} \lg C_x \tag{8-36}$$

加入的浓度 C_s，体积为 V_s 的标准溶液，测得其电池电动势 E_2，则有

$$E_2 = K_2' \mp \frac{2.303RT}{nF} \lg \frac{C_x V_x + C_s V_s}{V_x + V_s} \tag{8-37}$$

由于加入的标准溶液体积 $V_s \ll V_x$，对试液的组成和离子强度影响较小，可以认为 $V_x + V_s \approx V_x$，$K_1' \approx K_2'$。两次测得的电动势的差值为（假设 $E_2 > E_1$）

$$\Delta E = E_2 - E_1 = \mp \frac{2.303RT}{nF} \lg \frac{C_x V_x + C_s V_s}{C_x V_x}$$

令 $S = \mp \dfrac{2.303RT}{nF}$，则有

$$\Delta E = S \lg \frac{C_x V_x + C_s V_s}{C_x V_x}$$

改为指数表达式，有

$$10^{\Delta E/S} = \frac{C_x V_x + C_s V_s}{C_x V_x}$$

整理

$$C_x = \frac{C_s V_s}{V_x}(10^{\Delta E/S} - 1)^{-1} = \Delta C (10^{\Delta E/S} - 1)^{-1} \tag{8-38}$$

式(8-38)为标准加入法的计算公式，$\Delta C = \dfrac{C_s V_s}{V_x}$，$V_x$、$C_s$ 和 V_s 为已知值，S 可计算得出，也可通过实验测得，将电池电动势的测量值 E_1、E_2，二者相减得到的 ΔE，代入式(8-38)计算，便可求得试样溶液的浓度 C_x。

标准加入法的优点是仅需要一种标准溶液，一般不需要加入 TISAB，操作简便快速，且本方法适合较复杂的样品体系。将小体积、高浓度的标准溶液加入到样品溶液中，可减免标准溶液和试液之间离子强度和组成不同所造成的测量误差。

标准加入法还可用于判断指示电极的正负极性。当测量阳离子时，若加入标准溶液后 E 值增大，则指示电极为正极；反之，则为负极；而在测量阴离子时，若加入标准溶液后 E 值减小，则指示电极为正极；反之，则为负极。

8.2.4 测量误差

由于仪器、测量电池、标准溶液浓度及温度波动等诸多因素的影响，使直接电位法在测量电池电动势上存在不低于 ±1mV 误差。电动势测量的准确度直接影响待测离子测定的准确度。由电池电动势的测量引起的误差(ΔE)与相对误差 $\Delta C/C$ 的关系可由 Nernst 公式计算：

$$E = K + \frac{RT}{nF} \ln C$$

$$\Delta E = \frac{RT}{nF} \times \frac{\Delta C}{C}$$

25℃时，整理，得

$$\frac{\Delta C}{C}(\%) = \frac{96493 n \Delta E}{8.314 \times 298.16} \times 100 = 3900 \times n \Delta E \tag{8-39}$$

若电池电动势的测量误差 $\Delta E = \pm 1\text{mV}$，在 25℃时测量一价离子，则试样浓度测定的相对误差为

$$\frac{\Delta C}{C}(\%) = \pm 0.001 \times 3900 \times 1 \approx \pm 4\%$$

由式(8-39)可知，测量结果的相对误差与离子价数 n 有关，测量结果的相对误差与待测离子的浓度高低无关。当电池电动势的测量误差为 1mV 时，一价离子有 4% 的误差，二价离子有 8% 的误差，故直接电位法测高价离子有较大的测量误差。因此直接电位法适合于低价离子、低浓度组分的测定。例如 B^{3+} 转化为 BF_4^-，然后用其液膜电极测定，可减小测量误差。

8.3 电位滴定法

电位滴定法也是以指示电极、参比电极及试液组成测量电池，利用滴定过程中指示电极电位(实为电池电动势)的变化来确定滴定终点的一种滴定分析法。电位法依赖于 Nernst 公式来确定被测物质的含量，而电位滴定法不依赖。与普通滴定法类似，依赖于物质间相互反应的计量关系。它可以用于酸碱、沉淀、配位、氧化还原及非水等各类滴定法。与用指示剂法确定终点相比，具有客观性强、准确度高、不受溶液有色浑浊等限制的特点，适于没有合适指示剂的滴定反应，易于实现滴定分析自动化。原则上讲，只要能够为待测物或滴定剂找到合适的指示电极，电位滴定法就能够用于任何类型的滴定反应。随着离子选择电极的迅速发展，可选用的指示电极愈来愈多，电位滴定法的应用也愈来愈广。

8.3.1 原理及装置

电位滴定法基于滴定反应中待测物或滴定剂的浓度变化，通过指示电极的电位变化反

映出来。进行电位滴定时,待测溶液中插入指示电极、参比电极组成一工作电池,随着滴定剂的加入,发生化学反应,待测离子或与之有关的离子的浓度不断变化,电位值也随之变化,在计量点前后浓度的突变导致电位的突变,从而确定滴定终点,完成滴定分析。电位滴定基本装置如图8-14所示。

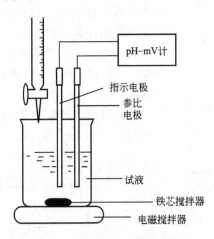

图 8-14 电位滴定装置示意图

8.3.2 终点确定方法

进行电位滴定时,每加一次滴定剂,测量一次电池电动势,直到化学计量点以后,尤其是在化学计量点附近多测几次,这样便得到一系列滴定剂用量(V)与电动势(E)的数据。为了滴定曲线的测量准确和数据处理简便,一般在远离化学计量点处滴定剂滴加体积稍大;在接近计量点时,滴定剂的加入体积减小,每加一小份(0.10~0.05ml)记录一次数据,并保持每次加入滴定剂的体积相等。表8-3为0.1000mol·L^{-1} AgNO$_3$滴定NaCl的电位滴定数据记录和处理表。现以该表数据为例,介绍电位滴定终点确定方法。

1. E-V 曲线法

用滴定剂体积(V)为横坐标,以电动势(E)为纵坐标作图,得到一条S型曲线,如图8-15(a)所示。曲线的转折点(拐点)所对应的横坐标值即滴定终点。该法应用简便,但要求滴定突跃明显;如果滴定突跃不明显,则可用一级或二级微商法。

2. $\Delta E/\Delta V$-V 曲线法(一级微商法)

用表8-3中$\Delta E/\Delta V$对V作图,得一峰状曲线,如图8-15(b)所示。根据函数微商性质可知,该曲线的最高点所对应的横坐标应与E-V曲线拐点对应的横坐标一致,即峰值横坐标为滴定终点。因为极值点较拐点容易准确判断,所以用$\Delta E/\Delta V$-V曲线法确定终点也较为准确。

3. $\Delta^2 E/\Delta V^2$-V 曲线法(二级微商法)

用$\Delta^2 E/\Delta V^2$对V作图,得到一条具有两个极值的曲线,如图8-15(c)所示。该法的依据是函数曲线的拐点在一阶微商图上是极值点,即终点是极大值,那么在二阶微商图上 $\Delta^2 E/\Delta V^2=0$ 时的横坐标为滴定终点。

由于计量点附近的曲线近似于直线,所以应用该方法可以通过简单的计算得到滴定终点。例如用表 8-3 的处理数据计算下列问题。

计算滴定终点:将原始数据(V、E)按二阶微商法处理。一阶微商和二阶微商由后项减前项比体积差得到。

一阶微商,例如在 24.40ml 和 24.30ml 之间为

$$\frac{\Delta E}{\Delta V}=\frac{0.316-0.233}{24.40-24.30}=0.83$$

对于 $V=24.30$ ml,二阶微商

$$\frac{\Delta^2 E}{\Delta V^2}=\frac{\left(\frac{\Delta E}{\Delta V}\right)_{24.35}-\left(\frac{\Delta E}{\Delta V}\right)_{24.25}}{V_{24.35}-V_{24.25}}=\frac{0.83-0.39}{24.35-24.25}=+4.4$$

对于 $V=24.40$ ml,二阶微商

$$\frac{\Delta^2 E}{\Delta V^2}=\frac{\left(\frac{\Delta E}{\Delta V}\right)_{24.45}-\left(\frac{\Delta E}{\Delta V}\right)_{24.35}}{V_{24.45}-V_{24.35}}=\frac{0.24-0.83}{24.45-24.35}=-5.9$$

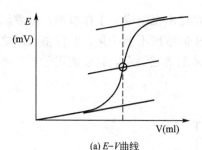

(a) $E-V$ 曲线

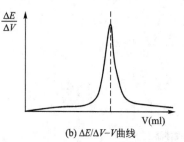

(b) $\Delta E/\Delta V-V$ 曲线

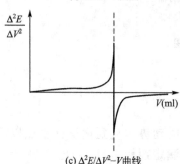

(c) $\Delta^2 E/\Delta V^2-V$ 曲线

图 8-15 电位滴定曲线

以此方法计算出的 $\Delta E/\Delta V$,$\Delta^2 E\Delta V^2$ 列于表 8-3 中,既然二阶微商等于零对应滴定终点,根据最大值(0.83)计算出与之相对应的 $\Delta^2 E\Delta V^2$ 正、负变化的两点(4.4,-5.9),然后查出这两点对应的滴定剂体积,根据线段的比例关系,采用"内插法"即可计算出终点时所用滴定剂的体积(V_{ep})。

```
24.30      V_ep       24.40
 |----------|----------|
4.4         0         -5.9
```

$$\frac{24.40-24.30}{-5.9-4.4}=\frac{V_{ep}-24.30}{0-4.4}$$

整理,得 $V_{ep}=24.30+0.04=24.34$(ml)

应该指出,计算出所有 $\Delta E/\Delta V$,$\Delta^2 E\Delta V^2$,以列表方式确定终点的方法比较费时。所以,除非要研究滴定的全过程,通常只需要准确测量计量点前后 1~2ml 的 E、V 数据,以二级微商的"内插法"计算终点。

$$V_{终点}=V_{+}+(V_{-}-V_{+})\times\frac{\left(\frac{\Delta^2 E}{\Delta V^2}\right)_{+}}{\left(\frac{\Delta^2 E}{\Delta V^2}\right)_{-}-\left(\frac{\Delta^2 E}{\Delta V^2}\right)_{+}}$$

$$=24.30+(24.40-24.30)\times\frac{4.4}{4.4+5.9}=24.34(\text{ml})$$

表 8-3　0.1000mol·L^{-1} AgNO$_3$ 滴定 NaCl 的电位滴定数据记录和处理表

V/ml	E/V	ΔE/V	ΔV/ml	ΔE/ΔV/(V/ml)	Δ²E/ΔV²
22.00	0.123				
		0.015	1.00	0.015	
23.00	0.138				0.021
		0.036	1.00	0.036	
24.00	0.174				0.098
		0.009	0.10	0.09	
24.10	0.183				0.2
		0.011	0.10	0.11	
24.20	0.194				2.8
		0.039	0.10	0.39	
24.30	0.233				4.4
		0.083	0.10	0.83	
24.40	0.316				−5.9
		0.024	0.10	0.24	
24.50	0.340				−1.3
		0.011	0.10	0.11	
24.60	0.310				−0.2
		0.024	0.40	0.06	
25.00	0.375				

除了上述的确定终点的方法外，人们通过研究还发现一些方法，如 Gran 作图法、松下宽函数式的线性滴定图解法、两点电位滴定法以及使用 Excel 软件处理电位滴定数据等。如果对一个滴定反应预先测得终点电位，还可以通过自动电位滴定仪实现自动电位滴定。常用的自动电位滴定仪有两种类型：一类是自动控制滴定终点，当到达终点电位时，自动关闭滴定装置，显示滴定剂用量；另一类则可以在滴定过程中根据滴定剂的加入量及对应电动势的变化自动绘制滴定曲线，并给出滴定终点。

8.3.3　应用示例

电位滴定反应的类型和普通滴定分析完全相同，如酸碱滴定、沉淀滴定、配位滴定、氧化还原滴定。只要有合适的指示电极，这些普通的滴定分析均可被用于电位滴定法，各种电位滴定中常用的电极系统见表 8-4。

表 8-4　各类电位滴定中常用的电极系统

方法	电极系统	使用说明
酸碱滴定	pH 玻电极-饱和甘汞电极	pH 玻璃电极用后即清洗并浸在纯水中保存
非水(酸碱)滴定	pH 玻电极-饱和甘汞电极	SCE 套管内装 KCl 饱和无水甲醇溶液而避免水渗出的干扰，pH 玻璃电极处理同上
	银电极-硝酸钾盐桥-饱和甘汞电极	采用双盐桥法，因为甘汞电极中的 Cl$^-$ 对测定有干扰，因此需要用硝酸钾盐桥将试液与甘汞电极隔开

(续)

方法	电极系统	使用说明
沉淀滴定（银量法）	银电极-pH玻电极	pH玻璃电极作参比电极。试液中加入少量HNO_3，可使玻璃电极的电位保持恒定
	离子选择电极-参比电极	
氧化还原滴定	铂电极-饱和甘汞电极	使用前铂电极用加少量$FeCl_3$的HNO_3溶液或铬酸清洁液浸洗
配位滴定	pM汞电极-饱和甘汞电极	预先在试液中滴加3～5滴0.05mol/L HgY^{2-}溶液，适用于$K_{MY}<K_{HgY}$的金属离子，pM汞电极适用pH的范围为2～11，pH<2时，HgY^{2-}不稳定；pH>11时，HgY^{2-}转为HgO沉淀
	离子选择电极-参比电极	

相对于普通滴定分析，电位滴定法操作和数据处理较费时，通常只在水相滴定分析无合适指示剂，或指示剂指示终点现象不明显等情况下使用。从《中国药典》(2005版)将电位滴定法作为核对指示剂正确终点颜色的法定方法。在非水滴定中，电位滴定法是一个基本的方法，其中以酸碱滴定应用最多。在非水电位滴定时，常在介电常数较大的溶剂中加入一定比例介电常数较小的溶剂，这样既易得到较稳定的电动势，又能获得较大的电位突跃范围。

电位滴定法除了用于定量分析，还可以用来测量某些酸碱的解离常数、配合物的稳定常数和沉淀的溶度积。例如，利用表8-3，作E-V曲线，在图上查出终点电位；或由二级微商"内插法"计算终点电位。根据终点电位，便可计算AgCl的溶度积。

由上面的计算知，滴定终点在24.30ml和24.40ml之间，加入$AgNO_3$溶液的体积自24.30ml和24.40ml时，$\Delta^2E/\Delta V^2$的变化为$4.4-(-5.9)=10.3$，假设滴定体积为$(24.30+x)$ml时，$\Delta^2E/\Delta V^2=0$，则$\frac{0.10}{10.3}=\frac{x}{4.4}$，计算得$x=0.04$，即滴定终点为$(24.30+0.04)$ml=24.34ml，和内插法计算的结果相同。

与滴定终点相对应的终点电位为

$$E_{ep}=0.233+(0.316-0.233)\times\frac{4.4}{10.3}=0.268(V) \quad (vs. SCE)$$

根据滴定过程中电位的变化，可以判断银电极是正极。因此，有

$$\varphi_{Ag^+/Ag}=0.268+0.241=0.509(V)$$

终点时银离子的浓度$[Ag^+]=\sqrt{K_{sp}}$由

$$\varphi_{Ag^+/Ag}=\varphi^0_{Ag^+/Ag}+0.0592\lg[Ag^+]$$

即得AgCl的溶度积为 $K_{sp}=7.56\times10^{-10}$

8.4 永停滴定法

永停滴定法(dead-stop titration)是使用两支相同指示电极的电流滴定法，又称双指示电极电流滴定法。测量时，在试液中插入两支相同的指示电极(常用微铂电极)，电极间外加一个低电压(10～200mV)，观察滴定过程中两电极间的电流突变，根据该电解池的电流变化情况确定滴定终点。

8.4.1 原理及装置

当两支相同的微铂电极插入被滴定试液中组成无液体接界电池时,若为原电池,则因两极电位相同,其电动势为零。如果在两极间外加一个低电压,当溶液中存在可逆电对如 Fe^{3+}/Fe^{2+},则在正极端(阳极)Fe^{2+} 被氧化成 Fe^{3+},在负极端(阴极)Fe^{3+} 被还原成 Fe^{2+}。电流的产生是 Fe^{2+} 趋向于放出电子,Fe^{3+} 趋向于吸收电子:

$$Fe^{2+} \rightarrow Fe^{3+} + e$$
$$Fe^{3+} + e \rightarrow Fe^{2+}$$

在同一溶液中,一电极上放出电子,另一电极上吸收电子,便构成了一条电路。由于两支电极上都有电极反应发生,外电路有电流流过。即一微小的电流以相反的方向通过电极时,电极反应为原来反应的逆反应。具有此性质的电极称为可逆电极(或可逆电对 reversible system)。在永停滴定法中常见的可逆电对除了 Fe^{3+}/Fe^{2+},还有 Ce^{4+}/Ce^{3+}、Br_2/Br^-、I_2/I^- 和 HNO_2/NO 等。

某些氧化还原电对如 $S_4O_6^{2-}/S_2O_3^{2-}$,就不具有上述性质,因为在微小电流条件下,阳极发生 $S_2O_3^{2-}$ 放出电子被氧化成 $S_4O_6^{2-}$ 的反应,而在阴极不能同时发生 $S_4O_6^{2-}$ 吸收电子被还原成 $S_2O_3^{2-}$ 的反应,所以电路中没有电流通过。这样的电极称为不可逆电极(或不可逆电对 irreversible system)。当溶液中不存在可逆电对时,要使电解池中有电流通过,所需外加电压比可逆电对所需的外加电压大得多。

只要滴定体系中有可逆电对存在,就会有电流产生。电流大小取决于可逆电对中浓度小的氧化态(或还原态)的物质的浓度。当溶液的组成相当于滴定完成了 50% 时,则氧化态和还原态的浓度相等,电流达到最大值。通过观察滴定过程中电流随滴定剂体积增加而变化的情况,即可确定滴定终点。

永停滴定的主要仪器是永停滴定仪,由以下主要部分组成:两个微铂电极与试液组成电解池,外加低电压的电源电路,测量电解电流的灵敏检流计等。其装置如图 8-16 所示,B 为 1.5V 干电池,R 为 5000Ω 电阻,调节 R′ 绕线电阻(500Ω)可得到所需的外加电压。调节分流电阻 S,可得检流计 G($10^{-7} \sim 10^{-9}$ A/分度)合适的灵敏度。

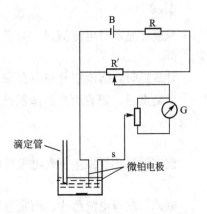

图 8-16 永停滴定装置示意图

8.4.2 终点确定方法

按照滴定曲线的变化,一般分为 3 种情况。

1. 可逆电对滴定可逆电对

可逆电对滴定可逆电对,如 Ce^{4+} 滴定 Fe^{2+} 滴定前,被滴定的溶液中只存在 Fe^{2+},所加电压小,因此不产生电解电流。滴定开始至计量点前,发生如下滴定反应:

$$Ce^{4+} + Fe^{2+} = Ce^{3+} + Fe^{3+}$$

即滴定开始到化学计量点前,溶液中存在 Fe^{3+}/Fe^{2+},Ce^{3+},在微小的外加电压作用下,电极发生如下反应:

阳极 $Fe^{2+} \rightarrow Fe^{3+} + e$ 阴极 $Fe^{3+} + e \rightarrow Fe^{2+}$

此时,检流计示有电流流过,随着滴定剂体积的增大,溶液中的 $[Fe^{3+}]$ 增加,电流增大。当滴定完成了 50% 时,$[Fe^{3+}]/[Fe^{2+}] = 1$ 时,电流达最大值;随后,电流逐渐减小。

计量点时,溶液中几乎没有 Fe^{2+},电流降到最小。

计量点后,随着滴定剂体积过量,产生 Ce^{4+}/Ce^{3+} 可逆电对,电极发生如下反应:

阳极 $Ce^{3+} \rightarrow Ce^{4+} + e$ 阴极 $Ce^{4+} + e \rightarrow Ce^{3+}$

此时,又有电流产生,并且随滴定剂体积增大,该电流逐渐加大。滴定过程中电流(I)随滴定剂体积(V)变化的曲线如图 8-17 所示,电流由下降至上升的转折点即为滴定终点。

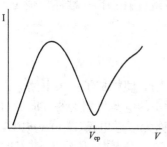

图 8-17 Ce^{4+} 滴定 Fe^{2+} 的 I-V 曲线

2. 不可逆电对滴定可逆电对

不可逆电对滴定可逆电对,如 $Na_2S_2O_3$ 滴定含有过量 KI 的 I_2 溶液。滴定反应为

$$2S_2O_3^{2-} + I_2 = S_4O_6^{2-} + 2I^-$$

滴定开始后,溶液中存在 I_2/I^-,外加微小电压时,阴极和阳极发生如下反应:

阳极 $2I^- = I_2 + 2e$ 阴极 $I_2 + 2e = 2I^-$

检流计显示有电流流过;并且随着滴定剂体积逐渐增大,$[I_2]$ 逐渐减小,电流也随之下降。

计量点时,溶液中几乎不存在 I_2,电流降到最小。

计量点后,随着滴定剂体积过量,溶液中存在 $S_2O_3^{2-}/S_4O_6^{2-}$,在阳极可以发生下列电极反应:

$$2S_2O_3^{2-} \rightarrow S_4O_6^{2-} + 2e$$

但在阴极不能发生下列电极反应:

$$S_4O_6^{2-} + 2e \rightarrow 2S_2O_3^{2-}$$

因此,没有电流产生。滴定过程中 I-V 曲线如图 8-18 所示。也就是这类滴定的终点时检流计读数一致保持在最低值(零或零附近)不动,永停滴定法由此得名。

3. 可逆电对滴定不可逆电对

可逆电对滴定不可逆电对,如 I_2 滴定 $Na_2S_2O_3$,滴定开始至计量点前,由于溶液中只存在不可逆电对 $S_2O_3^{2-}/S_4O_6^{2-}$,所以随着滴定剂 I_2 滴入,检流计一直显示没有电流通过。

计量点时,仍然是 I=0。计量点后,过量一滴的试剂(I_2)使检流计的指针突然偏向一边(不再为零),并随着滴定剂 I_2 继续滴加,$[I_2]$ 增大,读数逐渐增大。滴定曲线及终点如图 8-19 所示。

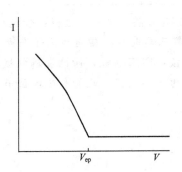
图 8-18　$Na_2S_2O_3$ 滴定 I_2 的 I-V 曲线

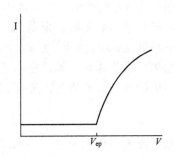
图 8-19　I_2 滴定 $Na_2S_2O_3$ 的 I-V 曲线

8.4.3　应用示例

永停滴定法快速简便,终点判断直观、准确,所用仪器简单,易于实现自动滴定。已被《中国药典》收载为重氮化滴定法和卡尔-费休(Karl-Fischer)测水法确定终点的法定方法。

例 2　用作重氮化滴定法的终点指示,重氮化滴定是在酸性条件下,用 $NaNO_2$ 滴定含芳伯胺类化合物的方法,滴定反应如下:

$$R-C_6H_4-NH_2 + NaNO_2 + 2HCl = R-C_6H_4-N\equiv NCl^- + NaCl + 2H_2O$$

计量点后有 HNO_2/NO 可逆电对存在,属于可逆电对滴定不可逆电对。

阳极　　$NO + H_2O = HNO_2 + H^+ + e$

阴极　　$HNO_2 + H^+ + e = NO + H_2O$

检流计指针突然偏转,并不再到零点,即为滴定终点。

例 3　Karl-Fischer 法测微量水分终点指示,试样中的水分与 Karl-Fischer 试剂定量反应,计量点后有 I_2/I^- 可逆电对存在,属于可逆电对滴定不可逆电对,滴定反应如下。

$$I_2 + SO_2 + 3\,C_5H_5N + CH_3OH + H_2O = 2\,[C_5H_5NH]I + [C_5H_5NH]SO_4CH_3$$

检流计指针突然偏转,并不再回复,即为滴定终点。

本 章 小 结

(1) 电位法和永停滴定法属于电化学分析方法。电化学分析法中通常用到电化学池,电化学池通常分为原电池和电解池,原电池将化学能转变为电能,电解池将电能转变成化学能。

(2) 电分析中用到各类电极,从用途上分为指示电极和参比电极两类。指示电极:是电极电位值随被测离子的活(浓)度变化而变化的一类电极。参比电极:在一定条件下,电极电位基本恒定的电极,主要有氢电极、甘汞电极、银-氯化银电极。

(3) 根据电极结构和响应的不同，指示电极可分为 5 类。第一类电极：金属-金属离子电极；第二类电极：金属-金属难溶盐电极；第三类电极：相同阴离子与两种金属离子难溶盐(或络离子)电极，汞电极；第四类电极：即零电极，惰性金属电极；第五类电极：离子选择电极，也称膜电极，是最常用的一类电极，此类电极电位与试液中待测离子活(浓)度的关系符合 Nernst 公式：

$$\varphi_{ISE} = K \pm \frac{2.303RT}{nF} \lg a$$

原电池电动势表示为：$E = \varphi_+ - \varphi_- + \varphi_j - iR$

φ_j 为液接电位，i 为通过电池的电流强度，iR 为在电池内阻(R)产生的电压降。

(4) pH 玻璃电极是应用最早、最广泛的玻璃电极，pH 玻璃电极的电极电位

$$\varphi_{玻} = K + \frac{2.303RT}{F} \lg a_1 = K - \frac{2.303RT}{F} pH$$

由于存在钠差和碱差，pH 玻璃电极测定范围一般为 pH=1~10。

(5) 测量溶液 pH 的原电池可表示为

$$(-) \underbrace{Ag, AgCl | HCl(a) | 玻璃膜 | 试液(a_{H^+})}_{\varphi_{玻}} \underbrace{\|}_{\varphi_{液接}} \underbrace{KCl(sat.) | Hg_2Cl_2, Hg}_{\varphi_{SCE}} (+)$$

其电池电动势为 $E = \varphi_{SCE} - \varphi_{玻} + \varphi_{不对称} + \varphi_{液接}$ 或 $E = K' + 0.0592 pH$

K' 是包括外参比电极电位、玻璃电极常数、液接电位、不对称电位等的复合常数。

在 pH 测量中，通常采用两次测量法，用 pH 计分别测定已知 pH 的缓冲液 E_S 和待测液的电动势 E_X，即可得到试液的 pH_X：

$$pH_X = pH_S + \frac{E_X - E_S}{0.0592}$$

pH 玻璃电极是测定氢离子活(浓)度的专属性离子选择电极，此外还用多种离子选择电极，主要分为基本电极和敏化电极两大类。基本电极是电极膜直接响应待测离子的离子选择电极，包括晶体膜电极和非晶体膜电极，晶体膜电极包括均相膜电极(如测定氟离子 LaF_3 单晶电极)和非均相膜电极(如 Ag_2S 掺入硅橡胶的膜电极)；非晶体膜电极包括刚性基质电极(如 pH 玻璃电极)和流动载体电极(如钙离子选择电极)。敏化电极是利用界面反应敏化的离子电极，分为气敏电极(如 CO_2、NH_3、SO_2、H_2S、NO_2 气敏电极)和酶电极(如尿素酶电极)。

(6) 电极对不同离子的选择性可用"电位选择性系数"(potentiometric selectivity coefficient, $K_{A,B}^{pot}$)来衡量，它表示共存离子 B 对响应离子 A(或待测离子)的干扰程度：

$$K_{A,B}^{pot} = \frac{对 B 离子的响应}{对 A 离子的响应} = \frac{a_A}{a_B^{n_A/n_B}}$$

$K_{A,B}^{pot}$ 愈小，表明共存离子对 φ_{ISE} 的干扰响应就愈低，该电极对被测离子 A 的选择性就愈高。$K_{A,B}^{pot}$ 严格来说不是一个常数，不能用作定量校正，可用来粗略估计待测离子浓度测定的相对误差。

$$相对误差\% = \frac{\sum K_{A,i}^{pot} a_i^{n_A/n_i}}{a_A} \times 100\%$$

(7) 直接电位法定量分析方法主要有 3 种。

① 直接比较法，也称两次测量法。

② 标准曲线法。通常在溶液中加入总离子强度调节缓冲溶液（简称 TISAB），来保持溶液的离子强度相对稳定。TISAB 的作用主要有 3 个：a. 保持较大且相对稳定的离子强度，使活度系数恒定；b. 维持溶液在适宜的 pH 范围内，满足离子电极的要求；c. 掩蔽干扰离子。

③ 标准加入法。将小体积（约为试样体积的 1/100 倍）高浓度（约为试样浓度的 100 倍）的标准溶液加入到试样溶液中，通过测量加入前后的电池电动势，得到待测离子浓度。

$$C_x = \frac{C_s V_s}{V_x}(10^{\Delta E/S}-1)^{-1} = \Delta C(10^{\Delta E/S}-1)^{-1}$$

标准加入法适合较复杂的样品体系，一般不需要加入 TISAB，使操作简便、快速。

(8) 电位滴定法是利用滴定过程中指示电极电位（实为电池电动势）的变化来确定滴定终点的滴定分析法。它可以用于酸碱、沉淀、配位、氧化还原及非水等各类滴定法。电位滴定确定中的方法有 $E-V$ 曲线法，$\Delta E/\Delta V-V$ 曲线法（一级微商法，峰值横坐标为滴定终点），$\Delta^2 E/\Delta V^2-V$ 曲线法（二级微商法，$\Delta^2 E/\Delta V^2=0$ 为终点）。

(9) 永停滴定法是根据滴定过程中双铂电极的电流变化来确定化学计量点的电流滴定法。确定终点的方法有可逆电对滴定可逆电对、不可逆电对滴定可逆电对、可逆电对滴定不可逆电对 3 种方法。

习　题

一、简答题

1. 原电池和电解池的区别？
2. 何谓指示电极和参比电极？试各举例说明其作用。
3. 简述玻璃电极的基本结构和作用原理。
4. 为什么离子选择性电极对欲测离子具有选择性？如何估量这种选择性？
5. 玻璃电极的使用范围是多少？什么是碱差和钠差？
6. 什么是总离子强度调节缓冲剂（TISAB）？加入 TISAB 的目的是什么？离子选择电极的测量方法有哪些？
7. 电位滴定法和永停滴定法分别适合哪些类型的滴定反应？哪一种方法用到原电池？哪一种方法用到电解池？
8. 什么是可逆电对和不可逆电对？试叙述永停滴定法滴定曲线的形状和滴定终点的确定方法。

二、计算题

1. 当下述电池中的溶液是 pH 等于 4.00 的缓冲溶液时，在 298K 时用毫伏计测得下列电池的电动势 0.209V：

$$\text{玻璃电极} | H^+(a=x) \| \text{饱和甘汞电极}$$

再用此电极分别测定两种待测溶液时，毫伏计读数如下：(a)0.312V；(b)0.088V。计算每种未知溶液 pH。

($pH_a=5.75$；$pH_b=1.95$)

2. 已知在 25℃时，pH 玻璃电极对 pH 的响应有如下表达。

$$EMF = K' + 0.0592 pH$$

当电池电动势的测量有 1mV 的误差时，导致 pH 测量误差有多大？

($\Delta pH=0.02$)

3. 钠离子选择性电极对氢离子的电位选择性系数为 $K_{Na^+,H^+}=1\times10^2$，如用此电极测定 pNa 等于 5 的钠离子溶液，并要求测定误差小于 1%，则应控制试液的 pH 大于多少？

(pH>9)

4. 用标准加入法测定离子浓度时，于 100ml 铜盐溶液中加入 1ml 0.1mol·L^{-1} Cu(NO$_3$)$_2$ 后，电动势增加 4mV，求铜的原来总浓度。

($Cx=2.73\times10^{-3}$ mol·L^{-1})

5. 用钠离子选择性电极在 25℃测定溶液中 Na$^+$ 的浓度。当电极浸于 100.00ml 待测溶液时电动势为 0.1917V，加入 1.00ml 2.00×10^{-2} mol/L Na$^+$ 标准溶液后的电动势为 0.2537V。计算待测溶液的 Na$^+$ 浓度和 pNa。

([Na$^+$]=1.95×10^{-5} mol/L，pNa=4.710)

6. 采用电位滴定法测定海带中碘的质量分数，将 10.14g 干海带经化学处理后配制成 200.00ml 溶液，用银电极做指示电极，双液接饱和电极做参比电极，用 0.1053mol·L^{-1} AgNO$_3$ 标准溶液滴定，测得数据见下表。

V_{AgNO_3}/ml	0.00	5.00	10.00	15.00	16.00	16.50	16.60	16.70
E/mV	−263	−244	−200	−185	−176	−170	−163	−152
V_{AgNO_3}/ml	16.80	16.90	17.00	17.10	17.20	18.00	20.00	
E/mV	−113	234	302	322	328	353	365	

计算：(1) 用二阶微商法确定滴定终点；
(2) 试样中碘的质量分数；
(3) 滴定终点时的电池电动势。

[(1) $V_终$=16.85ml；(2) ω_I=2.22%；(3) $E_{电池}$=69.1mV]

附表

附表1 弱酸、弱碱在水中的离解常数(25℃, $I=0$)

弱酸名称		K_a	pK_a
砷酸	H_3AsO_4	$6.3 \times 10^{-3} (K_{a_1})$	2.20
		$1.0 \times 10^{-7} (K_{a_2})$	7.00
		$3.2 \times 10^{-12} (K_{a_3})$	11.50
偏亚砷酸	$HAsO_2$	6.0×10^{-10}	9.22
硼酸	H_3BO_3	5.8×10^{-10}	9.24
四硼酸	$H_2B_4O_7$	$1 \times 10^{-4} (K_{a_1})$	4.00
		$1 \times 10^{-9} (K_{a_2})$	9.00
碳酸	$H_2CO_3 (CO_2 + H_2O)$	$4.2 \times 10^{-7} (K_{a_1})$	6.38
		$5.6 \times 10^{-11} (K_{a_2})$	10.25
次氯酸	$HClO$	3.2×10^{-8}	7.49
氢氰酸	HCN	6.2×10^{-10}	9.21
氰酸	$HCNO$	3.3×10^{-4}	3.48
铬酸	H_2CrO_4	$1.8 \times 10^{-1} (K_{a_1})$	0.74
		$3.2 \times 10^{-7} (K_{a_2})$	6.50
氢氟酸	HF	6.6×10^{-4}	3.18
亚硝酸	HNO_2	5.1×10^{-4}	3.29
过氧化氢	H_2O_2	1.8×10^{-12}	11.75
磷酸	H_3PO_4	$7.5 \times 10^{-3} (K_{a_1})$	2.12
		$6.3 \times 10^{-8} (K_{a_2})$	7.20
		$4.4 \times 10^{-13} (K_{a_3})$	12.36
焦磷酸	$H_4P_2O_7$	$3.0 \times 10^{-2} (K_{a_1})$	1.52
		$4.4 \times 10^{-3} (K_{a_2})$	2.36
		$2.5 \times 10^{-7} (K_{a_3})$	6.60
		$5.6 \times 10^{-10} (K_{a_4})$	9.25
正亚磷酸	H_3PO_3	$3.0 \times 10^{-2} (K_{a_1})$	1.52
		$1.6 \times 10^{-7} (K_{a_2})$	6.79
氢硫酸	H_2S	$1.3 \times 10^{-7} (K_{a_1})$	6.89
		$7.1 \times 10^{-15} (K_{a_2})$	14.15
硫酸	HSO_4^-	$1.2 \times 10^{-2} (K_{a_2})$	1.92
亚硫酸	H_2SO_3	$1.3 \times 10^{-2} (K_{a_1})$	1.89
		$6.3 \times 10^{-8} (K_{a_2})$	7.20
硫代硫酸	$H_2S_2O_3$	$2.3 (K_{a_1})$	0.60
		$3 \times 10^{-2} (K_{a_2})$	1.60
偏硅酸	H_2SiO_3	$1.7 \times 10^{-10} (K_{a_1})$	9.77
		$1.6 \times 10^{-12} (K_{a_2})$	11.80

(续)

弱酸名称		K_a	pK_a
甲酸	HCOOH	1.8×10^{-4}	3.74
乙酸(醋酸)	CH_3COOH	1.8×10^{-5}	4.74
丙酸	CH_3CH_2COOH	1.3×10^{-5}	4.87
丁酸	$CH_3(CH_2)_2COOH$	1.5×10^{-5}	4.82
戊酸	$CH_3(CH_2)_3COOH$	1.4×10^{-5}	4.84
羟基乙酸	$CH_2(OH)COOH$	1.5×10^{-4}	3.83
一氯乙酸	$CH_2ClCOOH$	1.4×10^{-3}	2.86
二氯乙酸	$CHCl_2COOH$	5.0×10^{-2}	1.30
三氯乙酸	CCl_3COOH	0.23	0.64
氨基乙酸·H^+	$^+NH_3CH_2COOH$	$4.5\times10^{-3}(K_{a_1})$	2.35
		$1.7\times10^{-10}(K_{a_2})$	9.77
抗坏血酸	$C_6H_8O_6$	$5.0\times10^{-5}(K_{a_1})$	4.30
		$1.5\times10^{-10}(K_{a_2})$	9.82
乳酸	$CH_3CHOHCOOH$	1.4×10^{-4}	3.86
苯甲酸	C_6H_5COOH	6.2×10^{-5}	4.21
草酸	$H_2C_2O_4$	$5.9\times10^{-2}(K_{a_1})$	1.23
		$6.4\times10^{-5}(K_{a_2})$	4.19
d-酒石酸	$HOOC(CHOH)_2COOH$	$9.1\times10^{-4}(K_{a_1})$	3.04
		$4.3\times10^{-5}(K_{a_2})$	4.37
邻苯二甲酸	⌬-COOH / -COOH	$1.12\times10^{-3}(K_{a_1})$	2.95
		$3.9\times10^{-6}(K_{a_2})$	5.41
苯酚	C_6H_5OH	1.1×10^{-10}	9.95
乙二胺四乙酸	H_6-EDTA^{2+}	$0.13(K_{a_1})$	0.90
($I=0.1$)	H_5-EDTA^+	$2.5\times10^{-2}(K_{a_2})$	1.60
	H_4-EDTA	$8.5\times10^{-3}(K_{a_3})$	2.07
	H_3-EDTA^-	$1.77\times10^{-3}(K_{a_4})$	2.75
	H_2-EDTA^{2-}	$5.75\times10^{-7}(K_{a_5})$	6.24
	$H-EDTA^{3-}$	$4.57\times10^{-11}(K_{a_6})$	10.34
丁二酸	$HOOC(CH_2)_2COOH$	6.2×10^{-5}	4.21
		2.3×10^{-6}	5.64
顺-丁烯二酸	$CHCO_2H$ ‖ $CHCO_2H$	1.2×10^{-2}	1.91
(马来酸)		4.7×10^{-7}	6.33
反-丁烯二酸	$CHCO_2H$ ‖ HO_2CCH	8.9×10^{-4}	3.05
(富马酸)		3.2×10^{-5}	4.49
邻苯二酚	⌬-OH / -OH	4.0×10^{-10}	9.40
		2×10^{-13}	12.80
水杨酸	⌬-COOH / -OH	1.1×10^{-3}	2.97
		1.8×10^{-14}	13.74

(续)

弱酸名称		K_a	pK_a
磺基水杨酸	$-O_3S-C_6H_3(COOH)(OH)$	4.7×10^{-3}	2.33
		4.8×10^{-12}	11.32
柠檬酸	CH_2CO_2H—$C(OH)CO_2H$—CH_2CO_2H	7.4×10^{-4}	3.13
		1.8×10^{-5}	4.74
		4.0×10^{-7}	6.40

弱碱名称		K_b	pK_b
氨	NH_3	1.8×10^{-5}	4.74
联氨	H_2NNH_2	$3.0\times10^{-6}(K_{b_1})$	5.52
		$7.6\times10^{-15}(K_{b_2})$	14.12
羟氨	NH_2OH	9.1×10^{-9}	8.04
甲胺	CH_3NH_2	4.2×10^{-4}	3.38
乙胺	$C_2H_5NH_2$	4.3×10^{-4}	3.37
丁胺	$CH_3(CH_2)_3NH_2$	4.4×10^{-4}	3.36
乙醇胺	$HOCH_2CH_2NH_3$	3.2×10^{-5}	4.50
三乙醇胺	$(HOCH_2CH_2)_3N$	5.8×10^{-7}	6.24
二甲胺	$(CH_3)_2NH$	5.9×10^{-4}	3.23
二乙胺	$(CH_3CH_2)_2NH$	8.5×10^{-4}	3.07
三乙胺	$(CH_3CH_2)_3N$	5.2×10^{-4}	3.29
苯胺	$C_6H_5NH_2$	4.0×10^{-10}	9.40
邻甲苯胺	$C_6H_4(CH_3)(NH_2)$	2.8×10^{-10}	9.55
对甲苯胺	$CH_3-C_6H_4-NH_2$	1.2×10^{-9}	8.92
六次甲基四胺	$(CH_2)_6N_4$	1.4×10^{-9}	8.85
咪唑	(imidazole)	9.8×10^{-8}	7.01
吡啶	(pyridine)	1.8×10^{-9}	8.74
哌啶	(piperidine)	1.3×10^{-3}	2.88
喹啉	(quinoline)	7.6×10^{-10}	9.12
乙二胺	$H_2NCH_2CH_2NH_2$	$8.5\times10^{-5}(K_{b_1})$	4.07

(续)

弱碱名称		K_a	pK_a
8-羟基喹啉	C_9H_6NOH	7.1×10^{-8} (K_{b_2})	7.15
		6.5×10^{-5}	4.19
		8.1×10^{-10}	9.09

附表2 络合物的稳定常数(18~25℃)

金属离子	n	$\lg\beta_n$	I
氨络合物			
Ag^+	1, 2	3.40; 7.40	0.1
Cd^{2+}	1, …, 6	2.65; 4.75; 6.19; 7.12; 6.80; 5.14	2
Co^{2+}	1, …, 6	2.11; 3.74; 4.79; 5.55; 5.73; 5.11	2
Co^{3+}	1, …, 6	6.7; 14.0; 20.1; 25.7; 30.8; 35.2	2
Cu^+	1, 2	5.93; 10.86	2
Cu^{2+}	1, …, 6	4.31; 7.98; 11.02; 13.32; 12.86	2
Ni^{2+}	1, …, 6	2.80; 5.04; 6.77; 7.96; 8.71; 8.74	2
Zn^{2+}	1, …, 4	2.27; 4.61; 7.01; 9.06	0.1
氟络合物			
Al^{3+}	1, …, 6	6.13; 11.15; 15.00; 17.75; 19.37; 19.84	0.5
Fe^{3+}	1, …, 6	5.2; 9.2; 11.9; —; 15.77; —	0.5
Th^{4+}	1, …, 3	7.65; 13.46; 17.97	0.5
TiO^{2+}	1, …, 4	5.4; 9.8; 13.7; 18.0	3
ZrO^{2+}	1, …, 3	8.80; 16.12; 21.94	2
氯络合物			
Ag^+	1, …, 4	3.04; 5.04; 5.04; 5.30	0
Hg^{2+}	1, …, 4	6.74; 13.22; 14.07; 15.07	0.5
Sn^{2+}	1, …, 4	1.51; 2.24; 2.03; 1.48	0
Sb^{3+}	1, …, 6	2.26; 3.49; 4.18; 4.72; 4.72; 4.11	4
溴络合物			
Ag^+	1, …, 4	4.38; 7.33; 8.00; 8.73	0
Bi^{3+}	1, …, 6	4.30; 5.55; 5.89; 7.82; —; 9.70	2.3
Cd^{2+}	1, …, 4	1.75; 2.34; 3.32; 3.70	3
Cu^+	2	5.89	0
Hg^{2+}	1, …, 4	9.05; 17.32; 19.74; 21.00	0.5

(续)

金属离子	n	$\lg\beta_n$	I
碘络合物			
Ag^+	1, ⋯, 3	6.58; 11.74; 13.68	0
Bi^{3+}	1, ⋯, 6	3.63; —; —; 14.95; 16.80; 18.80	2
Cd^{2+}	1, ⋯, 4	2.10; 3.43; 4.49; 5.41	0
Pb^{2+}	1, ⋯, 4	2.00; 3.15; 3.92; 4.47	0
Hg^{2+}	1, ⋯, 4	12.87; 23.82; 27.60; 29.83	0.5
氰络合物			
Ag^+	1, ⋯, 4	—; 21.1; 21.7; 20.6	0
Cd^{2+}	1, ⋯, 4	5.48; 10.60; 15.23; 18.78	3
Co^{2+}	6	19.09	
Cu^+	1, ⋯, 4	—; 24.0; 28.59; 30.3	0
Fe^{2+}	6	35	0
Fe^{3+}	6	42	0
Hg^{2+}	4	41.4	0
Ni^{2+}	4	31.3	0.1
Zn^{2+}	4	16.7	0.1
磷酸络合物			
Ca^{2+}	CaHL	1.7	0.2
Mg^{2+}	MgHL	1.9	0.2
Mn^{2+}	MnHL	2.6	0.2
Fe^{3+}	FeHL	9.35	0.66
硫代硫酸络合物			
Ag^+	1, ⋯, 3	8.82; 13.46; 14.15	0
Cu^+	1, ⋯, 3	10.35; 12.27; 13.71	0.8
Hg^{2+}	1, ⋯, 4	—; 29.86; 32.26; 33.61	0
Pb^{2+}	1, 3	5.1; 6.4	0
硫氰酸络合物			
Ag^+	1, ⋯, 4	—; 7.57; 9.08; 10.08	2.2
Au^+	1, ⋯, 4	—; 23; —; 42	0
Co^{2+}	1	1.0	1
Cu^+	1, ⋯, 4	—; 11.00; 10.90; 10.48	5
Fe^{3+}	1, ⋯, 5	2.3; 4.2; 5.6; 6.4; 6.4	离子强度不定

金属离子	n	$\lg\beta_n$	I
Hg^{2+}	1, …, 4	—; 16.1; 19.0; 20.9	1

乙酰丙酮络合物

金属离子	n	$\lg\beta_n$	I
Al^{3+}	1, …, 3	8.60; 15.5; 21.30	0
Cu^{2+}	1, 2	8.27; 16.84	0
Fe^{2+}	1, 2	5.07; 8.67	0
Fe^{3+}	1, …, 3	11.4; 22.1; 26.7	0
Ni^{2+}	1, …, 3	6.06; 10.77; 13.09	0
Zn^{2+}	1, 2	4.98; 8.81	0

柠檬酸络合物

金属离子		$\lg\beta_n$	I
Ag^+	Ag_2HL	7.1	0
Al^{3+}	$AlHL$	7.0	0.5
	AlL	20.0	
	$AlOHL$	30.6	
Ca^{2+}	CaH_3L	10.9	0.5
	CaH_2L	8.4	
	$CaHL$	3.5	
Cd^{2+}	CdH_2L	7.9	0.5
	$CdHL$	4.0	
	CdL	11.3	
Co^{2+}	CoH_2L	8.9	0.5
	$CoHL$	4.4	
	CoL	12.5	
Cu^{2+}	CuH_2L	12.0	0.5
	$CuHL$	6.1	0
	CuL	18.0	0.5
Fe^{2+}	FeH_2L	7.3	0.5
	$FeHL$	3.1	
	FeL	15.5	
Fe^{3+}	FeH_2L	12.2	0.5
	$FeHL$	10.9	
	FeL	25.0	
Ni^{2+}	NiH_2L	9.0	0.5

(续)

金属离子	n	$\lg\beta_n$	I
	NiHL	4.8	
	NiL	14.3	
Pb^{2+}	PbH_2L	11.2	0.5
	PbHL	5.2	
	PbL	12.3	
Zn^{2+}	ZnH_2L	8.7	0.5
	ZnHL	4.5	
	ZnL	11.4	
草酸络合物			
Al^{2+}	1, …, 3	7.26; 13.0; 16.3	0
Cd^{2+}	1, 2	2.9; 4.7	0.5
Co^{2+}	CoHL	5.5	0.5
	CoH_2L	10.6	
	1, …, 3	4.79; 6.7; 9.7	0
Co^{3+}	3	~20	
Cu^{2+}	CuHL	6.25	0.5
	1, 2	4.5; 8.9	
Fe^{2+}	1, …, 3	2.9; 4.52; 5.22	0.5~1
Fe^{3+}	1, …, 3	9.4; 16.2; 20.2	0
Mg^{2+}	1.2	2.76; 4.38	0.1
Mn(Ⅲ)	1, …, 3	9.98; 16.57; 19.42	2
Ni^{2+}	1, …, 3	5.3; 7.64; 8.5	0.1
Th(Ⅳ)	4	24.5	0.1
TiO^{2+}	1, 2	6.6; 9.9	2
Zn^{3+}	ZnH_2L	5.6	0.5
	1, …, 3	4.89; 7.60; 8.15	
酒石酸络合物			
Bi^{3+}	3	8.30	0
Ca^{2+}	CaHL	4.85	0.5
	1, 2	2.98; 9.01	0
Cd^{2+}	1	2.8	0.5
Cu^{2+}	1, …, 4	3.2; 5.11; 4.78; 6.51	1

(续)

金属离子	n	$\lg\beta_n$	I
Fe^{3+}	3	7.49	0
Mg^{2+}	MgHL	4.65	0.5
	1	1.2	
Pb^{2+}	1, ⋯, 3	3.78；—；4.7	0
Zn^{2+}	ZnHL	4.5	0.5
	1, 2	2.4；8.32	

磺基水杨酸络合物

金属离子	n	$\lg\beta_n$	I
Al^{3+}	1, ⋯, 3	13.20；22.83；28.89	0.1
Cd^{2+}	1, 2	16.68；29.08	0.25
Co^{2+}	1, 2	6.13；9.82	0.1
Cu^{2+}	1, 2	9.52；16.45	0.1
Cr^{3+}	1	9.56	0.1
Fe^{2+}	1, 2	5.90；9.90	1～0.5
Fe^{3+}	1, ⋯, 3	14.64；25.18；32.12	0.25
Mn^{2+}	1, 2	5.24；8.24	0.1
Ni^{2+}	1, 2	6.42；10.24	0.1
Zn^{2+}	1, 2	6.05；10.65	0.1

氢氧基络合物

金属离子	n	$\lg\beta_n$	I
Al^{3+}	4	33.3	2
	$Al_6(OH)_{15}^{3+}$	163	
Bi^{3+}	1,	12.4	3
	$Bi_6(OH)_{12}^{6+}$	168.3	
Cd^{2+}	1, ⋯, 4	4.3；7.7；10.3；12.0	3
Co^{2+}	1, 3	5.1；—；10.2	0.1
Cr^{3+}	1, 2	10.2；18.3	0.1
Fe^{2+}	1	4.5	1
Fe^{3+}	1, 2	11.0；21.7	3
	$Fe_2(OH)_2^{4+}$	25.1	
Hg^{2+}	2	21.7	0.5
Mg^{2+}	1	2.6	0
Mn^{2+}	1	3.4	0.1
Ni^{2+}	1	4.6	0.1

(续)

金属离子	n	$\lg\beta_n$	I
Pb^{2+}	1, …, 3	6.2;10.3;13.3	0.3
	$Pb_2(OH)^{3+}$	7.6	
Sn^{2+}	1	10.1	3
Th^{4+}	1	9.7	1
Ti^{3+}	1	11.8	0.5
TiO^{2+}	1	13.7	1
VO^{2+}	1	8.0	3
Zn^{2+}	1, …, 4	4.4;10.1;14.2;15.5	0
乙二胺络合物			
Ag^+	1, 2	4.70;7.70	0.1
Cd^{2+}	1, …, 3	5.47;10.09;12.09	0.5
Co^{2+}	1, …, 3	5.91;10.64;13.94	1
Co^{3+}	1, …, 3	18.70;34.90;48.69	1
Cu^+	2	10.8	
Cu^{2+}	1, …, 3	10.67;20.00;21.00	
Fe^{2+}	1, …, 3	4.34;7.65;9.70	1.4
Hg^{2+}	1, 2	14.30;23.3	0.1
Mn^{2+}	1, …, 3	2.73;4.79;5.67	1
Ni^{2+}	1, …, 3	7.52;13.80;18.06	1
Zn^{2+}	1, …, 3	5.77;10.83;14.11	1
硫脲络合物			
Ag^+	1, 2	7.4;13.1	0.03
Bi^{3+}	6	11.9	
Cu^{2+}	3, 4	13;15.4	0.1
Hg^{2+}	2, …, 4	22.1;24.7;26.8	

说明：酸式、碱式络合物及多核氢氧基络合物的化学式标明于 n 栏中。

附表3　氨羧络合剂类络合物的稳定常数(18～25℃, $I=0.1$)

金属离子	lgK					NTA	
	DCyTA	DTPA	EDTA	EGTA	HEDTA	$\lg\beta_1$	$\lg\beta_2$
Ag^+			7.32	6.88	6.71	5.16	
Al^{3+}	19.5	18.6	16.13	13.9	14.3	11.4	
Ba^{2+}	8.69	8.87	7.86	8.41	6.3	4.82	
Be^{2+}	11.51		9.2			7.11	

(续)

金属离子	lgK					NTA	
	DCyTA	DTPA	EDTA	EGTA	HEDTA	lgβ₁	lgβ₂
Bi³⁺	32.3	35.6	27.94		22.3	17.5	
Ca²⁺	13.20	10.83	10.69	10.97	8.3	6.41	
Cd²⁺	19.93	19.2	16.46	16.7	13.3	9.83	14.61
Co²⁺	19.62	19.27	16.31	12.39	14.6	10.38	14.39
Co³⁺			36		37.4	6.84	
Cr³⁺			23.4			6.23	
Cu²⁺	22.00	21.55	18.80	17.11	17.6	12.96	
Fe²⁺	19.0	16.5	14.32	11.87	12.3	8.33	
Fe³⁺	30.1	28.0	25.1	20.5	19.8	15.9	
Ga³⁺	23.2	25.54	20.3		16.9	13.6	
Hg²⁺	25.00	26.70	21.7	23.2	20.30	14.6	
In³⁺	28.8	29.0	25.0		20.2	16.9	
Li⁺			2.79			2.51	
Mg²⁺	11.02	9.30	8.7	5.21	7.0	5.41	
Mn²⁺	17.48	15.60	13.87	12.28	10.9	7.44	
Mo(Ⅴ)			~28				
Na⁺			1.66				1.22
Ni²⁺	20.3	20.32	18.62	13.55	17.3	11.53	16.42
Pb²⁺	20.38	18.80	18.04	14.71	15.7	11.39	
Pd²⁺			18.5				
Sc²⁺	26.1	24.5	23.1	18.2			24.1
Sn²⁺			22.11				
Sr²⁺	10.59	9.77	8.63	8.50	6.9	4.98	
Th⁴⁺	25.6	28.78	23.2				
TiO²⁺			17.3				
Tl³⁺	38.3		37.8			20.9	32.5
U(Ⅳ)	27.6	7.69	25.8				
VO²⁺	20.1		18.8				
Y³⁺	19.85	22.13	18.09	17.16	14.78	11.41	20.43
Zn²⁺	19.37	18.40	16.50	12.7	14.7	10.67	14.29
ZrO²⁺		35.8	29.5			20.8	
稀土元素	17~22	19	16~20		13~16	10~12	

说明：EDTA：乙二胺四乙酸；DCyTA（或DCTA、CyDTA）：1,2-二胺基环己烷四乙酸；DTPA：二乙基三胺五乙酸；EGTA：乙二醇二乙醚二胺四乙酸；HEDTA：N-β羟基乙基乙二胺三乙酸；NTA：氨三乙酸。

附表 4　微溶化合物的活度积和溶度积(25℃)

化合物	$I=0.1\text{mol/kg}$		$I=0\text{mol/kg}$	
	K_{sp}^0	pK_{sp}^0	K_{sp}	pK_{sp}
AgAc	2×10^{-3}	2.7	8×10^{-3}	2.1
AgCl	1.77×10^{-10}	9.75	3.2×10^{-10}	9.50
AgBr	4.95×10^{-13}	12.31	8.7×10^{-13}	12.06
AgI	8.3×10^{-17}	16.08	1.48×10^{-16}	15.83
Ag_2CrO_4	1.12×10^{-12}	11.95	5×10^{-12}	11.3
AgSCN	1.07×10^{-12}	11.97	2×10^{-12}	11.7
AgCN	1.2×10^{-16}	15.92		
Ag_2S	6×10^{-50}	49.2	6×10^{-49}	48.2
Ag_2SO_4	1.58×10^{-5}	4.80	8×10^{-5}	4.1
$Ag_2C_2O_4$	1×10^{-11}	11.0	4×10^{-11}	10.4
Ag_3AsO_4	1.12×10^{-20}	19.95	1.3×10^{-19}	18.9
Ag_3PO_4	1.45×10^{-16}	15.34	2×10^{-15}	14.7
AgOH	1.9×10^{-8}	7.71	3×10^{-8}	7.5
$Al(OH)_3$ 无定形	4.6×10^{-33}	32.34	3×10^{-32}	31.5
$BaCrO_4$	1.17×10^{-10}	9.93	8×10^{-10}	9.1
$BaCO_3$	4.9×10^{-9}	8.31	3×10^{-8}	7.5
$BaSO_4$	1.07×10^{-10}	9.97	6×10^{-10}	9.2
BaC_2O_4	1.6×10^{-7}	6.79	1×10^{-6}	6.0
BaF_2	1.05×10^{-6}	5.98	5×10^{-6}	5.3
$Bi(OH)_2Cl$	1.8×10^{-31}	30.75		
$Ca(OH)_2$	5.5×10^{-6}	6.26	1.3×10^{-5}	4.9
$CaCO_3$	3.8×10^{-9}	8.42	3×10^{-8}	7.5
CaC_2O_4	2.3×10^{-9}	8.64	1.6×10^{-8}	7.8
CaF_2	3.4×10^{-11}	10.47	1.6×10^{-10}	9.8
$Ca(PO_4)_2$	1×10^{-26}	26.0	1×10^{-23}	23
$CaSO_4$	2.4×10^{-5}	4.62	1.6×10^{-4}	3.8
$CdCO_3$	3×10^{-14}	13.5	1.6×10^{-13}	12.8
CdC_2O_4	1.51×10^{-8}	7.82	1×10^{-7}	7.0
$Cd(OH)_2$(新析出)	3×10^{-14}	13.5	5×10^{-14}	13.2
CdS	8×10^{-27}	26.1	5×10^{-26}	25.3
$Ce(OH)_3$	6×10^{-21}	20.2	3×10^{-20}	19.5

(续)

化合物	$I=0.1\text{mol/kg}$		$I=0\text{mol/kg}$	
	K_{sp}^0	pK_{sp}^0	K_{sp}	pK_{sp}
$CePO_4$	2×10^{-20}	23.7		
$Co(OH)_2$(新析出)	1.6×10^{-15}	14.8	4×10^{-15}	14.4
$CoS\ \alpha$ 型	4×10^{-21}	20.4	3×10^{-20}	19.5
$CoS\ \beta$ 型	2×10^{-25}	24.7	1.3×10^{-24}	23.9
$Cr(OH)_3$	1×10^{-31}	31.0	5×10^{-31}	30.3
CuI	1.10×10^{-12}	11.96	2×10^{-12}	11.7
$CuSCN$			2×10^{-13}	12.7
CuS	6×10^{-36}	35.2	4×10^{-35}	34.4
$Cu(OH)_2$	2.6×10^{-19}	18.59	6×10^{-19}	18.2
$Fe(OH)_2$	8×10^{-16}	15.1	2×10^{-15}	14.7
$FeCO_3$	3.2×10^{-11}	10.50	2×10^{-10}	9.7
FeS	6×10^{-18}	17.2	4×10^{-17}	16.4
$Fe(OH)_3$	3×10^{-39}	38.5	1.3×10^{-38}	37.9
Hg_2Cl_2	1.32×10^{-18}	17.88	6×10^{-18}	17.2
HgS(黑)	1.6×10^{-52}	51.8	1×10^{-51}	51
(红)	4×10^{-53}	52.4		
$Hg(OH)_2$	4×10^{-26}	25.4	1×10^{-25}	25.0
$KHC_4H_4O_6$	3×10^{-4}	3.5		
K_2PtCl_6	1.10×10^{-5}	4.96		
LaF_3	1×10^{-24}	24.0		
$La(OH)_3$(新析出)	1.6×10^{-19}	18.8	8×10^{-19}	18.1
$LaPO_4$			4×10^{-23}	22.4 ($I=0.5\text{mol/kg}$)
$MgCO_3$	1×10^{-5}	5.0	6×10^{-5}	4.2
MgC_2O_4	8.5×10^{-5}	4.07	5×10^{-4}	3.3
$Mg(OH)_2$	1.8×10^{-11}	10.74	4×10^{-11}	10.4
$MgNH_4PO_4$	3×10^{-13}	12.6		
$MnCO_3$	5×10^{-10}	9.30	3×10^{-9}	8.5
$Mn(OH)_2$	1.9×10^{-13}	12.72	5×10^{-13}	12.3
MnS(无定形)	3×10^{-10}	9.5	6×10^{-9}	8.8
MnS(晶形)	3×10^{-13}	12.5		
$Ni(OH)_2$(新析出)	2×10^{-15}	14.7	5×10^{-15}	14.3

(续)

化合物	$I=0.1\text{mol/kg}$		$I=0\text{mol/kg}$	
	K_{sp}^0	pK_{sp}^0	K_{sp}	pK_{sp}
NiS α 型	3×10^{-19}	18.5		
NiS β 型	1×10^{-24}	24.0		
NiS γ 型	2×10^{-26}	25.7		
$PbCO_3$	8×10^{-14}	13.1	5×10^{-13}	12.3
$PbCl_2$	1.6×10^{-5}	4.79	8×10^{-5}	4.1
$PbCrO_4$	1.8×10^{-14}	13.75	1.3×10^{-13}	12.9
PbI_2	6.5×10^{-9}	8.19	3×10^{-8}	7.5
$Pb(OH)_2$	8.1×10^{-17}	16.09	2×10^{-16}	15.7
PbS	3×10^{-27}	26.6	1.6×10^{-26}	25.8
$PbSO_4$	1.7×10^{-8}	7.78	1×10^{-7}	7.0
$SrCO_3$	9.3×10^{-10}	9.03	6×10^{-9}	8.2
SrC_2O_4	5.6×10^{-8}	7.25	3×10^{-7}	6.5
$SrCrO_4$	2.2×10^{-5}	4.65		
SrF_2	2.5×10^{-9}	8.61	1×10^{-8}	8.0
$SrSO_4$	3×10^{-7}	6.5	1.6×10^{-6}	5.8
$Sn(OH)_2$	8×10^{-29}	28.1	2×10^{-28}	27.7
SnS	1×10^{-25}	25.0		
$Th(C_2O_4)_2$	1×10^{-22}	22.0		
$Th(OH)_4$	1.3×10^{-45}	44.9	1×10^{-44}	44.0
$TiO(OH)_2$	1×10^{-29}	29.0	3×10^{-29}	28.5
$ZnCO_3$	1.7×10^{-11}	10.78	1×10^{-10}	10.0
$Zn(OH)_2$(新析出)	2.1×10^{-16}	15.68	5×10^{-16}	15.3
ZnS α 型	1.6×10^{-24}	23.8		
ZnS β 型	5×10^{-25}	24.3		
$ZrO(OH)_2$	6×10^{-49}	48.2	1×10^{-47}	47.0

附表5 标准电极电势(298.15K)

附表5-1 在碱性溶液中

电对	电极反应	$\varphi^\ominus/V$
$Ca(OH)_2/Ca$	$Ca(OH)_2+2e^-\rightleftharpoons Ca+2OH^-$	-3.02
$Mg(OH)_2/Mg$	$Mg(OH)_2+2e^-\rightleftharpoons Mg+2OH^-$	-2.69
$H_2AlO_3^-/Al$	$H_2AlO_3^-+H_2O+3e^-\rightleftharpoons Al+4OH^-$	-2.35
$Mn(OH)_2/Mn$	$Mn(OH)_2+2e^-\rightleftharpoons Mn+2OH^-$	-1.56

(续)

电对	电极反应	$\varphi^{\ominus}/V$
ZnS/Zn	$ZnS+2e^- \rightleftharpoons Zn+S^{2-}$	-1.405
$[Zn(CN)_4]^{2-}/Zn$	$[Zn(CN)_4]^{2-}+2e^- \rightleftharpoons Zn+4CN^-$	-1.26
ZnO_2^{2-}/Zn	$ZnO_2^{2-}+2H_2O+2e^- \rightleftharpoons Zn+4OH^-$	-1.216
As/AsH_3	$As+3H_2O+3e^- \rightleftharpoons AsH_3+3OH^-$	-1.21
$[Zn(NH_3)_4]^{2+}/Zn$	$[Zn(NH_3)_4]^{2+}+2e^- \rightleftharpoons Zn+4NH_3$	-1.04
$[Sn(OH)_6]^{2-}/HSnO_2^-$	$[Sn(OH)_6]^{2-}+2e^- \rightleftharpoons HSnO_2^-+3OH^-+H_2O$	-0.909
H_2O/H_2	$2H_2O+2e^- \rightleftharpoons H_2+2OH^-$	-0.8277
AsO_4^{3-}/AsO_2^-	$AsO_4^{3-}+2H_2O+2e^- \rightleftharpoons AsO_2^-+4OH^-$	-0.67
Ag_2S/Ag	$Ag_2S+2e^- \rightleftharpoons 2Ag+S^{2-}$	-0.66
SO_3^{2-}/S	$SO_3^{2-}+3H_2O+4e^- \rightleftharpoons S+6OH^-$	-0.66
$Fe(OH)_3/Fe(OH)_2$	$Fe(OH)_3+e^- \rightleftharpoons Fe(OH)_2+OH^-$	-0.56
S/S^{2-}	$S+2e^- \rightleftharpoons S^{2-}$	-0.447
$Cu(OH)_2/Cu$	$Cu(OH)_2+2e^- \rightleftharpoons Cu+2OH^-$	-0.224
$Cu(OH)_2/Cu_2O$	$2Cu(OH)_2+2e^- \rightleftharpoons Cu_2O+2OH^-+H_2O$	-0.09
O_2/HO_2^-	$O_2+H_2O+2e^- \rightleftharpoons HO_2^-+OH^-$	-0.076
$MnO_2/Mn(OH)_2$	$MnO_2+2H_2O+2e^- \rightleftharpoons Mn(OH)_2+2OH^-$	-0.05
NO_3^-/NO_2^-	$NO_3^-+H_2O+2e^- \rightleftharpoons NO_2^-+2OH^-$	$+0.01$
$S_4O_6^{2-}/S_2O_3^{2-}$	$S_4O_6^{2-}+2e^- \rightleftharpoons 2S_2O_3^{2-}$	$+0.09$
$[Co(NH_3)_6]^{3+}/[Co(NH_3)_6]^{2+}$	$[Co(NH_3)_6]^{3+}+e^- \rightleftharpoons [Co(NH_3)_6]^{2+}$	$+0.1$
IO_3^-/I^-	$IO_3^-+3H_2O+6e^- \rightleftharpoons I^-+6OH^-$	$+0.26$
ClO_3^-/ClO_2^-	$ClO_3^-+H_2O+2e^- \rightleftharpoons ClO_2^-+2OH^-$	$+0.33$
$[Ag(NH_3)_2]^+/Ag$	$[Ag(NH_3)_2]^++e^- \rightleftharpoons Ag+2NH_3$	$+0.373$
O_2/HO_2^-	$O_2+2H_2O+4e^- \rightleftharpoons 4OH^-$	$+0.401$
IO^-/I^-	$IO^-+H_2O+2e^- \rightleftharpoons I^-+2OH^-$	$+0.49$
BrO_3^-/BrO^-	$BrO_3^-+2H_2O+4e^- \rightleftharpoons BrO^-+4OH^-$	$+0.54$
IO_3^-/IO^-	$IO_3^-+2H_2O+4e^- \rightleftharpoons IO^-+4OH^-$	$+0.56$
MnO_4^-/MnO_4^{2-}	$MnO_4^-+e^- \rightleftharpoons MnO_4^{2-}$	$+0.564$
MnO_4^-/MnO_2	$MnO_4^-+2H_2O+3e^- \rightleftharpoons MnO_2+4OH^-$	$+0.588$
BrO_3^-/Br^-	$BrO_3^-+3H_2O+6e^- \rightleftharpoons Br^-+6OH^-$	$+0.61$
ClO_3^-/Cl^-	$ClO_3^-+3H_2O+6e^- \rightleftharpoons Cl^-+6OH^-$	$+0.62$
BrO^-/Br^-	$BrO^-+H_2O+2e^- \rightleftharpoons Br^-+2OH^-$	$+0.76$
HO_2^-/OH^-	$HO_2^-+H_2O+2e^- \rightleftharpoons 3OH^-$	$+0.88$
ClO^-/Cl^-	$ClO^-+H_2O+2e^- \rightleftharpoons Cl^-+2OH^-$	$+0.90$
O_3/OH^-	$O_3+H_2O+2e^- \rightleftharpoons O_2+2OH^-$	$+1.24$

标准电极电势表(298.15K)

附表 5-2 在酸性溶液中

电对	电极反应	$\varphi^{\ominus}/V$
Li^+/Li	$Li^+ + e^- \rightleftharpoons Li$	-3.045
Rb^+/Rb	$Rb^+ + e^- \rightleftharpoons Rb$	-2.925
K^+/K	$K^+ + e^- \rightleftharpoons K$	-2.924
Cs^+/Cs	$Cs^+ + e^- \rightleftharpoons Cs$	-2.923
Ba^{2+}/Ba	$Ba^{2+} + 2e^- \rightleftharpoons Ba$	-2.90
Ca^{2+}/Ca	$Ca^{2+} + 2e^- \rightleftharpoons Ca$	-2.87
Na^+/Na	$Na^+ + e^- \rightleftharpoons Na$	-2.714
Mg^{2+}/Mg	$Mg^{2+} + 2e^- \rightleftharpoons Mg$	-2.375
$[AlF_6]^{3-}/Al$	$[AlF_6]^{3-} + 3e^- \rightleftharpoons Al + 6F^-$	-2.07
Al^{3+}/Al	$Al^{3+} + 3e^- \rightleftharpoons Al$	-1.66
Mn^{2+}/Mn	$Mn^{2+} + 2e^- \rightleftharpoons Mn$	-1.182
Zn^{2+}/Zn	$Zn^{2+} + 2e^- \rightleftharpoons Zn$	-0.763
Cr^{3+}/Cr	$Cr^{3+} + 3e^- \rightleftharpoons Cr$	-0.74
Ag_2S/Ag	$Ag_2S + 2e^- \rightleftharpoons 2Ag + S^{2-}$	-0.69
$CO_2/H_2C_2O_4$	$2CO_2 + 2H^+ + 2e^- \rightleftharpoons H_2C_2O_4$	-0.49
S/S^{2-}	$S + 2e^- \rightleftharpoons S^{2-}$	-0.48
Fe^{3+}/Fe	$Fe^{3+} + 3e^- \rightleftharpoons Fe$	-0.44
Co^{2+}/Co	$Co^{2+} + 2e^- \rightleftharpoons Co$	-0.277
Ni^{2+}/Ni	$Ni^{2+} + 2e^- \rightleftharpoons Ni$	-0.246
AgI/Ag	$AgI + e^- \rightleftharpoons Ag + I^-$	-0.152
Sn^{2+}/Sn	$Sn^{2+} + 2e^- \rightleftharpoons Sn$	-0.136
Pb^{2+}/Pb	$Pb^{2+} + 2e^- \rightleftharpoons Pb$	-0.126
Fe^{2+}/Fe	$Fe^{2+} + 2e^- \rightleftharpoons Fe$	-0.036
$AgCN/Ag$	$AgCN + e^- \rightleftharpoons Ag + CN^-$	-0.02
H^+/H_2	$2H^+ + 2e^- \rightleftharpoons H_2$	0.000
$AgBr/Ag$	$AgBr + e^- \rightleftharpoons Ag + Br^-$	$+0.071$
$S_4O_6^{2-}/S_2O_3^{2-}$	$S_4O_6^{2-} + 2e^- \rightleftharpoons 2S_2O_3^{2-}$	$+0.08$
S/H_2S	$S + 2H^+ + 2e^- \rightleftharpoons H_2S(aq)$	$+0.141$
Sn^{4+}/Sn^{2+}	$Sn^{4+} + 2e^- \rightleftharpoons Sn^{2+}$	$+0.154$
Cu^{2+}/Cu^+	$Cu^{2+} + e^- \rightleftharpoons Cu^+$	$+0.159$

(续)

电对	电极反应	φ^θ/V
SO_4^{2-}/SO_2	$SO_4^{2-}+4H^++2e^- \rightleftharpoons SO_2(aq)+2H_2O$	+0.17
$AgCl/Ag$	$AgCl+e^- \rightleftharpoons Ag+Cl^-$	+0.2223
Hg_2Cl_2/Hg	$Hg_2Cl_2+2e^- \rightleftharpoons 2Hg+2Cl^-$	+0.2676
Cu^{2+}/Cu	$Cu^{2+}+2e^- \rightleftharpoons Cu$	+0.337
$[Fe(CN)_6]^{3-}/[Fe(CN)_6]^{4-}$	$[Fe(CN)_6]^{3-}+e^- \rightleftharpoons [Fe(CN)_6]^{4-}$	+0.36
$(CN)_2/HCN$	$(CN)_2+2H^++2e^- \rightleftharpoons 2HCN$	+0.37
$[Ag(NH_3)_2]^+/Ag$	$[Ag(NH_3)_2]^++e^- \rightleftharpoons Ag+2NH_3$	+0.373
$H_2SO_3/S_2O_3^{2-}$	$2H_2SO_3+2H^++4e^- \rightleftharpoons S_2O_3^{2-}+3H_2O$	+0.40
O_2/OH^-	$O_2+2H_2O+4e^- \rightleftharpoons 4OH^-$	+0.41
H_2SO_3/S	$H_2SO_3+4H^++4e^- \rightleftharpoons S+3H_2O$	+0.45
Cu^+/Cu	$Cu^++e^- \rightleftharpoons Cu$	+0.52
I_2/I^-	$I_2+2e^- \rightleftharpoons 2I^-$	+0.536
$H_3AsO_4/HAsO_2$	$H_3AsO_4+2H^++2e^- \rightleftharpoons HAsO_2+2H_2O$	+0.559
MnO_4^-/MnO_4^{2-}	$MnO_4^-+e^- \rightleftharpoons MnO_4^{2-}$	+0.564
O_2/H_2O_2	$O_2+2H^++2e^- \rightleftharpoons H_2O_2$	+0.682
$[PtCl_4]^{2-}/Pt$	$[PtCl_4]^{2-}+2e^- \rightleftharpoons Pt+4Cl^-$	+0.73
$(CNS)_2/CNS^-$	$(CNS)_2+2e^- \rightleftharpoons 2CNS^-$	+0.77
Fe^{3+}/Fe^{2+}	$Fe^{3+}+e^- \rightleftharpoons Fe^{2+}$	+0.771
Hg_2^{2+}/Hg	$Hg_2^{2+}+2e^- \rightleftharpoons 2Hg$	+0.793
Ag^+/Ag	$Ag^++e^- \rightleftharpoons Ag$	+0.7995
Hg^{2+}/Hg	$Hg^{2+}+2e^- \rightleftharpoons Hg$	+0.854
Cu^{2+}/Cu_2I_2	$2Cu^{2+}+2I^-+2e^- \rightleftharpoons Cu_2I_2$	+0.86
Hg^{2+}/Hg_2^{2+}	$2Hg^{2+}+2e^- \rightleftharpoons Hg_2^{2+}$	+0.920
HNO_2/NO	$HNO_2+H^++e^- \rightleftharpoons NO+H_2O$	+0.99
NO_2/NO	$NO_2+2H^++2e^- \rightleftharpoons NO+H_2O$	+1.03
Br_2/Br^-	$Br_2(l)+2e^- \rightleftharpoons 2Br^-$	+1.065
Br_2/Br^-	$Br_2(aq)+2e^- \rightleftharpoons 2Br^-$	+1.087
$Cu^{2+}/[Cu(CN)_2]^-$	$Cu^{2+}+2CN^-+e^- \rightleftharpoons [Cu(CN)_2]^-$	+1.12
ClO_3^-/ClO_2	$ClO_3^-+2H^++e^- \rightleftharpoons ClO_2+H_2O$	+1.15
IO_3^-/I_2	$2IO_3^-+12H^++10e^- \rightleftharpoons I_2+6H_2O$	+1.20
$ClO_3^-/HClO_2$	$ClO_3^-+3H^++2e^- \rightleftharpoons HClO_2+H_2O$	+1.21
O_2/H_2O	$O_2+4H^++4e^- \rightleftharpoons 2H_2O$	+1.229

(续)

电对	电极反应	φ^{θ}/V
MnO_2/Mn^{2+}	$MnO_2 + 4H^+ + 2e^- \rightleftharpoons Mn^{2+} + 2H_2O$	+1.23
$Cr_2O_7^{2-}/Cr^{3+}$	$Cr_2O_7^{2-} + 14H^+ + 6e^- \rightleftharpoons 2Cr^{3+} + 7H_2O$	+1.33
Cl_2/Cl^-	$Cl_2 + 2e^- \rightleftharpoons 2Cl^-$	+1.36
BrO_3^-/Br^-	$BrO_3^- + 6H^+ + 6e^- \rightleftharpoons Br^- + 3H_2O$	+1.44
ClO_3^-/Cl^-	$ClO_3^- + 6H^+ + 6e^- \rightleftharpoons Cl^- + 3H_2O$	+1.45
PbO_2/Pb^{2+}	$PbO_2 + 4H^+ + 2e^- \rightleftharpoons Pb^{2+} + 2H_2O$	+1.455
ClO_3^-/Cl_2	$2ClO_3^- + 12H^+ + 10e^- \rightleftharpoons Cl_2 + 6H_2O$	+1.47
Au^{3+}/Au	$Au^{3+} + 3e^- \rightleftharpoons Au$	+1.498
MnO_4^-/Mn^{2+}	$MnO_4^- + 8H^+ + 5e^- \rightleftharpoons Mn^{2+} + 4H_2O$	+1.51
Ce^{4+}/Ce^{3+}	$Ce^{4+} + e^- \rightleftharpoons Ce^{3+}$	+1.61
MnO_4^-/MnO_2	$MnO_4^- + 4H^+ + 3e^- \rightleftharpoons MnO_2 + 2H_2O$	+1.695
H_2O_2/H_2O	$H_2O_2 + 2H^+ + 2e^- \rightleftharpoons 2H_2O$	+1.776
$S_2O_8^{2-}/SO_4^{2-}$	$S_2O_8^{2-} + 2e^- \rightleftharpoons 2SO_4^{2-}$	+2.01
O_3/O_2	$O_3 + 2H^+ + 2e^- \rightleftharpoons O_2 + H_2O$	+2.07
F_2/F^-	$F_2 + 2e^- \rightleftharpoons 2F^-$	+2.87
F_2/HF	$F_2 + 2H^+ + 2e^- \rightleftharpoons 2HF$	+3.06

附表 6 部分氧化还原半反应的条件电极电位

半反应	$\varphi^{\theta'}/V$	介质
$Ag^+ + e^- \rightleftharpoons Ag$	0.228	1mol/L HCl
$AgCl + e^- \rightleftharpoons Ag + Cl^-$	0.2880 0.2223 0.200	0.1mol/L KCl 1mol/L KCl 饱和 KCl
$H_3AsO_4 + 2H^+ + 2e^- \rightleftharpoons HAsO_3 + 2H_2O$	0.557 0.07 −0.16	1mol/L HCl, $HClO_4$ 1mol/L NaOH 5mol/L NaOH
$Cd^{2+} + 2e^- \rightleftharpoons Cd$	−0.8	8mol/L KOH
$Ce^{4+} + e^- \rightleftharpoons Ce^{3+}$	1.70 1.71 1.75 1.82 1.87 1.62 1.44 1.43 1.28	1mol/L $HClO_4$ 2mol/L $HClO_4$ 4mol/L $HClO_4$ 6mol/L $HClO_4$ 8mol/L $HClO_4$ 2mol/L HNO_3 0.5mol/L H_2SO_4 2mol/L H_2SO_4 1mol/L HCl

(续)

半反应	φ^{θ}/V	介质
$Co^{3+}+e^-\rightleftharpoons Co^{2+}$	1.84	3mol/L HNO$_3$
$Co(乙二胺)_3^{3+}+e^-\rightleftharpoons Co(乙二胺)_3^{2+}$	−0.2	0.1mol/L KNO$_3$+0.1mol/L 乙二胺
$Cr^{3+}+e^-\rightleftharpoons Cr^{2+}$	−0.40	5mol/L HCl
$Cr_2O_7^{2-}+14H^++6e^-\rightleftharpoons 2Cr^{3+}+7H_2O$	0.93	0.1mol/L HCl
	1.00	1mol/L HCl
	1.05	2mol/L HCl
	1.15	4mol/L HCl
	0.92	0.1mol/L H$_2$SO$_4$
	1.10	2mol/L H$_2$SO$_4$
	0.84	0.1mol/L HClO$_4$
	1.025	1mol/L HClO$_4$
	1.27	1mol/L NaOH
$Cu^{2+}+e^-\rightleftharpoons Cu^+$	−0.09	pH=14
$Fe^{3+}+e^-\rightleftharpoons Fe^{2+}$	0.732	1mol/L HClO$_4$
$Fe^{3+}+e^-\rightleftharpoons Fe^{2+}$	0.72	0.5mol/L HCl
	0.68	1mol/L H$_2$SO$_4$
	0.46	2mol/L H$_3$PO$_4$
	0.70	1mol/L HNO$_3$
	−0.7	pH=4
	0.51	1mol/L HCl+0.5mol/L H$_3$PO$_4$
$Fe(CN)_6^{3-}+e^-\rightleftharpoons Fe(CN)_6^{4-}$	0.56	0.1mol/L HCl
	0.70	1mol/L HCl
	0.41	pH=4~13
	0.72	1mol/L HClO$_4$
	0.46	0.01mol/L NaOH
$Fe(EDTA)^-+e^-\rightleftharpoons Fe(EDTA)^{2-}$	0.12	0.1mol/L EDTA pH=4~6
$I_3^-+2e^-\rightleftharpoons 3I^-$	0.5446	0.5mol/L H$_2$SO$_4$
$I_2(水)+2e^-\rightleftharpoons 2I^-$	0.6276	0.5mol/L H$_2$SO$_4$
$Hg_2^{2+}+2e^-\rightleftharpoons 2Hg$	0.33	0.1mol/L KCl
	0.28	1mol/L KCl
	0.24	饱和 KCl
	0.66	4mol/L HClO$_4$
	0.274	1mol/L HCl
$2Hg^{2+}+2e^-\rightleftharpoons Hg_2^{2+}$	0.28	1mol/L HCl
$MnO_4^-+8H^++5e^-\rightleftharpoons Mn^{2+}+H_2O$	1.45	1mol/L HClO$_4$
	1.27	8mol/L H$_3$PO$_4$
$SnCl_6^{2-}+2e^-\rightleftharpoons SnCl_4^{2-}+2Cl^-$	0.14	1mol/L HCl
$Sn^{2+}+2e^-\rightleftharpoons Sn$	−0.16	1mol/L HClO$_4$

(续)

半反应	$\varphi^{\ominus'}$/V	介质
$Sb(V)+2e^- \rightleftharpoons Sb(III)$	0.75	3.5mol/L HCl
$Sb(OH)_6^- +2e^- \rightleftharpoons SbO_2^- +2OH^- +2H_2O$	−0.428	3mol/L NaOH
$SbO_2^- +2H_2O+2e^- \rightleftharpoons Sb+4OH^-$	−0.675	10mol/L KOH
$Ti(IV)+e^- \rightleftharpoons Ti(III)$	−0.01 0.12 −0.04 −0.05	0.2mol/L H_2SO_4 2mol/L H_2SO_4 1mol/L HCl 1mol/L H_3PO_4
$Pb(II)+2e^- \rightleftharpoons Pb$	−0.32	1mol/L NaAc

附表7 国际相对原子质量表

元素	符号	相对原子质量	元素	符号	相对原子质量	元素	符号	相对原子质量
银	Ag	107.8682	铪	Hf	178.49	铷	Rb	85.4678
铝	Al	26.98154	汞	Hg	200.59	铼	Re	186.207
氩	Ar	39.948	钬	Ho	164.93	铑	Rh	102.9055
砷	As	74.9216	碘	I	126.9045	钌	Ru	101.072
金	Au	196.9665	铟	In	114.82	硫	S	32.066
硼	B	10.811	铱	Ir	192.22	锑	Sb	121.76
钡	Ba	137.33	钾	K	39.0983	钪	Sc	44.9559
铍	Be	9.0122	氪	Kr	83.80	硒	Se	78.963
铋	Bi	208.9804	镧	La	138.9055	硅	Si	28.0855
溴	Br	79.904	锂	Li	6.941	钐	Sm	150.36
碳	C	12.011	镥	Lu	174.967	锡	Sn	118.71
钙	Ca	40.078	镁	Mg	24.305	锶	Sr	87.62
镉	Cd	112.41	锰	Mn	54.938	钽	Ta	180.9479
铈	Ce	140.12	钼	Mo	95.94	铽	Tb	158.9
氯	Cl	35.453	氮	N	14.0067	碲	Te	127.60
钴	Co	58.9332	钠	Na	22.9898	钍	Th	232.0381
铬	Cr	51.9961	铌	Nb	92.906	钛	Ti	47.867
铯	Cs	132.9054	钕	Nd	144.24	铊	Tl	204.383
铜	Cu	63.546	氖	Ne	20.1797	铥	Tm	168.93
镝	Dy	162.50	镍	Ni	58.69	铀	U	238.0289
铒	Er	167.26	镎	Np	237.05	钒	V	50.9415
铕	Eu	151.964	氧	O	15.9994	钨	W	183.84
氟	F	18.9984	锇	Os	190.23	氙	Xe	131.29
铁	Fe	55.845	磷	P	30.9738	钇	Y	88.9059
镓	Ga	69.723	铅	Pb	207.2	镱	Yb	173.04
钆	Gd	157.25	钯	Pd	106.42	锌	Zn	65.39
锗	Ge	72.61	镨	Pr	140.9077	锆	Zr	91.224
氢	H	1.0079	铂	Pt	195.078			
氦	He	4.0026	镭	Ra	226.0254			

附表 8　常见化合物的相对分子质量

化合物	摩尔质量	化合物	摩尔质量	化合物	摩尔质量
Ag_2AsO_4	462.52	$CO(NH_2)_2$	60.06	$Cu(NO_3)_2$	187.56
$AgBr$	187.77	CO_2	44.01	$Cu(NO_3)_2 \cdot 3H_2O$	241.60
$AgCl$	143.32	CaO	56.08	CuO	79.545
$AgCN$	133.89	$CaCO_3$	100.09	Cu_2O	143.09
$AgSCN$	165.95	CaC_2O_4	128.10	CuS	95.61
Ag_2CrO_4	331.73	$CaCl_2$	110.98	$CuSO_4$	159.61
AgI	234.77	$CaCl_2 \cdot 6H_2O$	219.08	$CuSO_4 \cdot 5H_2O$	249.69
$AgNO_3$	169.87	$Ca(NO_3)_2 \cdot 4H_2O$	236.15		
$AlCl_3$	133.34	$Ca(OH)_2$	74.09	$FeCl_2$	126.75
$AlCl_3 \cdot 6H_2O$	241.43	$Ca_3(PO_4)_2$	310.18	$FeCl_2 \cdot 4H_2O$	198.81
$Al(NO_3)_3$	213.00	$CaSO_4$	136.14	$FeCl_3$	162.21
$Al(NO_3)_3 \cdot 9H_2O$	375.13	$CdCO_3$	172.42	$FeCl_3 \cdot 6H_2O$	270.30
Al_2O_3	101.96	$CdCl_2$	183.32	$FeNH_4(SO_4)_2 \cdot 12H_2O$	482.20
$Al(OH)_3$	78.00	CdS	144.48	$Fe(NO_3)_3$	241.86
$Al_2(SO_4)_3$	342.15	$Ce(SO_4)_2$	322.24	$Fe(NO_3)_3 \cdot 9H_2O$	404.00
$Al_2(SO_4)_3 \cdot 18H_2O$	666.43	$Ce(SO_4)_2 \cdot 4H_2O$	404.30	FeO	71.846
As_2O_3	197.84	$CoCl_2$	129.84	Fe_2O_3	159.69
As_2O_5	229.84	$CdCl_2 \cdot 6H_2O$	237.93	Fe_3O_4	231.54
As_2S_3	246.04	$Co(NO_3)_2$	182.94	$Fe(OH)_3$	106.87
		$Co(NO_3)_2 \cdot 6H_2O$	291.03	FeS	87.91
$BaCO_3$	197.34	CoS	90.999	Fe_2S_3	207.89
BaC_2O_4	225.35	$CoSO_4$	154.997	$FeSO_4$	151.91
$BaCl_2$	208.24	$CrCl_3$	158.35	$FeSO_4 \cdot 7H_2O$	278.02
$BaCl_2 \cdot 2H_2O$	244.27	$CrCl_3 \cdot 6H_2O$	266.45	$FeSO_4(NH_4)_2SO_4 \cdot 6H_2O$	392.14
$BaCrO_4$	253.32	$Cr(NO_3)_3$	238.01		
BaO	153.33	Cr_2O_3	151.99	H_3AsO_3	125.94
$Ba(OH)_2$	171.34	$CuCl$	98.999	H_3AsO_4	141.94
$BaSO_4$	233.39	$CuCl_2$	134.45	H_3BO_3	61.83
$BiCl_3$	315.34	$CuCl_2 \cdot 2H_2O$	170.48	HBr	80.912
$BiOCl$	260.43	$CuSCN$	121.63	HCN	27.026
		CuI	190.45	$HCOOH$	46.026

(续)

化合物	摩尔质量	化合物	摩尔质量	化合物	摩尔质量
CH_3COOH	60.053	KCl	74.551	$MgNH_4PO_4$	137.32
H_2CO_3	62.025	$KClO_3$	122.55	MgO	40.304
$H_2C_2O_4$	90.035	$KClO_4$	138.55	$Mg(OH)_2$	58.32
$H_2C_2O_4 \cdot 2H_2O$	126.07	KCN	65.116	$Mg_2P_2O_7$	222.55
HCl	36.461	$KSCN$	97.18	$MgSO_4 \cdot 7H_2O$	246.48
HF	20.006	K_2CO_3	138.21	$MnCO_3$	114.95
HI	127.91	K_2CrO_4	194.19	$MnCl_2 \cdot 4H_2O$	197.90
HIO_3	175.91	$K_2Cr_2O_7$	294.18	$Mn(NO_3)_2 \cdot 6H_2O$	287.04
HNO_3	63.013	$K_3Fe(CN)_6$	329.25	MnO	70.937
HNO_2	47.013	$K_4Fe(CN)_6$	368.35	MnO_2	86.937
H_2O	18.015	$KFe(SO_4)_2 \cdot 12H_2O$	503.26	MnS	87.00
H_2O_2	34.015	$KHC_2O_4 \cdot H_2O$	146.14	$MnSO_4$	151.00
H_3PO_4	97.995	$KHC_2O_4 \cdot H_2C_2O_4 \cdot 2H_2O$	254.19	$MnSO_4 \cdot 4H_2O$	223.06
H_2S	34.08	$KHC_4H_4O_6$	188.18		
H_2SO_3	82.07	$KHSO_4$	136.16	NO	30.006
H_2SO_4	98.07	KI	166.00	NO_2	46.006
$Hg(CN)_2$	252.63	KIO_3	214.00	NH_3	17.03
$HgCl_2$	271.50	$KIO_3 \cdot HIO_3$	389.91	CH_3COONH_3	77.083
Hg_2Cl_2	472.09	$KMnO_4$	158.03	NH_4Cl	53.491
HgI_2	454.40	$KNaC_4H_4O_6 \cdot 4H_2O$	282.22	$(NH_4)_2CO_3$	96.086
$Hg_2(NO_3)_2$	525.19	KNO_3	101.10	$(NH_4)_2C_2O_4$	124.10
$Hg_2(NO_3)_2 \cdot 2H_2O$	561.22	KNO_2	85.104	$(NH_4)_2C_2O_4 \cdot H_2O$	142.11
$Hg(NO_3)_2$	324.60	K_2O	94.196	NH_4SCN	76.12
HgO	216.59	KOH	56.106	NH_4HCO_3	79.056
HgS	232.65	K_2SO_4	174.26	$(NH_4)_2MoO_4$	196.01
$HgSO_4$	296.65			NH_4NO_3	80.043
Hg_2SO_4	497.24	$MgCO_3$	84.314	$(NH_4)_2HPO_4$	132.06
		$MgCl_2$	95.210	$(NH_4)_2S$	68.14
$KAl(SO_4)_2 \cdot 12H_2O$	474.38	$MgCl_2 \cdot 6H_2O$	203.30	$(NH_4)_2SO_4$	132.13
KBr	119.00	MgC_2O_4	112.33	NH_4VO_3	116.98
$KBrO_3$	167.00	$Mg(NO_3)_2 \cdot 6H_2O$	256.41	Na_3AsO_3	191.89

（续）

化合物	摩尔质量	化合物	摩尔质量	化合物	摩尔质量
$Na_2B_4O_7$	201.22	NiO	74.69	$SnCl_2$	189.62
$Na_2B_4O_7 \cdot 10H_2O$	381.37	$Ni(NO_3)_2 \cdot 6H_2O$	290.79	$SnCl_2 \cdot 2H_2O$	225.65
$NaBiO_3$	279.97	NiS	90.76	$SnCl_4$	260.52
NaCN	49.007	$NiSO_4 \cdot 7H_2O$	280.85	$SnCl_4 \cdot 5H_2O$	350.760
NaSCN	81.07			SnO_2	150.71
Na_2CO_3	105.99	P_2O_5	141.94	SnS	150.78
$Na_2CO_3 \cdot 10H_2O$	286.14	$PbCO_3$	267.20	$SrCO_3$	147.63
$Na_2C_2O_4$	134.00	PbC_2O_4	295.22	SrC_2O_4	175.64
CH_3COONa	82.034	$PbCl_2$	278.11	$SrCrO_4$	203.61
$CH_3COONa \cdot 3H_2O$	136.08	$PbCrO_4$	323.19	$Sr(NO_3)_2$	211.63
NaCl	58.443	$Pb(CH_3COO)_2$	325.30	$Sr(NO_3)_2 \cdot 4H_2O$	283.69
NaClO	74.442	$Pb(CH_3COO)_2 \cdot 3H_2O$	379.30	$SrSO_4$	183.68
$NaHCO_3$	84.007	PbI_2	461.00		
$Na_2HPO_4 \cdot 12H_2O$	358.14	$Pb(NO_2)_4$	331.21	$UO_2(CH_3COO)_2 \cdot 2H_2O$	424.15
$Na_2H_2Y \cdot 2H_2O$	372.24	PbO	223.21		
$NaNO_2$	68.995	PbO_2	239.20	$ZnCO_3$	125.40
$NaNO_3$	84.995	$Pb_3(PO_4)_2$	811.54	ZnC_2O_4	153.41
Na_2O	61.979	PbS	239.27	$ZnCl_2$	136.30
Na_2O_2	77.978	$PbSO_4$	303.26	$Zn(CH_3COO)_2$	183.48
NaOH	39.997			$Zn(CH_3COO)_2 \cdot 2H_2O$	219.51
Na_3PO_4	163.94	SO_3	80.06	$Zn(NO_3)_2$	189.40
Na_2S	78.05	SO_2	64.06	$Zn(NO_3)_2 \cdot 6H_2O$	297.49
$Na_2S \cdot 9H_2O$	240.18	$SbCl_3$	228.11	ZnO	81.39
$NaSO_3$	126.04	$SbCl_5$	299.02	ZnS	97.46
Na_2SO_4	142.04	Sb_2O_3	291.51	$ZnSO_4$	161.45
$Na_2S_2O_3$	158.11	Sb_2S_3	339.70	$ZnSO_4 \cdot 7H_2O$	287.56
$Na_2S_2O_3 \cdot 5H_2O$	248.19	SiF_4	104.08		
$NiCl_2 \cdot 6H_2O$	237.69	SiO_2	60.084		

参 考 文 献

[1] 武汉大学. 分析化学 [M]. 5版. 北京：高等教育出版社，2006.
[2] 刘志广. 分析化学 [M]. 5版. 北京：高等教育出版社，2008.
[3] 李发美. 分析化学 [M]. 6版. 北京：人民卫生出版社，2007.
[4] 李发美. 分析化学 [M]. 7版. 北京：人民卫生出版社，2011.
[5] 武汉大学无机及分析化学编写组. 无机及分析化学 [M]. 3版. 武汉：武汉大学出版社，2008.
[6] 华东理工大学分析化学教研组，四川大学工科化学基础课程教学基地. 分析化学 [M]. 6版. 北京：高等教育出版社，2009.
[7] 李发美，胡育筑. 分析化学 [M]. 北京：中国医药出版社，2006.
[8] 廖力夫. 分析化学 [M]. 武汉：华中科技大学出版社，2008.
[9] 孙毓庆，胡育筑. 分析化学 [M]. 2版. 北京：科学出版社，2009.
[10] 朱明华，胡坪. 仪器分析 [M]. 4版. 北京：高等教育出版社，2008.
[11] 武汉大学. 分析化学(下册) [M]. 5版. 北京：高等教育出版社，2007.
[12] 武汉大学化学系. 仪器分析 [M]. 北京：高等教育出版社，2001.
[13] 华中师范大学，等. 分析化学(下册) [M]. 3版. 北京：高等教育出版社，2001.
[14] 胡广林，许辉. 分析化学 [M]. 北京：中国农业大学出版社，2009.
[15] 赵怀清. 分析化学图表解 [M]. 北京：人民卫生出版社，2008.
[16] 孟凡昌. 分析化学教程 [M]. 武汉：武汉大学出版社，2009.
[17] 叶芬霞. 无机及分析化学 [M]. 北京：高等教育出版社，2004.
[18] 蔡明朝. 分析化学 [M]. 北京：化学工业出版社，2009.